城市黑臭水体治理案例集

赵　晔◎主　编

王家卓　马洪涛◎副主编

中国建筑工业出版社

图书在版编目（CIP）数据

城市黑臭水体治理案例集／赵晔主编. —北京：
中国建筑工业出版社，2021.7
ISBN 978-7-112-26254-0

Ⅰ. ① 城… Ⅱ. ① 赵… Ⅲ. ① 城市污水处理－案例－
中国 Ⅳ. ① X703

中国版本图书馆CIP数据核字（2021）第118898号

城市黑臭水体治理是推进绿色发展的必然要求，也是推动城市更新的重要内容。本书选取苏州、南京、漳州、深圳、厦门、辽源、青岛、吴忠、九江、昆明、宜春、广州、南宁、福州14个城市的黑臭水体治理案例，旨在总结城市治水经验，提升城市宜居性，提高城市发展持续性，推动实现蓝绿交织、水城共融。

责任编辑：李　杰
助理编辑：葛又畅
责任校对：张惠雯

城市黑臭水体治理案例集
赵晔　主编
王家卓　马洪涛　副主编
*
中国建筑工业出版社出版、发行（北京海淀三里河路9号）
各地新华书店、建筑书店经销
北京锋尚制版有限公司制版
临西县阅读时光印刷有限公司印刷
*
开本：787毫米×1092毫米　1/16　印张：21　字数：466千字
2021年8月第一版　2021年8月第一次印刷
定价：215.00元
ISBN 978-7-112-26254-0
（37857）

本书编委会

主　　编：赵　晔

副 主 编：王家卓　马洪涛

参编人员：胡应均　许　可　吕　梅　张　月　张春洋
　　　　　王　晨　姜　洁　赵　昭　陈　玮　程彩霞
　　　　　高　伟　曹　波　张世和

序 / Foreword

党中央、国务院高度重视城市黑臭水体治理工作，将城市黑臭水体治理攻坚战作为污染防治攻坚战的七大标志性战役之一。《中共中央 国务院关于全面加强生态环境保护 坚决打好污染防治攻坚战的意见》以及国务院颁布的《水污染防治行动计划》提出明确的目标任务。住房和城乡建设部、生态环境部印发《城市黑臭水体治理攻坚战实施方案》，明确了城市黑臭水体治理的要求和措施。地方党委、政府落实主体责任，积极推进城市黑臭水体治理工作。

在各方的共同努力下，城市黑臭水体治理取得显著成效，完成了党中央、国务院确定的目标任务。截至2020年底，全国地级及以上城市建成区黑臭水体基本消除，形成了一批河畅水清、岸绿景美的休闲滨水景观，城市人居环境明显改善、城市品质明显提升，人民群众的获得感、幸福感、安全感明显增强。广州市车陂涌、沙河涌等治理后的河流焕发新活力，"岭南水乡"正重回人们的视野。深圳茅洲河重现一江春水、两岸风华，停办了十余年的粤港澳龙舟赛于2018年起又恢复举办。苏州宾馆河治理后，白墙黑瓦倒映河中，与绿树成荫的景观廊道、亲水平台相互衬托，江南水乡风情再现。漳州市东环城河又恢复了往日堤柳成行、蝉鸣鸟啼的景象，已成为市民日常休闲的新选择，也成为游客打卡的网红地。辽源市仙人河再现水清岸美、生机盎然景象，滨河空间也成为市民娱乐、健身、休闲一体的绿色生态空间。

与以往治水工作相比，本轮城市黑臭水体治理更加突出系统治理、源头治理、精准治理，体现在5个方面：强化责任落实，由"单部门推进"转向"党委政府统筹、各部门协调推进"；厘清治理思路，由"就水治水"转向"治污为本、水岸同治"；理顺治理机制，由"工程导向"转向"工程建设和机制建设并举"；转变推进方式，由"政府包办"转向"发动群众共建共治共享"；多方筹措资金，从"政府单纯投入"转向"财政资金、金融、社会资本多渠道融资"。总结好的经验做法，对继续做好城市水环境治理工作具有十分重要的作用。本书收集梳理了涵盖东中西、南北方、大中小等14个城市的黑臭水体治理措施、方法和成效，既有南方河网地区河流，又有沿海城市感潮河段，还有北方地区季节性河流、源山入湖型河流等，基本涵盖了城市各种水体类型，既是对"十三五"期间城市黑臭水体治理的总结与回顾，也为进一步推进城市黑臭水体治理提供了借鉴与参考，具有较强的实践性和指导性。

"十四五"时期是我国全面建成小康社会、实现第一个百年奋斗目标之后，乘势而上开启全面建设社会主义现代化国家新征程、向第二个百年奋斗目标进军的第一个五年。《中华人民共和国国民经济和社会发展第十四个五年规划和2035年远景目标纲要》明确要求，推进美丽河湖保护和建设，基本消除城市黑臭水体。城市黑臭水体治理是一个系统工程，"表现在水里、根子在岸上"，要实现水体"长制久清"，必须解决长期积累的工业、生活、农业污染问题，这既需要时间、也需要投入。因此，必须紧紧围绕立足新发展阶段、贯彻新发展理念、构建新发展格局的要求，既不断补齐城市污水、垃圾等基础设施短板，又持续增加优质生态产品供给，巩固地级及以上城市黑臭水体治理成效，实施县级城市黑臭水体排查和治理，以钉钉子精神，久久为功，持续发力，一件事情接着一件事情干，助力推动城市高质量发展。

牛喜彬

2021年5月16日

前 言 / Preface

党中央、国务院高度重视城市黑臭水体治理，习近平总书记强调，要把解决突出生态环境问题作为民生优先领域，基本消灭城市黑臭水体，还给老百姓清水绿岸、鱼翔浅底的景象。党中央、国务院的相关文件部署也对城市黑臭水体治理提出了明确的时间表和路线图，《中共中央 国务院关于全面加强生态环境保护 坚决打好污染防治攻坚战的意见》《中共中央关于制定国民经济和社会发展第十四个五年规划和二〇三五年远景目标的建议》《中华人民共和国国民经济和社会发展第十四个五年规划和2035年远景目标纲要》以及国务院颁布的《水污染防治行动计划》均对城市黑臭水体治理目标提出明确要求。

本书汇编了南北方、东中西部具有代表性的14个城市黑臭水体治理案例，分为平原河网型、沿海感潮型、季节性河流、源山入湖型、暗涵整治5个类型，案例的选择力求做到有现状问题分析、有针对性的治理思路、有因地制宜的工程措施、有长效机制的保障、有实际的治理效果，希望能对城市设计、城市建设、城市管理，以及科研教学有一定借鉴参考意义。

本书编纂过程中，得到住房和城乡建设部城市建设司、中规院（北京）规划设计有限公司的大力支持，特此感谢。

由于编者的水平有限，对系统治理城市水体的认识还很粗浅，难免存在疏漏和不足，敬请读者提出宝贵意见。

目 录 / Contents

I 平原河网型

宾馆河位于长三角生态绿色一体化发展示范区——苏州市吴江区的主城区，周边居民区、餐饮集聚，河道全长1.55km，为圩内河道。吴江区大力开展城市黑臭水体整治，对宾馆河周边区域污水管网详细调查，摸清底数，以管网全覆盖、雨污全分流、污水全收集为目标完成控源截污工作，并结合海绵城市建设、城区自流活水工程、生态修复等多种手段，促进水质不断提升，创新建立了"红、橙、黄"三色水质预警制度、推行"管家+保姆"精细管养、增设河道"健康码"等，终使宾馆河蝶变成河畅、水清、岸绿、景美的美丽河道，为江南水乡地区黑臭水体治理提供经验参考。

金川河在南京城北流入长江，流域面积59km²，主流内金川河、外金川河总长5.8km，有13条支流汇入。本轮整治过程中，南京市进一步转变工作思路，找准工作方向，完善工作路径，统筹实施全区域黑臭水体整治、全流域水质提升、全方位污水提质增效、全过程常态监管，积极推动水上岸下同步治理、厂网效能同步提升、管理巩固同步落实、水岸环境同步改善，构建了水岸厂网一体良性互动的治水新格局，实现了河道消黑消劣和主要断面水质优良的新提升，打造了水清、流畅、岸绿、景美的宜居城市水环境，为南方特大城市核心区流域性黑臭水体治理、成效巩固和水环境改善提供借鉴参考。

漳州市东环城河治理坚持源头治理、标本兼治、表里如一的治理思路，从控源截污、内源治理、生态修复、活水保质等方面系统推进水环境治理，重点探索实施"临时小截排+排水单元雨污分流改造"的治理模式，统筹推进城市黑臭水体治理和污水处理提质增效工作，全面提升污水收集效能及东环城河水环境质量，改善城市人居环境，为南方中小城市老旧城区水环境治理工作提供借鉴。

Ⅱ 沿海感潮型

茅洲河是深圳、东莞两市的跨界河流，干流长31.3km，一级支流33条，流域总面积388km²。2015年以来，茅洲河治理以流域为对象，以目标为导向，以问题为抓手，贯彻科学治理、系统治理、源头治理的总体思路，坚持雨污分流、全要素治理、全流域统筹，全面推行源头正本清源，全面补齐市政管网欠账，全面攻坚暗涵潮源整治，全面提升污水处理效能，全面建设生态美丽河湖，在较短时间内补上了水环境基础设施欠账，全域消除了黑臭水体。通过流域治理，探索出高度城镇化地区的河流污染治理、生态环境修复和社会经济全面协调可持续发展新路。

新阳主排洪渠位于厦门市海沧区中北部，是厦门市副中心马銮湾新城最为重要的城市内河，全长约4.3km，末端与海域直接相连，属典型的感潮河段。新阳主排洪渠治理过程中，遵循系统化思维，将污水处理提质增效与黑臭水体治理相结合，实现污水收集效能和水环境质量的双重提升；立足于"长制久清"，充分调动各部门及社会各界力量参与治河、爱河、护河，重现"清水绿岸、鱼翔浅底"的景象；探索出一条海绵城市理念引领下人水和谐的可持续发展道路，为南方滨海城市黑臭水体治理提供借鉴参考。

Ⅲ 季节性河流

仙人河位于东辽河流域源头区，属东辽河一级支流，主河道长13.3km、支流6km，是典型的东北地区季节性河流。辽源市结合污水提质增效工作要求，对工业企业、排口等本底全面排查，在此基础上制定了以混错接改造为根本，截污干管迁建挤外水为重点，底泥清淤、生态修复等统筹推进的黑臭水体整治实施方案，确保治理工作的科学性和可操作性。仙人河由季节性排涝排污明渠向景观生态河道的转变，是辽源市统筹推进城市黑臭水体治理与污水处理提质增效的积极探索，为东北地区城市黑臭水体治理提供经验参考。

荷，消除了水体黑臭，同时完成了污染负荷新增削、水质达标的双目标考核任务，还带动了沿河片区生态环境质量和居住品质的提升，探索出一套水环境综合治理模式，为以大型湖泊、水库为保护和治理重点的城市提供流域综合治理借鉴经验。

11 宜春雷河　　　　　　　　　　　　　　　　　　　　　250～270

雷河位于宜春市中心城区边缘，上游流经工业园区，下游流经城市边缘区域，污水收集处理设施建设滞后造成的污水直排、职责不清造成的管理缺位等问题，使得水体出现黑臭现象。为此，宜春市整合市、区两级资源，成立中心城区黑臭水体治理指挥部，历时3年，总投资约17.2亿元，对雷河黑臭水体进行综合整治。通过污水收集处理设施补短板、落实监管责任等措施，雷河全面消除了黑臭，逐步实现了水清、岸绿、河畅、景美、人和的总体目标。

V　暗涵整治

12 广州车陂涌　　　　　　　　　　　　　　　　　　　　272～284

车陂涌位于广州市天河区中心区域，主涌长18km，共有23条支涌（暗渠），总长48km。2016年以来，广州市按照系统治理、综合治理、科学治理的思路，将流域划分为872个排水单元，精准推进全流域整治；开展"洗楼、洗管、洗井、洗河"摸清污染源底数，完善污水管网系统，全面推行河涌低水位运行、不清淤原位修复等生态措施，实现全流域消除黑臭水体；通过工程治理与生态措施相结合，充分发挥水体的自然净化能力，避免了大量工程建设投入，探索出一套南方水系发达、人口密集区域的黑臭水体治理可复制、可推广经验。

13 南宁朝阳溪　　　　　　　　　　　　　　　　　　　　285～305

朝阳溪位于南宁市邕江以北中部片区，是南宁市邕江流域的一条重要支流。2018年以来，南宁市按照全流域、全要素系统治理的理念，坚持"治水建城为民"的城市工作主线，通过控源截污、内源治理、生态修复、活水保质、"长制久清"等措施对朝阳溪进行全面整治，完善上游河道沿岸截污管，提升流域内污水收集和处理效能，改造原有暗涵，实现清污分流，辅助河道生态补水，基本恢复了河道自然生态系统，使"清水绿岸、鱼翔浅底"的和谐画面逐步由蓝图变为现实。

三捷河穿过福州市台江区上下杭历史风貌区，由东向西汇入闽江。三捷河治理综合考虑上下游河道情况，针对自身问题，因地制宜开展控源截污、内源清理、生态修复、活水循环、景观绿化建设等一系列综合治理措施，坚持水陆一体、协同治理，有效改善河道生态状况，实现河畅、水清、岸绿、景美，并通过智慧平台搭建、政企联动等有效运营管养措施，达到"长制久清"。同时结合三捷河周边紧临历史街区的特点，治理工作按照修旧如旧、原汁原味的原则全面展开，最大限度地保留上下杭街区以及原始河道驳岸、栏杆、石桥等历史建筑，充分还原历史风貌。

概述

城市黑臭水体治理背景

良好生态环境是最公平的公共产品，是最普惠的民生福祉。党中央、国务院高度重视城市生态环境保护工作，习近平总书记多次就城市治水工作作出重要指示。

2014年3月14日，习近平总书记在中央财经领导小组第五次会议上强调，因势利导改造渠化河道，重塑健康自然的弯曲河岸线，营造自然深潭浅滩和泛洪漫滩，为生物提供多样性生境。

2015年12月20日，习近平总书记在中央城市工作会议上发表重要讲话，要求城市建设要以自然为美，把好山好水好风光融入城市，使城市内部的水系、绿地同城市外围河湖、森林、耕地形成完整的生态网络。要大力开展生态修复，让城市再现绿水青山。

2017年5月26日，习近平总书记在十八届中央政治局第四十一次集体学习时强调，要加强水污染防治，严格控制七大重点流域干流沿岸的重化工等项目，大力整治城市黑臭水体，全面推行河长制，实施从水源到水龙头全过程监管。

2018年4月2日，习近平总书记在中央财经委员会第一次会议上强调，打好污染防治攻坚战，要打几场标志性的重大战役，打赢蓝天保卫战，打好柴油货车污染治理、城市黑臭水体治理、渤海综合治理、长江保护修复、水源地保护、农业农村污染治理攻坚战，确保3年时间明显见效。

2018年5月18日，习近平总书记在全国生态环境保护大会上做重要讲话，强调要深入实施水污染防治行动计划，打好水源地保护、城市黑臭水体治理、渤海综合治理、长江保护修复攻坚战，保障饮用水安全，基本消灭城市黑臭水体，还给老百姓清水绿岸、鱼翔浅底的景象。

习近平总书记的重要指示，为城市治水工作提供了根本遵循。城市黑臭水体治理要把更好满足人民日益增长的美好生活需要作为出发点和落脚点，坚持生态优先、绿色发展，紧密围绕打好污染防治攻坚战的总体要求，加快补齐城市环境基础设施短板，确保治理成效，让人民群众有更多的获得感和幸福感。

城市黑臭水体治理是推进绿色发展的必然要求。城市发展必须坚持绿水青山就是金山银山的理念，正确处理经济发展和生态环境保护的关系，实现蓝绿交织、清新明亮、水城共融，实现人与自然和谐共生。以城市黑臭水体整治为切入点，改变以往重建设、轻治理，重发展、轻保护，重地上、轻地下的发展方式，综合考虑环境承载力等因素，在统筹上下功夫，着力提高城市发展持续性，坚定不移走生产发展、生活富裕和文明发展的道路。

城市黑臭水体治理是贯彻以人民为中心的基本民生观的重要体现。随着经济社会发展和人民生活水平的提高，人民群众的需求逐渐从解决温饱转向对美好生态环境的需求，与大江大河相比，房前屋后的黑臭水体对群众健康和生产生活的影响更直接，公众的感受也更深切。城市黑臭水体是人民群众最关心、最直接、最现实的利益问题，也是损害群众健康的突出环境问题，必须整治好，切实增强人民群众的幸福感和获得感。

城市黑臭水体治理是推动城市更新的重要内容。在推进城市黑臭水体整治过程中，要更加注重整治效果，以实际效果为导向，倒逼补齐城市基础设施短板，既解决实际民生问题，又增加生态产品供给，促进新型产业创新发展，提高公共服务供给质量，提升城市宜居性，实现量质并举。

国内外城市水体治理情况

改革开放以来，我国的常住人口城镇化率从1978年的17.92%上升到2019年的60.6%，提升了近3.5倍。在快速城镇化的过程中，城市水体受到不同程度的干扰，自然河道的功能逐渐退化，水体不断被侵蚀，水质恶化、生态破坏、水体黑臭、水资源短缺、城市内涝等问题开始显现。城市开发建设者逐渐开始思考如何进行河道治理，并在治理中历经曲折。

同样，水体污染之殇、水体治理之惑也曾在美国、日本等发达国家发生。

早在1899年，美国颁布《河川港湾法》，以提高航运能力为河道治理的目的；1928年，制定《防洪法》，强调防洪水利工程建设；1948年，出台《水污染控制法》，强调关注河流水质等化学指标；直到20世纪80年代颁布的《清洁水法》，才回归到恢复、保护水体生态自然生态，设定生态相关指标，从流域尺度来总体控制污染物排放，拆除大坝，恢复河流的滩地，使堤坝自然化，同时也明确提出了公众参与的方法形式，保证了公众参与监督水环境治理的可实施性[1]。

20世纪50年代到70年代，是日本高速发展的时期，城镇化率从近35%上升至75%左右，为满足工业发展对水的需要，日本修建了许多大型水利工程，城市的扩张导致很多河道逐渐被填埋，河道的治理也仅仅考虑防洪单一因素，走的是一条"先污染、后治理"的道路，"水俣病""痛痛病"等让日本政府付出了惨痛的代价。值此之后，日本水系管理者开始意识到快速工业化过程中水环境、水生态的破坏所造成的反噬，认识到保护河道水体环境、生态功能的重要性，逐渐加大治水的投资力度。2014年，日本颁布《水循环基本法》，旨在综合性一体化推进水循环措施，并维持或恢复健全的水循环，通过全流域、全领域、全生命周期方式保持健康水循环，促进经济社会健康发展，提高国民生活的质量。

历史上中国对待外来文化的态度是经过消化然后吸收，变成中国自有的东西才在文化中出现[2]，我国快速的城镇化发展，用几十年的时间走过了西方国家几百年的历史进程，在环境治理过程中不乏对西方先进的科学、技术方法的借鉴，但同时也是在不断的实践中探寻出一条适合我们自己的城市治水之路。党的十八大以来，以习近平同志为核心的党中央把生态文明建设作为统筹推进"五位一体"总体布局和协调推进"四个全面"战略布局的重要内容，系统形成了习近平生态文明思想，中国特色社会主义进入了新时代，经济由高速度增长向高质量发展转型，城市发展由外延式扩张向内涵提升式转变，对城市治水工作提出了更高的要求。城市治水工作思路也逐渐转变，从唯水利手段、工程措施，逐步走向系统推进、生态治理；从先污染后治理，走向预防为主、防治结合；从就水论水、唯指标论，走向以提升人民群众的幸福感、获得感为目标。生态文明建设将推进城市治水工作，作为推动城市绿色发展、转型发展、高质量发展的重要抓手。

城市黑臭水体产生原因

根据全国城市黑臭水体整治监管平台数据，截至2020年底，全国地级及以上城市共排查出2900多个黑臭水体，初步估算总长7600多千米，其中，重度黑臭（表1）约占35%；南北方黑臭水体所占的长度比例约为3:2。

城市黑臭水体污染程度分级标准 表1

特征指标（单位）	轻度黑臭	重度黑臭
透明度（cm）	10~25	<10
溶解氧（mg/L）	0.2~2.0	<0.2
氧化还原电位（mV）	-200~50	<-200
氨氮（mg/L）	8.0~15	>15

黑臭水体表现在水里，根源在岸上，其一般特点是接收污染排放量大、水流静止或流速慢，生态功能退化。黑臭水体产生的原因是大量污染（包括工业、农业、生活的污染）进入水体，超出水体自净能力，水中的溶解氧被快速消耗，水中的生态遭到破坏，原来底层厌氧、上层好氧、中部兼氧的格局被打破，水体呈厌氧、缺氧状态，鱼类等生物缺氧死亡，大量有机物在厌氧菌的作用下分解产生硫化氢、胺、氨和其他带异味、易挥发的小分子化合物，从而散发出臭味。同时，沉积物中产生的甲烷、氮气、硫化氢等难溶于水的气体，在上升过程中携带污泥等进入水相，使水体浑浊、发黑。

污染物入河量超过水体自净能力

一是生活污水未经处理流入环境。长期重地上轻地下的发展方式，导致污水收集管网短板突出。根据2015年和2016年的《中国城市建设统计年鉴》[3, 4]及全国城镇污水处理管理信息系统数据，城市生活污水集中收集率仅为60%左右，近一半的污染物没有得到有效处理就流入环境。这其中包括，污水收集处理设施空白区污水直排，私搭乱接污水直排，管网混错接导致污水入河，管网建设施工质量低、老旧污水管网破损、日常维护不到位导致的污水外渗等。

二是工业企业、"散乱污"偷排、超排。对河湖周边餐饮、洗车、洗衣等"散乱污"企业缺乏监管，污水通过雨水口排入管道后入河，或者直接排入河道。工业企业偷排、超排问题时有发生，广州市河长办开展的污染源突击检查中发现近80%的问题来自工厂偷排超排。

三是农业面源污染。据统计，农业源化学需氧量占全国化学需氧量总排放量的近1/2。农业面源污染，主要是化肥农药过量使用、养殖业畜禽污染物的排放，其有着广域、分散、微量的特点[5]，难于在末端处理，应通过技术进步和制度创新来消减源头[6]。部分河道周边畜禽、水产养殖散户，养殖分散，地点偏僻，环保监管不力，污染治理水平低，污染不易控制，也是水体黑臭的重要原因。

四是雨天溢流及城市面源污染。地下管网破损、结构性缺陷等问题导致地下水、河水等外水进入，以及河水通过雨水口倒灌等导致管网长期处于满管运行，雨天溢流的问题频繁出现。同时，雨水冲刷路面产生的径流化学需氧量值可从几十到上千[7]，公共建筑区域雨水径流瞬时化学需氧量含量也可达600mg/L以上[8]。据测算，青岛市李村河流域面源污染排放量化学需氧量为5.43t/d，氨氮为0.083t/d，总磷为0.013t/d，这些污染物未经处理进入河道，对自净能力差的城市水体会造成较大冲击。

河道底泥和排水管道中的淤泥

污染底泥自身耗氧、再悬浮及污染物释放是导致水体变黑的重要因素之一，已成为水质恶化的一个重要内污染源，据相关文献分析，受污染底泥再悬浮、污染物释放影响，上覆水化学需氧量及总氮浓度可以增加1/3[9]。以福州市三捷河为例，河道多年未清淤，底泥淤积较严重，淤积高度在0.3~1m之间。同时，底泥清理不是一劳永逸的事，要做好定期的维护。

同时，疏于维护的雨水管道内的垃圾、淤泥随着雨水进入河道，造成黑臭反复。管道中的淤泥污染物浓度高，广州沙河涌在整治前部分合流管渠，淤积深度达0.5~1m，雨天时，溢流排入沙河涌，是水体黑臭的主要原因之一；据统计，上海市2008年每千米管道清淤量为30m³[10]，这些管道若清淤不及时，进入河道将会产生10多万立方米的淤泥。

河道生态功能退化丧失自净能力

一是岸线生态空间被侵占。河道蓝线内存在违建，一方面侵占了岸线生态空间，另一方面往往因缺乏污水收集设施而出现污水直排河道问题。部分河道甚至存在建筑物侵占河道空间的现象，破坏了河流中生物的生育环境和城市河流自然生态，影响城市防洪排涝能力。

二是河道三面光问题。河道裁弯取直、渠道化，阻断了水体与周边环境的联系，河道生态功能丧失，植物群落、浅滩湿地和动物栖息地被破坏。

三是生态基流缺乏。生态基流是维持生态系统（图1、图2）发挥正常功能所需要的水量。缺少生态基流，河道断流，河流中鱼类、水生植物、微生物和无脊椎动物等物种没有发育和栖息繁殖的环境，导致水体环境容量缺失、自净能力缺失、生态破坏[11]。

四是河道动力不足或成为断头河。流速较小、水动力条件较差的水体，特别是高温季节容易造成水体的富营养化。

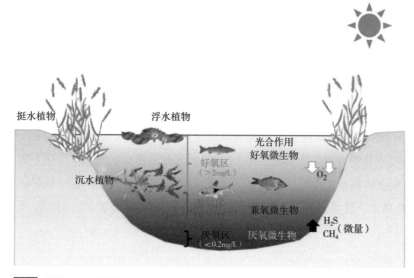

图1 良性水生态系统

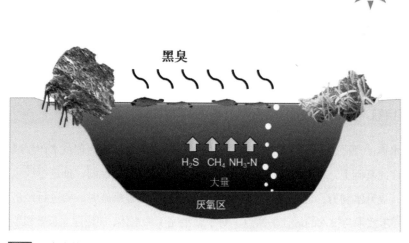

图2 黑臭水体系统

城市黑臭水体治理对策

城市黑臭水体治理是一个系统性的工作，是我们在城市发展过程中产生的问题，城市黑臭水体治理所要解决的不单是水质的问题，传统的"就水论水""工程至上"的思路没有出路。2013年，习近平总书记在中央城镇化工作会议上首次提出，建设自然积存、自然渗透、自然净化的海绵城市。海绵城市强调自然的力量，是结合我国实际情况和需求，创新提出的统筹解决城市水问题的新理念和新思路，是"山水林田湖草生命共同体"系统思想的具体体现，是系统解决城市水问题的一剂良方。在解决城市水问题时，我们必须转变理念，以海绵城市建设为理念，统筹推进城市黑臭水体治理、排水防涝和污水处理提质增效等城市涉水相关工作，由末端治理转向源头减排、过程控制、系统治理，工程建设从单个项目碎片化建设到系统化整体推进，规划设计从模式化的套规范到按实际情况算需求，考核成效从纯工程的项目最优到重效果的整体最优。以城市黑臭水体治理为抓手，转变城市发展的理念，系统统筹解决，综合考虑水多水少水脏、规划建设管理、源头过程末端、本底竖向设施，多措并举、一物多用，实现整体最优[12]。

黑臭水体治理需要摸清本底、系统谋划、定量决策，按照《关于推进海绵城市建设的指导意见》《城市黑臭水体治理攻坚战实施方案》《城镇污水处理提质增效三年行动方案（2019～2021年）》《城市黑臭水体整治工作指南》等文件的要求，重点处理好水环境与水安全的关系，兼顾水资源、水文化需求，统筹灰色设施与绿色设施，加强工程措施与管理机制的配合。

问题分析

1. 污染源调查

找出水体黑臭的原因及污染源，是制定技术路线和实施路径的基本要求。调查内容应包括但不局限于：排水系统情况（排水体制、雨污水管渠情况、排口、污水处理厂等情况）、工业企业偷排、农业农村污染、"小散乱污"乱排、内源污染等。这些污染源调查都应有量化的数据支撑。

2. 其他方面问题

河道岸线是否存在渠化、三面光，河道周边亲水空间缺失；河道水生态状况，是否达到防洪排涝标准；河道生态基流是否得到保障等。

确定治理目标，制定合理的技术路线

城市黑臭水体治理必须先从控源截污着手，同时，做好河道内源治理及水体岸线垃圾治理等内源治理工作。在此基础上，结合海绵城市理念，注重雨水面源污染控制，推进岸线生态修复，恢复水体生态基流，提升水动力，逐步恢复水体自净能力。确定工程措施时，要进行经济效益比选，避免大拆大建，寻求效果与投入的最佳平衡点。对于整治完工的水体，加快建立长效机制，包括发挥河湖长制作用，加强水体、治污设施等的日常维护，联动执法，防止污染入河、水体黑臭反弹。

推进工程措施

以下所列的措施是各地在推进城市黑臭水体治理工作中一些较为常用的做法，在具体水体治理中，应根据实际情况选择、完善。

1. 系统推进控源截污工作

推进城市黑臭水体治理与污水处理提质增效、排水防涝补短板相辅相成，现阶段的根本在管网，不可割裂推进。

（1）排污口治理

对于现状大量混接排口、合流排口的截流，要考虑旱天污水不外排、雨天雨水顺利排放，在溯源排查的基础上，科学分类、实施截污。既不可将排水口简单封堵，导致雨季排水不及时，造成城市内涝；也不可简单粗暴截污，将污水和清水全部截流至市政污水收集处理系统，挤占空间，影响污水收集处理系统效能。对于工业企业废水，要从源头管控，尽量避免进入市政污水收集处理系统。

（2）提升污水收集处理效能

对排水管网系统排查建档，找出存在的问题，边查边改。污水管网要覆盖建成区，污水管网覆盖不到的，要建设分散式处理设施（达标排放），消除污水收集处理设施空白区。对污水处理厂进水浓度低的（参照《城镇污水处理提质增效三年行动方案（2019～2021年）》，可以城市污水处理厂进水生化需氧量（BOD）浓度低于100mg/L为参考值），要科学系统分析服务片区管网情况，制定"一厂一策"系统化整治方案，以"挤外水（河水、山泉水、地下水）""收污水"为重点，实施混错接、漏接、老旧破损管网更新修复，合理控制管道运行水位，逐步减少满管流，提升污水收集效能。综合分析后，对于污水处理厂能力不足的，要新、改、扩建设施，坚持集中与分散相结合，科学确定城镇污水处理厂的布局、规模，积极推动污水资源化利用，推广再生水用于市政杂用、工业用水和生态补水等。

（3）开展暗涵整治

城市的暗涵多为原来城市的水体，随着城市的发展，逐步演变为排污的暗涵，其中，许多还承担着雨水排放及防洪的功能。暗涵内多为清水和污水混流的状态，内藏排口众多且复杂，水力条件差、常年缺少维护而淤泥堆积，是很多南方城市黑臭水体治理工作中一块难啃的骨头。为此，首先要做好防洪功能、污染源、暗涵结构等摸底评估工作，在此基础上，开展清淤疏浚，实施清污分离，将污水截走，使原来的通道走清水，同时要定期做好维护。有条件的，应结合城市更新、河道治理等工作，因地制宜推进暗涵复明。

（4）小区、企事业单位内部雨污分流

建筑立管改造时，有条件的可将雨水立管底部断接，优先接入绿地、生态草沟等海绵设施，实现雨水"地上走"，污水"地下走"，控制径流污染，方便后期巡查。结合老旧小区改造、城市更新，推进小区、企事业单位内部雨污分流改造和海绵化改造，从源头减少径流污染。

（5）治理"散乱污"、工业污染和畜禽、水产养殖污染

针对既有沿街店铺污染问题，政府部门可为其配套污水收集井、接户管等污水收集设施。对于超标或超总量的排污单位，应限制其生产或停产整治。对于工业聚集区，应配套建设污水集中处理设施，处理达标后排放，不应排入城镇生活污水处理系统，影响其正常运行。加强畜禽、水产养殖环境管理和执法监督，加快推进畜禽养殖废弃物资源化利用，规模化畜禽养殖场应当持有排污许可证，并严格按证排污。水产养殖废水应处理达标后排放。

（6）合流制溢流污染控制和城市面源污染治理

要在排口、水厂、应建管网完成后，再统筹考虑合流制溢流污染控制和分流制雨水面源污染控制。合流制溢流污染处理可因地制宜通过源头改造、溢流口改造、调蓄等方式，降低溢流频次。对小区、道路、广场等运用海绵城市建设理念，综合采取"渗、滞、蓄、净、用、排"方式进行改造建设，从源头解决雨污管道混错接问题，减少径流污染。

2．科学开展内源治理

（1）科学开展河道底泥治理

综合调查评估城市黑臭水体底泥状况，包括受污染底泥深度、主要污染物等，在此基础上，科学确定底泥治理方式，既要保证清除底泥中沉积的污染物，又要为沉水植物、水生动物等提供休憩空间，不可为了单纯增加工程量，而过量清淤破坏河道自然生态；评估为危险废物的底泥，应交由具有处理资质的单位安全处理，避免造成二次污染。

（2）加强对水体及其岸线的垃圾治理

规范垃圾转运站管理，防止垃圾渗滤液直排入河。对河道周边及河面垃圾漂浮物，应有专人负责日常清理维护、巡查和管理工作，及时对水体内漂浮物进行清捞，并妥善处理处置，确保河道日常清洁。

（3）定期对排水管道进行疏浚

特别是汛前，一方面避免管道内的垃圾、沉积物"零存整取"，随着雨水冲入河道；另一方面保障排水通畅安全，同时要做好通沟污泥处理处置。

3．因地制宜活水保质

（1）推进再生水、雨水等用于河道生态补水

优化污水厂布局，将污水厂尾水再生利用补入河道，保障水体生态基流，促进水体流动。结合生态岸线修复，充分利用两岸消落带净化后的雨水补充河道。生态补水应是在河道的外部污染已经被控制情况下，为了恢复河道生态功能，进行必要的补水，不应调取优质的水进行污染稀释、转移。

（2）降低河道水位

适当降低河道水位，防止河湖水通过雨水排放口倒灌进入城市水系，为雨水腾出调蓄空

间，同时能让阳光能透进河床，促进沉水植物生长，逐步恢复河道自然生态。

（3）打通断头河，适当增加流速

对于部分在城市发展中人为切断的河流，应恢复水体自然连通；在南方平原河网地区，对于水动力差导致水体静止等影响水质的，因地制宜增设提升泵，适当利用分水堰、跌水堰等，在河道内形成水位差，控制水动力，增加水流速度。

4．生态修复提升滨水景观

（1）打破硬护岸

有条件的，可将直立硬质挡墙改造成生态岸线，根据不同水位，选择种植不同的耐水湿植物品种，减少岸线冲刷，降低水土流失，为水生生物提供多样的栖息环境，提高动物种群的多样性。丰富的地被植物品种，不仅可提升观赏效果，也能削减面源污染，提高水体自净能力。

（2）统筹考虑水环境水安全，构建洪枯水位消落带生态岸线

恢复自然弯曲河岸线，构建自然深潭浅滩、泛洪漫滩的生境空间，保障生态系统的完整性和延续性，同时为大雨工况条件下增加雨水调蓄量，构建水旱两宜、水来人退的弹性岸线空间[13]。

（3）优化滨水景观，打造亲水空间

城市水体应兼具景观功能，结合城市更新，推动城市品质提升，打造"清水岸绿、鱼翔浅底"的生态景观空间，为公众提供日常休闲的去处。

全面建立长效机制

确保整治后的水体及治污设施有人管、有钱管、有制度管，确保水体长治久清不反弹。

1．厂-网-受纳水体一体化管理

建立污水处理厂、管网与河湖水体联动的"厂-网-河（湖）"一体化、专业化运行维护管理，保障污水收集处理设施的系统性和完整性。关键要解决因厂、网"管理分散""多头管理"带来的设施不衔接、运行不协调等问题，明确责任边界，加强监管考核。探索按照污水处理厂进水污染物浓度、污染物削减量等支付运营服务费。

2．推进河长制从"有名"到"有实"

黑臭水体河湖长由党政负责同志担任，依托多级河长，形成上下联动的机制，加强统筹谋划，调动各方密切配合，协调联动确保整治成效。加强对河道及河岸周边的日常巡查，发现问题及时解决。

3．建立督查考核制度

建立对政府部门及黑臭水体治理、治污设施运营维护等单位的科学合理的绩效考核制度，确保责任落实到位。将黑臭水体整治工作，纳入到干部考核体系中，对黑臭治理任务完成情况进行考评打分。对治理和运营维护单位，应加强考核，按效付费。

4. 保障排水管网等设施维护的资金、队伍

将公共排水养护费用纳入财政预算，落实管网、泵站、污水处理厂等污水收集相关设施的运营维护管理队伍，逐步建立以5~10年为一个排查周期的管网长效管理机制，有条件的地区，可探索推进排水管网管理延伸到建筑小区内部。

5. 排水许可和接管管理机制

按照排水行为影响城镇排水与污水处理设施安全运行的程度，因地制宜对排水户进行分级分类管理，对列入重点排污单位名录的排水户和城镇排水主管部门确定的对城镇排水与污水处理设施安全运行影响较大的排水户，应当作为重点排水户进行管理。

6. 建立排水联合执法机制

建立起由住房和城乡建设、生态环境、城市管理、工商等多部门组成的污染源溯源联合执法机制，推进市区各类型污染源的排查及整治工作。

7. 加强建设工程质量监管

特别要加强管材质量监管，严把施工质量。部分城市忽视工程质量监管，大量"活埋管"管道承插或与检查井衔接等不规范，导致大量渗漏；忽视管材选择，后期管道损坏较多；大量使用砖砌井，导致河水、地下水入渗加剧。苏州市通过明确排水管道（含窨井）材料和质量标准，对施工各环节实施全流程监管，采用CCTV、管道潜望镜等设备进行竣工验收影像检查，保证新建、改造排水管道的质量。做到"六要"，即管道基础要托底、管道接口要严密、沟槽回填要密实、严密性检查要规范、建设过程要监管、验收移交要落实。

8. 建立信息公开和公众监督机制

及时公开黑臭水体治理信息，开通公众监督举报平台，加强宣传教育，引导公众参与到监督和治理、维护工作中。

9. 污水处理收费机制

根据国家发展改革委、财政部、住房和城乡建设部印发的《关于制定和调整污水处理收费标准等有关问题的通知》以及国家发展改革委、财政部、住房和城乡建设部、生态环境部、水利部共同印发的《关于完善长江经济带污水处理收费机制有关政策的指导意见》要求，按照补偿污水处理和运行成本的原则，合理制定污水处理收费标准，并完善污水处理收费标准动态调整机制。

做好效果评估和水质跟踪监测

按照《城市黑臭水体整治工作指南》《关于做好城市黑臭水体整治效果评估工作的通知》，对整治好的黑臭水体开展跟踪评估工作，定期开展水质监测，做好公众满意度调查，以人民群众的获得感、幸福感检验治理成效。

黑臭水体治理实践

2015年以来，住房和城乡建设部、生态环境部等部门出台一系列政策，积极指导督促各地推进城市黑臭水体治理，实施清单化管理，落实城市人民政府主体责任，"一河一策"科学治理，积极争取资金支持，加强治理效果的监督检查。通过各方努力，城市黑臭水体治理工作取得显著成效，截至2020年，全国地级以上城市建成区排查出的2900多个黑臭水体已基本消除，形成了一批水畅水清、岸绿景美的休闲滨水景观带，促进了人居环境改善和城市品质提升，增强了群众的获得感幸福感安全感。

本轮城市黑臭水体治理主要有以下几个特点：

强化责任落实，由"单部门推进"转向"党委政府统筹、各部门协调推进"

城市黑臭水体治理系统性强、涉及面广，需要多部门、各层级政府协调推进。按照党中央、国务院的部署要求，以及《中华人民共和国水污染防治法》的要求，落实城市人民政府黑臭水体治理主体责任，加强各部门协调联动，为城市黑臭水体治理提供组织保障；按照中共中央办公厅、国务院办公厅《关于全面推行河长制的意见》的要求，住房和城乡建设部印发《关于报送城市黑臭水体河长制名单的通知》，督促各地率先在城市黑臭水体治理中落实河湖长制，由党政负责同志担任河湖长，加大统筹力度，调动各方力量共同推进黑臭水体治理。

江苏省建立了城市黑臭水体治理省级联席会议制度，由省政府分管领导担任召集人，相关部门和城市政府负责同志参加，每季度召开例会，既要求省直部门在资金、政策方面给予支持，又压实城市人民政府主体责任，一层抓一层、层层抓落实，共同推进城市黑臭水体治理工作。广州市建立了市、区、街镇、村四级河湖长共同推进黑臭水体治理的工作机制，市委书记担任市级第一总河长，市长担任市级总河长，并设立河长办，建立"市总河长-市级河长-区级河长-街镇河长-村级河长"责任体系，形成横向到边、纵向到底、全覆盖、无盲区的工作网络，实行"河长吹哨、部门报到"，街镇河长、村级河长巡河发现问题及时上报，区级河长配合市级河长将问题按职责交排水、工信、生态环境、城管、农业等部门解决，对需要多部门协调推进的，由市河长办统筹调度。

厘清治理思路，由"就水治水"转向"治污为本、水岸同治、生态优先"

城市黑臭水体表现在水里，根源在岸上。住房和城乡建设部牵头制定了《城市黑臭水体整治工作指南》《城市黑臭水体整治——排水口、管道及检查井治理技术指南（试行）》《城镇污水处理提质增效三年行动方案（2019～2021年）》，指导各地按照"控源截污、内源治理、活水保质、生态修复"的技术路线，"一河一策"编制治理方案，要求改变以往调水冲污、水中撒药的治理方式，以控源截污工作为重点，优先补齐污水收集处理设施短板，控制污染入河，逐步恢复水体自然生态。各地积极转变治理思路，城市黑臭水体治理工作取得明显成效。

深圳市改变以往黑臭水体治理调水冲污、大引大排、反复治反复黑臭的失败做法，着力开展控源截污，积极补齐污水收集处理设施短板，推进再生水补充河道，取得显著成效。同时，深圳市推行源头治理，大力实行"正本清源"工程，即以楼栋为单位逐一排查，对错接乱排的排水户进行改造，提高污水收集率。2016～2020年，深圳市累计改造小区、城中村12665个；补齐污水收集管网缺口，累计建成污水管网6207km，是"十二五"期间污水管网建设长度的4.3倍；积极推进再生水作为河道生态补水，新扩建和提标改造29座污水处理厂，完成72个黑臭水体的生态补水工程，河道再现碧波清流、鸟掠芳洲的美丽景象。目前，深圳市159个黑臭水体都已完成治理，茅洲河、深圳河、福田河、后海河等成为城市新景观和市民娱乐休闲的好去处。

海口市按照海绵城市建设理念和要求推进美舍河治理，构建灰色基础设施（污水处理厂和管网）、绿色基础设施（公园绿地）、蓝色基础设施（水系）融合的韧性体系，统筹解决水体黑臭、内涝积水、河道生态空间被挤占等问题。在灰色基础设施方面，新建16.8km截污管网，改造65个防倒灌截流井，设置3座分散式污水处理设施；采取分流、截流、调蓄等方式，实现晴天污水无直排，雨天污水少溢流。在绿色基础设施方面，合理布局雨水花园、植草沟、生物滞留设施等，削减初期雨水径流污染，在滨河沿线新建了22块绿色休闲活动场地；在蓝色基础设施方面，加大河湖生态修复力度，拓宽河道断面8～20m，改造硬质的渠化断面为自然的生态断面，降低河湖水位，为雨水腾出来8万m³的调蓄空间。治理后的美舍河实现了水清、岸绿、景美、民乐等多目标。

南京市金川河治理坚持水下和岸上同治，加强源头污染管控，畅通水系，逐步恢复河道生态。加强源头管控，减少污染入河。完成沿河违建和棚户区拆违征收面积14947m²；全面排查沿河1178个排口，对427个问题排口溯源排查，全面整治；对全流域59km²内286km污水管网进行全面检测排查整改，削减污水厂低浓度来水量约6.05万t/d；优化河道水位控制，畅通水系流通；实施了水位优化调控工程，形成自然水动力流动，在保证金川河主流、老主流生态流量的前提下，适当降低河道蓄水位，减少河水倒灌进入污水收集系统风险；打通断头河，新建多处引补水工程，形成玄武湖、外秦淮河以及污水厂、净化站尾水为水源的活水畅流系统；修复水体生态，提高水环境容量；构建生态活力的岸线节点，贯彻海绵城市建设理念，将直立硬质挡墙改造成生态岸线，削减面源污染，并为水体生物提供多样的栖息环境，提高动物种群的多样性；构建沉水植物、垂藤植物、挺水植物、浮叶植物多级生态景观，加强生态系统稳定性；对河道滨水空间进行综合性环境优化，创建功能合理且生态美观的滨水空间，构建"内外金川河河网、蓝绿相融成景"的城市生态基底，共建设滨河岸线9442m。经过整治，金川河河道自然生态逐步恢复，多样性生物群落初步呈现，已形成水清、岸绿、景美的城市生态河道，成为周边居民日常健身休闲的好去处。

理顺治理机制，由"工程思维"转向"机制建设"

从各地多年的实践经验来看，治水工作"三分靠建、七分靠管"，应着力机制建设，使设施真正发挥效益。2018年起，财政部、住房和城乡建设部、生态环境部开展城市黑臭水体治理示范行动，列入治理示范的60个城市在机制建设等方面取得阶段性成效。

广州市积极构建"厂网河一体"的系统化管理机制，针对"管理分散""多头管理"带来的设施不衔接、运行不协调等问题，组建排水公司，由其对中心城区雨水污水管网、污水处理厂等设施统一进行专业化运营管理。一是建立管网管理责任机制，排水公司按片区成立5个运营公司，划分43个责任区间，并落实至相关责任人；二是建立管网隐患排查治理机制，定期巡检和专项摸查相结合，持续摸排管网隐患，制定整治计划并抓紧落实，截至目前，广州市排查发现功能性隐患107938处，结构性缺陷49709处，功能性隐患已全部完成治理，结构性缺陷已完成治理28369处；三是建立设施一体化运行管理机制，建设排水管网信息化管理系统，编制"厂网河的运行图"，建立在线监测与实时调度联动机制，合理调控运行水位，减少雨天溢流污染，保障河涌水环境与水安全；四是创新绩效考核机制，广州市政府从污水收集管理、排水设施管理、防汛应急管理、督办落实管理、安全生产管理、综合执法力和晴天污水管网溢流7方面对排水公司进行考核，考核结果与排水公司管理人员绩效奖金直接挂钩。

漳州市完善机制，明确责任分工，加强监管，确保治理成效。漳州市人大出台《漳州市市区内河管理规定》《"门前三包"责任区管理规定》等地方法规，为治理和保护内河、查处私搭乱接等提供法律保障；建立"属地吹哨，部门报到"机制；将城市建成区划分为14个单元网格，属地政府动员镇街、社区、物业、企业、群众全员参与污染源的排查，发现问题提交市相关部门，由其在每个网格派驻督导员、技术团队，及时协调解决；构建市、县、乡、村四级河长制，共派驻71名河道专管员参与日常巡河，联合公安部门构建河道警长制，统筹公安执法与河长办的职能作用，强化行政执法能力；由市河长办、住房和城乡建设局、生态环境局、城市管理局组织联合执法专项行动，分类分批推进市区各类型污染源的排查及整治工作；加强工程质量监管，印发《关于进一步加强房屋建筑工程室外线路管道设备和室外工程质量安全管理的通知》，强化管材质量及工程质量监管，明确源头雨污分流改造管网验收、移交、运维标准，建立健全新建排水设施联合验收和移交机制，确保排水管网有效运行。

福州市实施联排联调机制，对排水管网、截污系统、内河设施等进行动态管理，形成"厂网河一体化"的管理体系。将原隶属住房和城乡建设局、水利局、城市管理委员会等部门的涉水机构进行整合，成立城区水系联排联调中心，按照"编随事走、人随编走"的原则，将原核定的承担水系管理人员编制，连人带编划入联排联调中心统一管理；构建智慧水务平台，将城区内河、管网、截流井、调蓄池、污水处理厂（站）信息以及水质在线监测、视频监控数据统一纳入，并交由联排联调中心进行"厂网河一体化"统筹调度管理，实现城区内水系治理和内涝防治从单一管理向综合系统治理转型，确保"雨水排得出，河水不倒灌"，改善城市水环境，提升水安全保障能力。

转变推进方式，由"政府包办"转向"发动群众共建共治共享"

在推进城市黑臭水体治理工作中，坚持以人民为中心的发展思想，治理前问需于民，治理中问计于民，治理后问效于民。住房和城乡建设部、生态环境部共同制定的《城市黑臭水体整治工作指南》《关于做好城市黑臭水体整治效果评估工作的通知》，将以水质指标判定治理效果转变为以公众满意度评判；开通微信公众号"城市水环境公众参与"，搭建起地方政府与群众沟通交流的平台，群众可将发现的问题及时转给政府解决，截至目前，全国共收到13000多条群众信息，反映的问题基本得到解决，保障了治水的效果。一些城市积极发动人民群众对治理好的水体进行监督，营造全社会关心治水、参与治水、监督治水的良好氛围。

深圳市探索"专家智库+社会力量"协同参与机制，群众从"站着看"到"自觉干"，自发维护治理的成果；创新实施志愿者河长制，组建702名志愿者河长和近2000人护水队伍，常态化巡河护河；吸纳60余名环保行业专家、学者等担任"民间河长"，指导志愿者河长护河；在中小学组建了红领巾"河小二""小手拉大手"，让一个孩子带动一个家庭治水护水，目前红领巾小河长已逾10000名。

苏州市沿河店铺、餐馆污水直排河道问题突出，涉及排水户众多，且街巷地形条件复杂，改造难度非常大。苏州市采取"五上门"工作法："一上门"摸底排查和宣传教育，使排水户充分认识到治理的必要性；"二上门"开展入户设计，充分考虑业主需求，完成"一户一策"图纸设计；"三上门"与排水户商定施工方案，约定施工周期；"四上门"快速高效施工，每户施工时间严格控制在1～2天，施工完成后对室内地面进行原样恢复；"五上门"做好未尽事宜处置。由于政府主动与人民群众对接，发动群众参与，争取群众理解，共同推动源头污染治理工作，仅1年时间，苏州市就完成了46条河道2202个沿河污水直排点治理。

多方筹措资金，从"政府单纯投入"转变为"吸引社会资本运作"

全国地级及以上城市2900多个黑臭水体，治理总投资超过6000亿元，地方政府财政压力较大。住房和城乡建设部、财政部指导各地吸引社会资本参与城市黑臭水体治理，创新公共服务供给模式，鼓励将水体治理项目与可经营、准经营性项目打包运作，力争实现资金平衡，避免增加政府债务。住房和城乡建设部分别与国家开发银行、中国农业发展银行印发了《关于推进开发性金融支持海绵城市建设的通知》《关于推进政策性金融支持海绵城市建设的通知》，要求各级住房和城乡建设部门高度重视，推进开发性、政策性金融支持城市黑臭水体治理、海绵城市建设等工作。地方积极探索创新投融资模式，取得一些经验。

南宁市那考河黑臭水体治理项目采用政府与社会资本合作（PPP）模式。市政府通过公开招标,择优选取北京城市排水集团有限公司作为合作方。政府从繁忙的事务中解脱出来,实现了从"建设者"向"管理者"的转变,提高了公共服务供给效率;社会资本发挥其资金、人才和管理的优势,专业的人做专业的事。同时,厘清政府与企业的职责边界,严格实行绩效考核、按效付费,保障治理效果。经过治理,流域内6.5km的黑臭河道全部还清,河道恢复了自然生态岸线,为生物提供良好的栖息地,提高了雨水"自然积存、自然渗透、自然净化"的能力,重现了"清水绿岸、鱼翔浅底"的景象,成为人民群众休闲游憩的好去处。

常德市将穿紫河黑臭水体治理与城市水文化恢复、区域经济发展紧密结合,利用商业价值提升、文化旅游收入等附加收益平衡治水投入。河道治理还清的同时,还恢复了两岸具有千年历史的老西门等历史建筑,重现了以沅江码头文化为代表的本土历史风貌,推出国家非物质文化遗产"常德丝弦""刘海砍樵"和水上巴士游等多元化旅游项目。水体治理及水上巴士等经营性投入共计约11亿元,拉动周边区域土地升值8亿元,加之两岸文化、旅游、娱乐相关收入,预计用5年时间可基本实现收支平衡。

九江市采用市场化理念和手段,通过PPP模式,引进三峡集团,筹措资金140亿元,统一开展城市水环境综合治理,坚持专业的事交给专业的人做,极大提升了规划设计、工程建设、运维管理等环节的专业水平。

启示

政府主导,多部门、多主体协同推进

城市黑臭水体治理主体责任是城市人民政府,涉及住房和城乡建设、生态环境、水利、农业、工商、城市管理等多个部门,必须要明确职责,细化分工,建立起各部门协同推进、各司其职、齐抓共管的工作格局。城市黑臭水体治理资金需求大,需要日常维护管理,应凝聚各方力量,构建政府、企业、公众共同推进的治理模式,发挥政府宣传引导作用,引导社会资金投入,重视全民参与,普及治理知识,倡导文明理念。

系统统筹推进各项工作在多目标中寻求最优解

城市水系统建设是一项系统性、综合性的工作,需要统筹兼顾水资源、水环境、水安全、水生态、水文化,改变见水就截、见口就堵的粗暴治理做法,以城市黑臭水体治理作为切入点,结合城市更新、老旧小区改造等工作,不断补齐涉水基础设施短板,构建城市健康水循环,推动城市高质量发展。

全方位建立实施长效机制

应从设施建设转向完善管理机制。推进河长制从"有名"到"有实",加强统筹协调力度;

加强考核机制建设，确保责任边界明细，责任落实到位；落实好污水排入排水管网许可管理，对沿街"小散乱"私接乱排现象，结合市场整顿、经营许可、卫生许可管理，建立联合执法监督机制；在排水设施运行维护方面，加强资金保障，让专业的人做专业的事，建立专门的队伍或委托专业单位实施运行维护管理；在管网建设质量管控方面，按相关标准规范对管网施工中各个环节明确施工标准，建立不定期抽检制度，强化监管力度。

推进厂网河一体化管理

转变厂网分离、建管分离的碎片化管理模式，系统科学实施厂-网-河一体化管理。建立奖罚分明的工作制度，严格绩效考核，将居民小区和企事业单位内部管网、市政管网、泵站、污水厂、河道看作一个系统整体，从污水源头到河道末端排口全流程监管，对各个环节精准施策、统筹治理。

I 平原河网型

1 苏州宾馆河

1.1 水体概况

1.1.1 城市基本情况

苏州市吴江区位于江苏省的最南端，江、浙、沪三地的交界处，是长江三角洲生态绿色一体化发展示范区的重要组成部分。全区总面积1176.68km²，常住人口154.5万人。其中，宾馆河所在的东太湖度假区（太湖新城）处于长江三角洲城市圈核心地带，西濒东太湖，紧靠大运河，东望上海市，北近苏锡常，南眺浙江省，是吴江区委、区政府所在地，为吴江区政治、经济、文化、科教中心。

吴江处于太湖下游平原河网区，主要地貌类型为长江三角洲冲积平原地貌。境内无山，地势低洼，总体地形自东北向西南缓缓倾斜，呈北高南低、东高西低。其中，宾馆河所处的城区地面高程在4.2～5.6m（吴淞高程）之间。气候为亚热带季风气候，四季分明，气候温和，雨水充沛，多年平均降水量为1135.6mm。

吴江境内水系涉及太湖流域阳澄淀泖区和杭嘉湖区，区域内河道纵横交错，湖荡众多，河湖相连，是传统的江南水乡地区。据统计，全区共有大小河道2600多条，50亩以上湖泊300多个，水面占有率22.7%（不含太湖），被誉为"千河百湖之城"。

1.1.2 水体情况

宾馆河位于吴江主城区，北起双板桥河，南至知青河，全长1.55km，平均河宽10～15m，为圩内非骨干河道，常水位控制在3.0m（吴淞高程），主要流经吴江宾馆、吴江文化广场、吴江公园、吴江博物馆等，周边居民区、餐饮集聚。水系属太湖流域阳澄淀泖区，其上游来水主要为东太湖出水及部分由京杭运河、吴淞江北岸各口门注入的来水。水流特征是水力坡降小，流速缓慢，流向顺逆不定。随着近几十年城市化的快速发展，城区人口激增，沿河店铺和居民区密集，尽管区域污水主管网已建成，部分污水已接入周边的污水管网，由污水厂进行集中处理，但由于片区内雨污分流管网不完善，仍存在大量的直排现象，使河道水质逐渐恶化、发黑发臭。

整治前，宾馆河河水恶臭、黑块漂浮、蚊蝇滋生，溶解氧长期在2mg/L以下，氨氮偏高，水生态系统崩溃，是典型的黑臭河道（图1-1）。同时，因地处高档酒店及众多休闲游乐场所附近，游人较多，河道黑臭现象也直接影响了城市形象和文明风貌。

图1-1 宾馆河治理前水质状况

自2017年起，吴江区用系统性思维对宾馆河进行了全面综合治理，按照"消除污染-提升水质-长效管护"三个步骤，在管网全覆盖、雨污全分流、污水全收集的基础上，采用生态修复、海绵城市建设、自流活水等多种手段促进水质提升，累计投入资金1亿多元，同时创新长效管护机制，建立水质预警制度和河道"健康码"等。如今，河道面貌焕然一新，不仅消除了黑臭现象，还蝶变成一条河畅、水清、岸绿、景美的美丽城市河道（图1-2）。

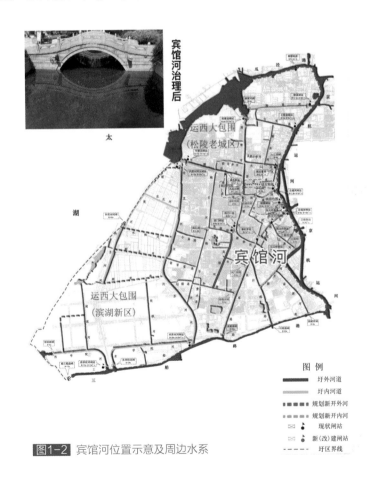

图1-2 宾馆河位置示意及周边水系

1.1.3 污水处理系统现状

宾馆河流域为雨污分流区，流域内雨水主管网438km；污水主管网120km，下游直达吴江城北污水厂，该厂污水收集区域东至京杭运河，南至东太湖大道，西至苏州河，北至兴中路，处理规模达8.5万m³/d，2019年完成提标改造，目前，出水执行太湖地区城镇污水处理厂及重点工业行业主要水污染物排放限值及苏州地区特别排放限值。

吴江污水处理有限公司设计进水浓度化学需氧量浓度为380mg/L，生化需氧量浓度为200mg/L，氨氮浓度为25mg/L，总磷浓度为3mg/L。2015年之前，厂内进水化学需氧量比设计值低45%左右；2015～2019年，平均进水化学需氧量为220mg/L；2020年，进水化学需氧量浓度为289mg/L。进水化学需氧量浓度显著提升（图1-3）。

从吴江污水厂2015年以来日处理量变化过程图（图1-4）可看出，2015年1月之后，吴江污水厂日处理水量稳定在140万～260万t之间。

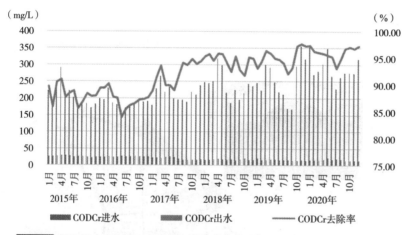

图1-3 吴江污水厂2015～2020年进出水化学需氧量浓度

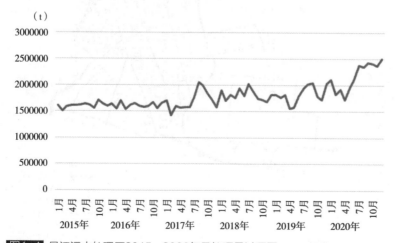

图1-4 吴江污水处理厂2015～2020年日处理量过程图

1.2 存在问题

1.2.1 治理前水质状况

2016年，吴江区对宾馆河进行了水质抽样检测，检测指标为透明度、溶解氧、氧化还原电位、氨氮4项（表1-1）。对照城市黑臭水体污染程度分级标准，宾馆河为轻度黑臭水体。

河道监测结果表　　　　　　　　　　　　　　　　　　　表1-1

检测时间	测量位置	透明度（cm）	溶解氧（mg/L）	氧化还原电位（mV）	氨氮（mg/L）	结论
11.14	鲈乡路	28	3.23	111.5	2.11	
	吴江宾馆	30	3.72	249.1	1.6	
	西库桥	37	2.56	359.5	2.05	
11.17	鲈乡路	30	2.85	96.4	3.22	轻度黑臭
	吴江宾馆	33	2.17	224.8	3.34	
	西库桥	37	1.76	358.3	3.04	
11.21	鲈乡路	32	0.34	113.5	6.2	轻度黑臭
	吴江宾馆	42	0.7	238.3	6.74	
	西库桥	46	4.74	365.2	1.25	

1.2.2 存在的问题

1. 点源污染

沿线两岸存在多处雨污合流、雨污混流情况，污水进入河道，是导致宾馆河水质污染的主要原因。流虹苑、双板桥小区及水乡花园等已经完成或正在进行雨污分流改造的小区，存在漏点情况；西塘小区为低洼小区，未实施雨污分流。现场排查发现，河道沿线存在生活污水直排河道现象（图1-5）。调查得到现状排水口共69个，有污水排出的32个，每天向河道内排放生活污水达520t，经检测，排口出水水质化学需氧量平均值约280mg/L。

图1-5 宾馆河整治前的排污口

2. 面源污染

城市面源污染主要由降雨径流冲刷产生，通过地表径流和雨水管网排放。宾馆河地处城区中心地带，经调查，沿线无垃圾收集堆放点和垦种养殖，但周边路网密集，硬质地面较多，雨水径流系数较大，地下渗入量小，形成径流的时间短，水体受暴雨初期径流污染较为明显。

3. 内源污染

该地区处于太湖流域平原河网区，地势低平，河道自然坡降不到万分之一，河道流

图1-6 宾馆河河道淤积

速极为缓慢，现状水动力条件导致了河道自然淤积现象比较严重（图1-6）。同时，由于河道沿线长期的污水排放，河底沉积了高污染底泥，有机污染物浓度较高。经调查，宾馆河河道平均淤积厚度为0.3～0.6m。

4. 活水条件

宾馆河地处太湖流域下游低洼区，湖泊众多，河网密布，水资源充足，周边外河现状水质情况较好，均达到Ⅲ类水。宾馆河属于吴江城区大包围圩内河道，自身以联圩设防，圩区防洪工程措施已比较完善，日常换水通过闸站运行，上游水源为东太湖来水，经牛腰泾–梅石河–双板桥河进入宾馆河。但据现场调查，在长江中下游地区的汛期（每年5～9月），出于防汛需要，圩区各口门往往关闭，换水频率不足，导致水体基本不流动，这也是水质恶化的原因之一，故需要制定更优化的活水调度方案。

1.3 治理思路

1.3.1 治理原则

遵循"控源截污、内源治理、补水活水、生态修复、长效管理"的基本技术思路，顺应群众呼声，强化问题导向，加强源头控制、水陆统筹、上下游联动、跨部门协作，尊重地域水情特点和治水规律，突出重点、分阶段科学推进城市黑臭水体整治，努力实现城市河道河畅、水清、岸绿、景美。

科学规划，系统治理。整治工作与新区建设、旧城改造、雨污分流以及城市污水处理提标、排水防涝建设、海绵城市实施等工作有机结合，系统推进。

截污优先，水陆同治。强化源头治理，优先实施污水截流、雨污分流改造等截污工程。注重陆上与水体内污染协调治理，生态景观统筹建设，实现标本兼治。

政府主导，社会参与。强化部门协作，明确职责分工，形成工作合力。引入社会力量，优先整治群众反映强烈的黑臭水体。引导公众参与，接受社会监督。

强化监管，长效保持。完善政策法规体系，强化全过程监管，建立水体水质监测、预警应对机制。建立长效机制，巩固整治成果，实现长效保持。

1.3.2　技术路线

总体布局：按照"消除污染-提升水质-长效管护"三步法进行。首先，消除点源污染、内源污染和面源污染，杜绝任何污水入河；然后，采用多种手段恢复河道生态和自净能力、提升水质；最后，加强长效管护巩固治理成效。

点源治理：根据前期调查得到的河道沿线污水管网布设情况，有针对性地布置污水主管和支管，或者对原有管线进行改建，将河道沿线的生活污水（无工业污水）纳入污水管网，输送到污水处理厂进行处理，达标后排放。对水乡花园、工商小区、桃花苑、木家圩小区、西塘小区等实施雨污分流，并对已分流区域进行查漏补缺、截污纳管。

面源治理：在老小区改造中，结合海绵城市建设理念，把暴雨初期径流污染对河道水质的影响降低至可接受的范围内。

内源治理：对宾馆河河道全线实施清淤疏浚；同时，制定今后河道轮浚计划：按照城区河道5～8年疏浚一次的标准，确保治理效果的长效保持。根据河道实际情况及其周边水系条件，确定疏浚工程采取干河施工、水力冲淤的方案。河道清除的淤泥通过运泥罐车运送至指定排泥场。

水生态修复：提高引、换水频次，改善河道水动力条件。实施生态修复措施，提高河道自净能力。

长效管护：建立长效管护机制，落实长效管理单位，明确工作职责。强化水体监测预警，杜绝返黑返臭隐患。

1.4　工程措施

1.4.1　控源截污

宾馆河周边区域的控源截污工作，按照生活污水"应收尽收"的原则，以管网全覆盖、雨污全分流、污水全收集为目标进行全面排查治理。一是进行雨污分流改造，按照先易后难的原则，以优先补齐管网空白，不断细化雨污分流改造方式，实现市政污水主管-街巷污水支管-院落入户管的系统性覆盖。二是完善污水管网系统，系统实施查漏修复，针对雨污混接、管道渗漏、污水倾倒雨水边井及阳台污水进入雨水系统等问题，分类梳理，精准施策。

1. 雨污分流改造

首先，对流域内污水主管网及小区内部管网进行全面检测排查，以排水区和汇水区为单元，对宾馆河流域开展普查，宾馆河流域普查范围面积约126.7ha，其中，雨污分流区域面积为52.29ha，雨污合流区域面积为20.7ha，雨污混流区域面积为18.07ha，在建及停业区域面积为35.64ha。宾馆河流域有近三分之一的面积还未达标，急需进行改造。

经排查，河道沿线大部分小区均已完成或正在进行雨污分流改造，流虹苑、双板桥小区大部分区域为城中村，存在漏点情况。同时，对水乡花园、西门一站附近沿河区域进行排查，对发现的问题进行汇总处理。初期调查得到现状排水口共126个，问题排口43个。排口整治分为以下三类：

（1）纯雨水排口。根据河道排口周边空间，结合海绵城市理念，在合理位置实施初期雨水沉淀、调蓄、过滤净化措施。

（2）污水直排口。宾馆河区域市政污水管网全覆盖，通过增设相应的污水管网（图1-7），将污水接入收集系统，封堵原污水直排口，相应管道废除。

图1-7 市政污水管网铺设

西塘小区西侧吴模路上已铺设污水主管（DN450），规划在小区内铺设7条东西向污水支管（DN300）连接吴模路污水主管（已有）；同时，铺设DN200的污水管，实现支管到户。另外，由于西塘小区的地面高程较低，也同步实施小区低洼地改造。

（3）雨污合流排水口。坚持区域内系统治理，不仅着眼小区雨污分流，对周边沿街店铺、企事业单位、农贸市场等一并实施雨污分流。流域共划分为43个排水单元，32个单元在2016年前已完成雨污分流建设。

本次整治主要对已完成的32个单元进行回头看，对雨污合流区域进行雨污分流改造，对雨污混流区域进行污水管网CCTV检测（图1-8），对污水私接、乱接、混接点边查边改，对11个未雨污分流的排水单元新建雨污水管网系统（图1-9）。

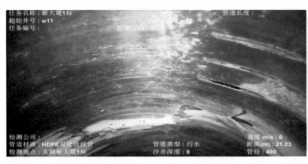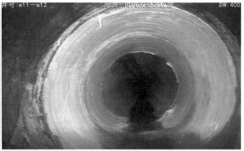

图1-8 管网CCTV检测

图1-9 宾馆河周边雨污分流改造布置图

　　2017年，吴江区出台了城镇（撤并镇）雨污分流专项实施方案，将雨污分流和老旧小区综合改造工作协同推进。从2018年开始，实施高质量推进城乡生活污水治理三年行动，全面推进小区、单位和沿街餐饮等小散乱排水户的雨污分流改造和污水接纳工作（图1-10）。2020年，宾馆河流域成为吴江区第一个完成创建工作的污水处理提质增效达标区。

　　在设计阶段，宾馆河区域雨污分流改造广泛征求了社区、物管办、居民的意见和建议，采纳合理建议融入到设计之中。最后，会同区排水处、市政集团对设计成果进行会审，进一步完善了宾馆河区域的雨污分流施工设计图。共完成铺设污水管长度52.2km，路面恢复4万m²，规整立管1万余米，完成投资约3000万元。

　　宾馆河周边区域的雨污分流工程完工后（图1-11），彻底解决了两岸污水入河的问题，切断了面源污染，截污效果良好，使河道恢复天然自净能力，实现从源头上消除黑臭。

图1-10 宾馆河雨污分流专项改造前

图1-11 宾馆河雨污分流前后对比

2. 完善污水管网系统

实施查漏补缺，对流域内污水主管网及小区内部管网进行全面检测排查及修复，完善污水管网系统。

（1）全面物探测绘（图1-12）。以污水节点井为起点，污水处理厂为终端，对市政污水管线进行全面物探测绘，采集管道基本信息，建立了"一井一档、一路一档"，形成"一张网"，实现地下排水管网的科学化、可视化管理。

（2）关注重点环节（图1-13）。重点关注过路管、过河管道、截流设施等主要环节，管道结构性排查发现问题519处（其中三四级151处）；混接点发现问题8处。

图1-12 污水管线溯源调查

图1-13 宾馆河整治前管网排查

图1-14 污水管网养护

（3）即查即改。在排查过程中，根据管网不同的缺陷，制定了不同的非开挖修复方案，区域内累计开展343处即查即改修复、8处混接点即查即改。

（4）加强养护（图1-14）。除了加强对污水主管网养护外，推进雨污水管网养护进小区，并增加如农贸市场、餐饮集聚点等易堵塞管网养护频次，保证管网通畅运行。

1.4.2 清淤疏浚

宾馆河河床底泥属悬浮质淤泥，极易流动扩散，为避免产生严重的无效掏挖、二次回淤等不利情况，本工程清淤方案为干河作业法。干河作业主要是修筑围堰，排除河水，用水力冲挖机清淤，这种方式能清除河道内全部淤泥和垃圾杂物等，清淤较为彻底。

项目共完成疏浚长度1547m，疏浚土方9200m³，并对两岸破损挡墙进行修复，共投资105万元。清淤底泥由槽罐车装运至25km外的指定排泥场进行填埋（图1-15）。同时，对底泥取样进行危废检测，结果显示各项指标均正常。

图1-15 宾馆河清淤作业

1.4.3 生态修复

1. 海绵城市建设

为进一步降低初期暴雨对宾馆河水质的影响，吴江区在宾馆河周边地块改造中融入了海绵城市建设理念，在宾馆河附近的文化广场、水乡花园小区的中心广场精心布置了雨水花园（图1-16），包含给水排水工程、电气工程、绿化工程、景观等。

沿河道和路旁建设植草沟、生物滞留带，局部进行海绵化改造，其中，植草沟深度15～20cm，起传输雨水的作用。浅凹式雨水花园深度25～30cm，表层散置大小不均卵石，再以植被覆盖，起蓄积、滞留和净化雨水的作用。通过雨水花园、植草沟等海绵化手段改造（图1-17），可减少地表径流、缓解内涝、解决积水问题、补充地下水。

部分道路透水铺装，通过"渗、滞、蓄、净、排"，层层吸收渗透净化雨水，进一步提升了雨后汇入河道的水质。通过城市广场把主园路改造成透水混凝土园路（图1-18），使雨水收集到植草沟和雨水花园，经过滞留净化再排入雨水系统。

本工程造价约313万元，草坪改造约6300m²，增加雨水花园约1800m²，改造后的透水混凝土园路约2700m²，新补植麦冬约5300m²。

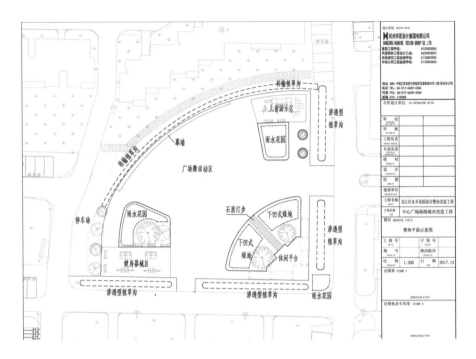

图1-16 宾馆河旁海绵城市建设设计图

图1-17 雨水花园、植草沟

图1-18 城市广场的透水混凝土园路

海绵城市建设项目使该区域内年径流总量控制在82%左右，污染物去除率达到65%。此外，通过合理的植物配置，雨水花园也为昆虫和鸟类提供了良好的栖息环境，与原有的草坪景观相比，给人以新的景观感知与视觉感受，也使宾馆河周边区域平添了一分野趣。

2. 生态景观工程建设

宾馆河流经的吴江宾馆，位于苏州市吴江区鲈乡南路，周边还有吴江博物馆、文化广场、吴江公园等供市民休闲游玩的场所，也是展示吴江形象的窗口地带。故在完成控源截污、清淤疏浚等基础上，对吴江宾馆门前段的水体实施了生态措施，按照景观水的标准，打造成小型封闭水体，进一步提升水体透明度。治理范围包括宾馆河主河道（约400m），以及宾馆河支河一、支河二。

具体措施为：在吴江宾馆桥北侧100m及吴江文化广场笠泽路桥北侧设置不透水性生态屏障（图1-19），隔离上下游浊度较高的水体；对该段水体进行水生态修复，设置复合生态浮床、河底生物载体、曝气装置和高效微生物培养器等，并种植沉水植物、挺水植物，投放鱼类、底栖动物、浮游动物、微生物等，以强化水环境生态系统的自净能力，同时打造景观亮点，共投资约300万元（注：该技术仅适用于水深较浅的小型封闭水体且对透明度要求较高的情形，在完善周边控源截污的基础上实施，对日常管护技术含量也比较高，需要具备较强的专业管理队伍）。

经过一系列水生态措施的净化提升后，该河段透明度得到极大提升，河道景观也得到大幅度改善。

图1-19 宾馆河生态修复示意图

1.4.4 补水活水

吴江地处平原地带，河水流速缓慢，再加上圩区建设后，在汛期圩内河道长期静止不流动，造成水环境恶化。为解决圩区防汛带来的水环境问题，吴江区于2018～2020年实施了松陵城区自流活水工程（图1-20），增强城区河道流动性，改善城区河道水环境，项目总投资6500万元。工程实施内容包括控导工程、低洼地改造工程、河道整治工程、闸泵站改造工程以及信息化系统建设五大部分。

工程以东太湖水作为引水水源，通过内苏州河和牛腰泾河两条清水通道向松陵城区内引水，抬高松陵城区西北部水位，促进城区水向东南部流动，以西塘河为界，形成高低两个片区，采用自引自排、泵引自排、自引泵排三种引排方式，综合利用现有区域内河口工程，科学调度，合理分配，增强水体流动性，增加水环境容量，确保包括宾馆河在内的每条河流可分配到太湖好水，全面提升河道水质，实现松陵城区水资源可持续高效利用与水环境生态系统改善的良性循环。

图1-20 城区自流活水工程示意图

1.4.5 三水同治

为打好"碧水保卫战"，2017年，吴江区委、区政府印发《关于开展吴江区"三水同治"工作的意见》，重点开展"三水同治"综合治理。利用2017～2019年三年时间，结合吴江生态环境建设工作重点，强化重大项目和专项整治两大支撑，全力解决全区工业污水、生活污水和农业面源污水治理过程中存在的突出问题，坚持铁腕治污不放松，通过真抓实干补短板，促进全区水环境质量全面改善。

工业污水治理方面，开展喷水织机整治，三年累计淘汰喷水织机10万台，中水回用率从10%提升至60%。深化全区印染行业"双控一降"整治成效，在线监测仪安装全覆盖，全区印染企业产生废水排放实现100%在线监控。

生活污水治理方面，全面开展高质量推进城乡生活污水治理三年行动计划，实施城镇污水处理厂提标改造（按苏州特别排放限值标准），全面完成污泥无害化处理处置。2020年，宾馆河流域成为吴江区第一个完成创建工作的污水处理提质增效达标区，累计完成投资5100万元；大力推进污水管网建设和雨污分流改造工作，新增市政管网69km，完成59个雨污分流排水达标区建设；健全农村生活污水工作机制，完成272个村庄的生活污水治理设施建设。

农业面源污染治理方面，全面推进化肥减量施用，全区化肥使用总量为9031.4t，比2015年化肥使用总量减少5.5%。全面完成太湖围网养殖拆除工作，共计拆除围网约140.16万m，高质量通过了江苏省农业农村厅、生态环境厅联合组织举办的"太湖4.5万亩围网养殖"销号验收；已完成池塘标准化整治任务5.74万亩（含退渔还田），太湖沿岸3km范围内养殖池塘整治1.52万亩，长漾湖国家级水产种质资源保护区1.39万亩全面禁捕。

1.5 非工程措施

1.5.1 自流活水信息化

建立城区自流活水工程信息化系统（图1-21），主要内容为视频监控，远程控制，水位、水质、工情、雨量监测，保洁船北斗定位，水量水质模型构建，软件开发等内容，通过科学调度、综合调度、实时调度、精细调度，实现全面活水、持续活水、按需活水、两利活水、高效活水、连片活水。

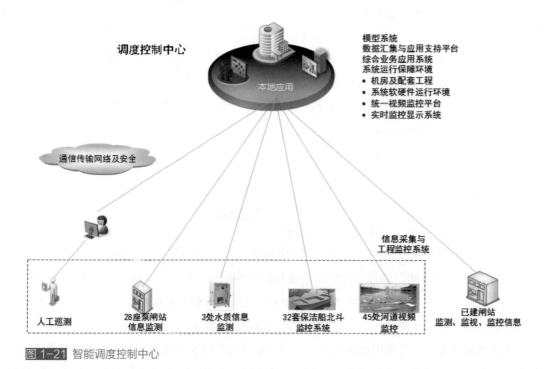

图 1-21 智能调度控制中心

基于江苏省水利一张图、遥感图等，接入新建的工情、雨量、水位监测点、水质监测站的监测数据，并接入已有的气象数据、水文数据等，实时全面了解区域内泵闸站的运行状况、内外河水情、雨情以及水质的区域变化情况等。

结合气象（未来降雨信息）、水文、水质、河道、水利工程及调度、水环境、下垫面、社会经济等数据信息，构建吴江松陵城区河网水量水质耦合模型，形成活水（水环境）调度、防洪排涝调度和应急调度三种调度模式，推荐优化调度方案，为实现松陵城区防洪排涝与水资源、水环境综合科学调度提供技术支撑和保障。

1.5.2 排水管理制度化

建立健全排水常态长效管控机制，进一步规范排水户排水行为，加强对排水户的监管，切实从源头上管理，巩固提升治水成果。

1. 排水许可办理

严格执行雨污分流，排水户申请办理排水许可证，由区水务局履行现场勘查把关工作，确保上报排水许可审批材料真实、有效，与现场实际情况一致。

2. 排水户常态长效监管

购买第三方服务，加强批后监管力量，为开展现场勘查、日常监管、执法、督促整改等工作提供支撑。定期对辖区排水户开展"双随机"执法检查，核查排水户排水设施运行情况及水质、水量变化，及时清理"僵尸"排水许可证，规范排水户持证排水。

3. 违规排水行为查处

针对排水户私接乱排、建筑工地违规排水等问题，水务部门和综合执法部门加强联动，形成监管合力，规范排水行为（图1-22）。

图1-22 违规排水行为查处

1.5.3 河长牵头体系化

1. 建立民间河长制

建立河湖督查官、志愿者团队、社会监督员和"河小青"等民间河长体系（图1-23），动员全社会力量参与河湖治理工作，构建河长履职、委员互补、代表监督、青年突击、民众参与的全民护河新体系。

城区河道巡查实现第三方巡查考核，要求第三方每日巡查全覆盖，通过加强河道巡查频次及覆盖面，确保河道整体有序。全年共针对宾馆河河道巡查3000多河次，处理包括河面白色垃圾、浮沫、落叶、岸坡垃圾等问题共计200多件。

2. 推进河长工作信息化

创新推出信息化河长制公示牌，并与吴江特色河长制APP信息化系统，以及12345"大联动平台"无缝对接。各区级河湖长在履职巡河过程中，通过河长制APP信息化系统，实时将巡河过

图1-23 "河小青"民间河长

程中发现的河湖问题及处理意见上传至河长制APP信息化系统，上传的各类河湖问题均通过大联动平台进行实时派单交办，限期整改，并将整改情况进行复核、销号、反馈，实现问题发现、交办、处理、反馈的工作闭环。

3. 河道作业精细化

为进一步提升城区精细化管护效果，各作业单位根据不同的河道问题，采用专用的打捞工具。针对蓝藻使用蓝藻网，针对油脂黑泥块使用毛毡网，针对落叶水草使用专网圈围打捞（图1-24）。在河道精细化管护方面，除关注常规的河面及河岸5m范围岸坡的情况外，还注重细化分解其他保洁对象，如桥洞、桥梁附属设施、河道内部件、河道踏步、石砌驳岸杂草杂树、沿河垂水绿化等。

4. 加强非法行为管控

在城区河道法制化管护方面，严格落实《苏州市河道管理条例》的各项要求，2020年，通过联合执法及岸坡复绿相结合的措施，成功完成城区首轮复绿15000m²。通过联合渔政、综合执法等相关职能部门，坚决抵制河道设置非法鱼笼渔网行为，确保河道通畅、河面有序（图1-25）。全年共清缴江网4条、地笼70条、河道插杆49处。

图1-24 蓝藻打捞

图1-25 渔政、综合执法

5. 健全垃圾收运体系

吴江区生活垃圾已全部实现集中收运、全量无害化处置。城镇生活垃圾由辖区环卫部门进行收集后运至转运站，最终统一运输至处置终端进行焚烧或填埋。其中，宾馆河等城市河道沿线及周边生活垃圾，由松陵环卫所负责收集并运送至冬梅街垃圾中转站（日处理量280t），然后统一运往苏州吴江光大环保能源有限公司（国家AAA级无害化生活垃圾焚烧厂）进行焚烧，最后飞灰在吴江城市生活垃圾卫生填埋场（无害化处理Ⅰ级卫生填埋场）进行填埋。

同时，吴江区采取"职能部门联合监管+第三方专业监管+数字环卫系统远程监管"相结合的三级监管体系，对全区生活垃圾运输处置系统实行全过程、全方位监管。

1.6 治理成效

1.6.1 水体治理改善城市环境

通过控源截污、清淤疏浚、生态修复、活水补水等措施，改善了河道水质；因地制宜地利用吴江公园、雨水花园小区，建设生态缓冲带、生态草沟，增强面源污染的拦截、净化功能；种植沉水挺水植物，投发鱼类和微生物，构建适宜的水生动植物群落，恢复了河道生物多样性，恢复了"健康生命"，形成河流水系、生态绿地和城市空间有机连接的绿色生态廊道，改善了城市的生态环境。

整治后宾馆河各检测点透明度、溶解氧、氧化还原电位及氨氮等指标的平均值均符合非黑臭标准（表1-2），比整治前水质指标已有大大改善，已消除黑臭，同时，水质稳定在地表Ⅳ类水标准。

宾馆河整治前后水质数据对比 表1-2

检测时间		检测因子			
		溶解氧（mg/L）	透明度（cm）	氧化还原电位（mV）	氨氮（mg/L）
整治前		0.97	53.67	174.50	4.69
整治后（6个月平均值）		4.79	61.88	402.02	1.12
评判标准	轻度黑臭	0.2~2.0	10~25	-200~50	8.0~15
	重度黑臭	<0.2	<10	<-200	>15

整治后的宾馆河河道整体感官体验均有所上升，水清、岸绿，生物多样性也大大提升，整个河道恢复了生机。委托第三方对宾馆河周边居民进行了两次问卷调查，满意率均在90%以上，显示居民对宾馆河的河道治理工作表示高度肯定。

1.6.2 水乡风情提升人居品质

曾经的宾馆河，水体浑浊，透明度低，水质发黑发臭，沿岸有排污口，经过一系列综合措施系统治理提升后，宾馆河水质已由整治前的黑臭，到目前的Ⅳ类水和Ⅲ类水之间，河道景观也得到大幅度提升改善。其中，吴江宾馆门口周边河道常年保持清澈见底（图1-26），人居环境品质大幅提升。

宾馆河治理后，沿岸亲水廊道重新焕发活力。绿树成荫的景观廊道、亲水平台、博物馆与公园草坪相互衬托，充满了生机和活力。附近居民来此休闲散步，呈现出一幅沿河观景、游步休憩的优美画面（图1-27）。同时，海绵城市"走进"了居民小区和公园，市民眼中的绿更多了，获得感、幸福感也提升了。

图1-26 宾馆河景观现状

图1-27 居民散步、沿河观景

1.6.3 绿水长流促进城旅融合

河道不仅是生态环境重要的控制因素，也是城市兴旺发达的血脉。本工程结合宾馆河治理、吴江宾馆周边环境提升，利用博物馆融入吴文化，统筹吴江生态发展，打造城旅融合的新名片。水清、流畅、岸美，吴江区生态一体化新画卷正徐徐展开。

宾馆河治理后水好景美，岸线生态环境优良，水利资源优势明显，吴江区鼓励相关部门做好水资源保护和水生态管护工作，利用治理契机弘扬水文化，充分整合各种文化资源，抓住长江三角洲一体化发展的机遇，走城旅融合的特色发展之路，进一步提高城市居民素质，提升城市文明，促进城市和谐，打造更加精致幸福家园。

1.7 经验总结

1.7.1 "联合河长"启迪治水系统化

作为长江三角洲生态绿色一体化发展示范区的重要组成部分，吴江系统化的治水方案有着丰富内涵，不仅首创了跨界联合河长制，全面推行河长制，细化治河护河工作，还探索用微信让群众参与治河监督。

吴江与上海、浙江交界河湖多，治理难度大。为践行长江三角洲一体化发展战略，先后与上海、浙江以及苏州市内相邻区县共聘联合河长（315名），建立本地镇、村级跨界河湖联合河长制，并深入落实联合巡河、联合保洁、联合监测、联合执法、联合治理五大机制，实现所有跨省、市、县（区）、镇、村级跨界河湖联合河长制全覆盖，积极推动区域一体化协同治水，有效解决了以往交界河湖治理执法难、管理责任不清等难点问题，全力为长江三角洲一体化制度创新作出有益探索和典型示范（图1-28）。

推动联合治理项目化落地。推进元荡水系连通（岸线贯通）工程建设，携手青浦完成元荡先导段联合治理；完成示范区16个跨界河湖联合治理项目签约，总投资额13.15亿；启动太浦河共保联治江苏先行工程建设，总投资额5.3亿（图1-29）。

打造示范区联合河长制信息系统。吴江携手青浦、嘉善、昆山建设示范区联合河长制信息化系统，构建联合水系图，打造协同治水平台，共享河湖保洁、水质监测、执法会商、河湖治理等各方面信息（图1-30）。

图1-28 联合河长

图1-29 太浦河共保联治江苏先行工程

图1-30 青浦、吴江、嘉善三地总河长

跨界联合河长制打破了区域行政壁垒，治水由各自为战、推诿扯皮转向协同合作、共治共享，有效提升了河湖保洁效率，改善了河湖治理局面。

1.7.2 "管家+保姆"助推管护精细化

长效管护方面，建立"管家+保姆"联合管养机制，养护工作更精细化与模式多样化（图1-31）。通过制定印发《吴江区城乡黑臭水体长效管护办法》及《吴江区城乡黑臭水体运行与维护标准（试行）》等，结合区、镇两级河道养护管理机制，将污水管网、绿化环卫、水面保洁、河道运维等养护工作整合形成合力，做到岸上、水下养护全覆盖。为解决长效管护工作中各类疑难杂症，建立"管家+保姆"联合管护模式（一般问题由属地基层人员直接解决，即河道保姆；疑难问题由区级相关部门组成的智囊团联合专业第三方进行会诊解决，即河道管家）。同时，还与邮政部门合作，创新启用"护河邮路"项目，利用邮政网络，由邮递员对河道管护情况开展第三方巡河检查。通过以上多方位、系统性管护工作，河道水环境进一步趋于向好。

图1-31 "管家+保姆"联合管护

1.7.3 "三色预警"强化应急制度化

为提前预判水质变化，及时采取应对措施，建立红、橙、黄三色水质预警制度（表1-3）。针对水质异常程度，构建立体化、框架式无缝监管模式，将事后整改处理转变为事前预防、事中控制。将透明度、溶解氧、氧化还原电位、氨氮四项水质指标数据设为三类，每月由第三方专业机构按照《城市黑臭水体整治工作指南》的相关要求，对已治理黑臭水体进行水质跟踪监测，对超标及超标风险较大的河道进行通报和预警，当河道水质监测结果达到三色各预警标准时，启动相应预警机制，相关属地责任部门按要求限期完成整改，并上报整改结果，为解决水质出现返黑返臭情况赢得了宝贵时间。

吴江区黑臭水体水质预警标准（试行）　　　　　　　　表1-3

	透明度（cm）	溶解氧（mg/L）	氧化还原电位（mV）	氨氮（mg/L）
第一类（红色预警）	≤25	≤2	≤50	≥8
第二类（橙色预警）	26~27	2.1~2.5	51~75	6~7
第三类（黄色预警）	28~29	2.6~2.9	76~99	4~5

1.7.4 "健康码"提升水质可视化

吴江区率先尝试在已治黑臭水体河长制公示牌上设立"健康码"（二维码），使群众通过手机扫描二维码的形式，了解已治黑臭水体的"前世今生"，把整治的前中后过程、定期水质监测情况和未来水质目标展现给群众，提升群众对治水的知情权和参与权，全面动员群众参与河道维护治理，形成人人管河护河的新格局，全区上下积极投身"打好水清、岸美保卫战"，为守护一河碧水而奋斗（图1-32）。

2020年1月，"吴江区黑臭河道整治工程"成功入选苏州市吴江区十大民心工程。下一步，吴江区将以改善城市水环境质量为核心，围绕"强富美高"总目标，把握"争当表率、争做示范、走在前列"总要求，立足新发展阶段，贯彻新发展理念，以推动高质量治水为主题，以满足人民日益增长幸福河湖需要为根本目的，坚持系统治水、科学治水、精准治水，巩固提升黑臭水体治理成果，全面实现城市河道河畅、水清、岸绿、景美。

图1-32 河长制公示牌上的黑臭水体"健康码"

苏州市水务局：夏坚　沈海滨

苏州市吴江区水务局：胡明忠　吕萍　陶志渊　孙燕丰　徐苏茗

2 南京金川河

南京主城有"南秦淮、北金川"两大水系。金川河在城北流入长江,流域面积59km²,主流内金川河、外金川河总长5.8km,并有13条支流汇入。金川河水系全部位于城市核心区域,污染负荷大,污水收集处理系统不完善,治理前,水质不达标、水体黑臭,市民百姓意见较大,是南京城市河道整治中名副其实最难啃的"硬骨头"。

立足加快消除金川河干支流黑臭水体、高标准实现"长制久清",本轮整治过程中,南京市进一步转变工作思路,找准工作方向,完善工作路径,建立以市委主要负责人专门牵头的挂钩负责制,统筹调度攻坚,聚力"四全四同"综合系统整治,即统筹实施全区域黑臭水体整治、全流域水质提升、全方位污水提质增效、全过程常态监管,积极推动水上岸下同步治理、厂网效能同步提升、管理巩固同步落实、水岸环境同步改善,构建了水岸厂网一体良性互动的治水新格局,实现了河道消黑消劣和主要断面水质优良的新提升,打造了水清、流畅、岸绿、景美的宜居城市水环境,为南方特大城市核心区流域性黑臭水体治理巩固和水环境改善提升提供借鉴参考。

2.1 水体概况

2.1.1 城市基本情况

南京是著名古都,江苏省省会,长江下游重要中心城市,境内低山、丘陵、阶地、平原及江、河、湖泊交错相会,长江穿城而过,南部属秦淮河水系,北部属金川河水系(图2-1)。

截至2019年,全市下辖11个区,总面积6587km²,建成区面积823km²;常住人口850万人,城镇人口707.2万人;地区生产总值14030亿元。

1. 金川河水系概况

金川河是南京主城城北地区的一条入江河道,以金川门为界,分为内金川河和外金川河水系。金川河发源于鼓楼岗和清凉山北麓,并与玄武湖相连,下游经宝塔桥入长江,流域面积59km²,流域内共有15条河道,总长37.8km(图2-2)。

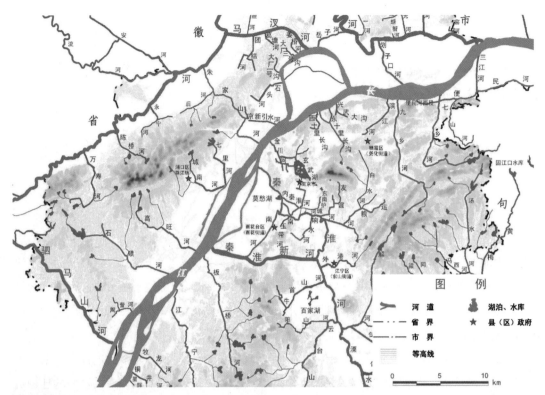

图2-1 南京市水系地形图

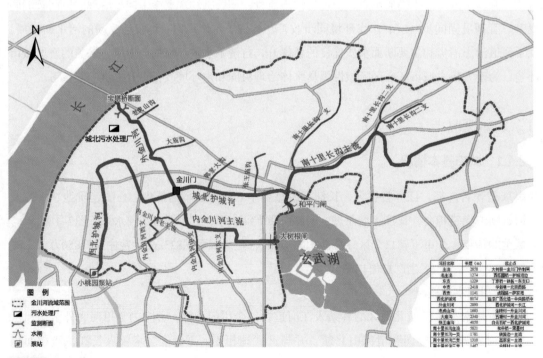

图2-2 金川河流域水系图

2. 气象

南京属北亚热带气候，温暖湿润，具有明显的季风气候，降水量较丰富，并主要集中在每年汛期的6～9月，其降水量约占全年总量的55%（表2-1），多年平均气温14.4℃。

南京市降雨特征参数 表2-1

项目	降水量（mm）	年份
多年平均年降水量	1064.9	
历年最大年降水量	1774.3	1991年
历年最小年降水量	448.0	1978年
历年最大一日降水量	266.6	1974年7月30日

3. 污水处理系统现状

金川河流域范围均属南京城北污水处理系统，污水收集区域划分为A～M共13个分区（图2-3）。城北污水处理厂位于金川河近入江口处，于2003年竣工，设计处理规模为30万m³/d，污水处理采用Unitank活性污泥法工艺，原设计出水执行一级B标准。现已完成提标改造，出水执行一级A标准。

图2-3 城北污水处理厂及泵站服务范围分区图

2.1.2 治理前水质状况及分析

1. 水质状况评价

2016年，金川河水系水质均劣于Ⅴ类，干支流水体状况基本均为黑臭甚至重度黑臭。主要污染物为氨氮、总磷等，溶解氧较低（表2-2）。

整治前金川河流域主要断面水质指标 表2-2

河道名称	氨氮（mg/L）	溶解氧（mg/L）
内金川河主流	4.6	7.2
外金川河	10.1	1.8
内金川河老主流	5.9	7.7
内金川河东支	10.5	1.6
内金川河中支	10.7	1.7
内金川河西支	12.8	1.7
西北护城河	4.3	4.4

续表

河道名称	氨氮（mg/L）	溶解氧（mg/L）
大庙沟	6.1	1.8
二仙沟	28.6	0.6
张王庙沟	22.7	1.5
南十里长沟一支	3.7	7.2
南十里长沟二支	8.6	2.2
南十里长沟三支	7.5	1.8
南十里长沟主流	6.9	3.0
城北护城河	7.45	3.2

2. 治理前污染现状及分析

根据环保部门2013～2016年的水质监测数据，治理前，金川河水系入河污染严重。

（1）中上游倒桥断面。2013～2016年，金川河中上游倒桥断面水质逐年均值为劣V类，氨氮均值为4.57mg/L，多次出现大于8mg/L的情况（图2-4）。

（2）中下游长平桥断面。2013～2016年，金川河中下游长平桥断面水质逐年均值为劣V类，主要超标因子为氨氮和总磷。氨氮均值为7.16mg/L，且水质不稳定，出现重度黑臭（图2-5）。

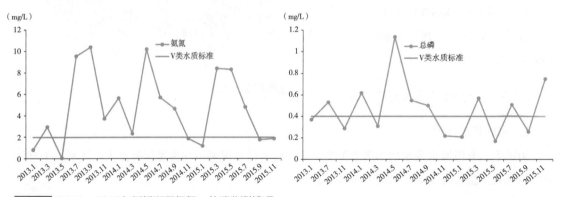

图2-4 2013～2016年倒桥断面氨氮、总磷监测情况

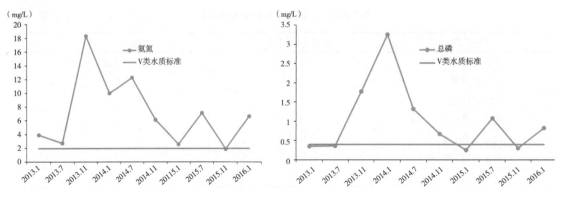

图2-5 2013～2016年长平桥断面氨氮、总磷监测情况

（3）入江口宝塔桥断面。2013~2016年，金川河下游入江口宝塔桥断面氨氮均值为6.85mg/L，有超过三分之一以上月度检测氨氮值超过8mg/L，总磷均值为0.76mg/L（图2-6）。

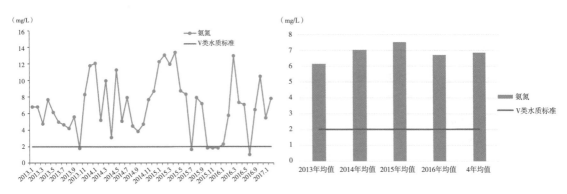

图2-6 宝塔桥断面氨氮监测情况

2.2 存在问题

2.2.1 污染物入河情况严重

金川河流域是南京城区开发较早的地区之一，住宅小区、商业中心、大专院校、医院及机关单位密集，核心区平均人口密度超过3万人/km^2，人口高度集中，污染负荷较大。金川河流域污水管网建设始于20世纪90年代，片区雨污分流不完善，市政道路管网破损、脱节、跑冒滴漏、错接混接等问题突出。金川河流域沿河排口共1178个，其中，有污水下河的排口共438个（污水直排口11个，合流排水口427个），污染入河问题严重（图2-7）。

图2-7 沿河排口排放污水

2.2.2 内源污染情况突出

金川河流域周边居住人口密集，加之该地区丘陵岗地较多，上游河道泥沙易受汛期大流量行洪排水而进入平缓河段，河道平均淤积深度约0.6m，其中，上游平均约0.4m，下游平均约0.8m，最大厚度超过1.0m。淤泥内含有大量有机物、氮、磷等，对水质产生较大影响。

2.2.3 污水系统运行效率偏低

城北污水处理厂设计进水化学需氧量浓度为250mg/L，生化需氧量浓度为120mg/L，氨氮浓度为20mg/L，总磷浓度为3mg/L。整治改造前，厂内进水化学需氧量浓度均值为174.6mg/L，比设计值低30%。污水处理厂进水水质浓度偏低，处理水量偏高，长期处于高水位运行状态（图2-8）。

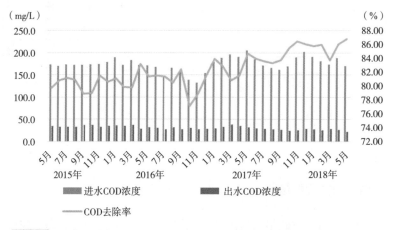

图2-8 2015年5月~2018年5月城北污水处理厂进出水化学需氧量浓度

城北厂进水泵房设计水位在−1.6~0.44m之间，由于污水管网来水长期超过设计水量，2015~2018年，日均处理量高达31.99万t/d，处理负荷较大，致使进水水位长期保持在5.6m，高峰时达到7.8m，倒逼污水管网水位整体较高，部分低洼地区如金陵小区、晓街等地段出现污水漫溢现象。

2.2.4 部分区域管网缺失

流域内建宁路两侧和张王庙沟周边区域污水管网缺失，一些未接管的生活污水直排入河。

2.2.5 部分河道岸线被长期侵占

大庙沟、二仙沟等支流河道部分河段棚户区依河搭建，违建面积超过1.5万㎡，两岸居民生活污水散排入河（图2-9）。

图2-9 河道蓝线被侵占及污水散排

2.2.6 河道生态性不足

金川河水系河流大多位于居民区内，河道两侧建筑物密集，河道生态空间不足，整体呈现一种内向、封闭的状态，河道内水生生物、鱼虾基本绝迹，水生态功能基本丧失（图2-10）。同时，由于全流域均位于建成区，水系独立且无稳定水源输入。

图2-10 治理前内金川河水系生态状况

2.3 治理思路

坚持科学治水、系统治水、精准治水、高效治水，按照"控源截污、内源治理、活水畅流、生态修复"的基本思路，加强源头控制、水陆统筹、上下游联动、跨部门协作。全面统筹，综合施策，深入开展黑臭水体整治和长效管理，持续推进水环境综合整治，改善河道水质，巩固黑臭水体治理成效。

2.3.1 治理目标

实施河道整治、污水管网改造及污水处理厂提标改造，杜绝污水下河，2017年，金川河水系全域消除黑臭。2018～2020年，持续巩固黑臭水体整治成效，推进全流域水环境整治提升，全域水质消除劣 V 类，高标准实现"长制久清"。

1. 实现旱天污水零排放，削减雨天排口溢流

加强源头管控，完成区域内全部772个片区雨污分流建设，并结合海绵城市建设，削减源头径流污染。强化末端治理，全面完成438个问题排口整治，实现"旱天零直排、河水不倒灌、排涝不阻水、雨天少溢流"。同时，进一步削减内源负荷，减少沉积物释放。结合金川河及污水管网水位等情况，设计截流倍数取2.0，根据合流范围测算，初雨最大调蓄量约6万m³，实现6mm以下小雨不溢流、溢流频次降低80%以上。

2. 实现污水系统运行正常，提升污水处理效率

强化污水管网排查整改，全面完成流域内286km污水管网排查修复，全面整改雨污混接、错接、漏接管道，对结构性和功能性缺陷管道进行维修改造，提升污水收集能力。完成城北污水处理厂提标改造，保障出水水质主要指标在一级A基础上达准Ⅳ类标准；完成铁北三期污水处理厂（规模9.5万t/d）扩建和城北–铁北互连互通，提升污水处理能力和厂际调度能力；加快污水收集处理提质增效，实现污水厂进水生化需氧量浓度达100mg/L以上，降低污水厂运行负荷，管网系统水位基本降至设计运行水位范围。

3. 实现河道生态功能初步恢复，构建良好水生态环境

因河制宜、因地制宜地实施河道生态治理，重塑生态系统，增强河道自净能力，净化河道水质，丰富生物多样性，优化引流补水调度，增强活水保质效果，逐步实现"清水绿岸、鱼翔浅底"的景象，提高人民群众的幸福感和满意度。

2.3.2 技术路线

聚焦治理总体目标，按照"追本溯源、控源截污、疏浚活水、生态修复、长效管理"的技术路线开展金川河黑臭水体治理和水环境综合整治，制订完善"一河一策""一厂一策"，组织有关部门、邀请相关专家深入研究论证，并广泛听取市民百姓意见，确保治理路径明确、治理方案可行、技术经济合理（图2-11）。

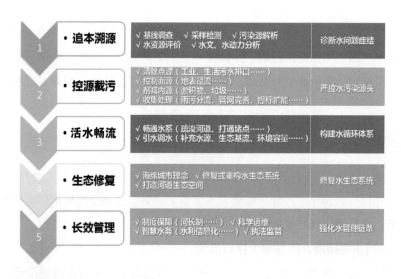

图2-11 南京市金川河黑臭水体治理技术路线

1. 追本溯源

通过河道基线调查、排口调查、采样检测、水文水动力分析、水资源评价、污染源解析、河流健康评价等具体调查或分析，开展河道水环境全方位调查与诊断，掌握河道基本特征，明晰河道问题症结所在。

2. 控源截污

在追本溯源基础上，对点源、面源和内源三种类型污染进行全方位控制与削减。控制点源污染重在整治入河排污口，做到"纳管全覆盖"，彻底清除晴天污水入河；消减面源污染突出城市地表径流污染防控，通过下沉式绿地、雨水池、植草沟等具体形式对初期雨水进行截流缓释；消除内源污染注重对河道已有污染物的清理，实施生态清淤、垃圾清理、水域保洁。同步强化水岸同治，源头治理，加快污水处理提质增效，完成片区雨污分流，完善区域内污水管网，提标扩容污水处理厂，实现管网全覆盖，污水全收集、全处理。

3. 活水畅流

有效促进市河道水系连通，构建健康水循环体系；充分挖掘补水水源，优先使用城市污水处理厂再生水和清洁雨水作为补充水源，增强水体动力，保障河道生态基流，提升水体环境容量。

4. 生态修复

加强河道"蓝线"管控，清除违建，取缔违占，拓展河道生态空间，在保障河道防洪排水安全的前提下，兼顾景观，积极引入海绵城市建设理念，建设河道生态岸坡、滨水绿化带等，打造岸线一体的生态格局；充分发挥生物调控作用，通过适当地种植或放养水生动植物来提高河流生物多样性，构建或修复河流生态系统。

5. 长效管理

全面落实和巩固河长制，创新管理模式，强化考核监管，形成全面、具体、有效的管理责任体系；实施科学运维，委托专业运维队伍对河道水域岸线及工程设施进行常态化和精细化运行维护；发挥智慧水务功能，通过信息化手段提升河道监测监管水平，提高水问题预警预报能力；加大执法监管力度，针对非法占用岸线、非法排污、非法破坏水务设施等行为依法严厉打击与惩处。

2.4 工程措施

2.4.1 控源截污

重点整治沿河排口、完善污水收集系统以及提升污水处理能力等。

1. 整治沿河排口

金川河沿河排口1178个，问题排口438个。排口整治主要分为以下两类。

（1）污水直排口整治。根据现场溯源排查，确定为污水直排口的，通过增设相应的污水管网，将污水接入污水收集系统，封堵原污水直排口；对不具备拆除或排水改造条件的，采用沿河挂管等方式将排河污水就近接入污水管。共完成整治11处。

（2）合流排水口整治。根据现场实际情况，分别采用两种措施解决：一是溯源排查及片区雨污分流改造，整改管道错混接点，改造为真正的分流制雨水排口，共完成整治398处。二是对因系统问题复杂，短期无法彻底实现分流的混接排水口，采用双控智能截流改造，旱天时，关闭溢流管闸门，开启截污管闸门；雨天时，开启溢流管闸门，关闭截污管闸门，共完成整治29处（图2-12），其中，采用下开式堰门改造整治1处（图2-13）。

为进一步消除临河污水散排，共完成内金川河老主流、大庙沟、二仙沟等沿河违建和棚户区拆除征收14947m²（图2-14）。同时，对雨水排口加强日常维护管理，结合海绵城市理念，在部分排口合理位置实施初期雨水沉淀、调蓄、过滤净化措施。

图2-12 排口整治

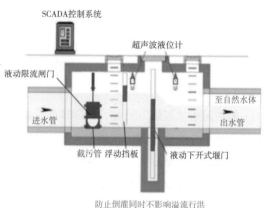

图2-13 下开式堰门多功能智能截流井

图2-14 沿河违建和棚户区拆除后现状

2. 完善污水收集系统

（1）片区雨污分流建设。金川河流域共划分为772个排水单元，其中，537个单元在2016年前已完成雨污分流建设。本次整治主要开展"回头看"，检查整改管网河水倒灌、雨污管网混接、错接、破损、淤堵等；对剩余235个排水单元完成雨污水两套系统新建，基本实现从源头上清污分离，雨污各行其道（图2-15）。

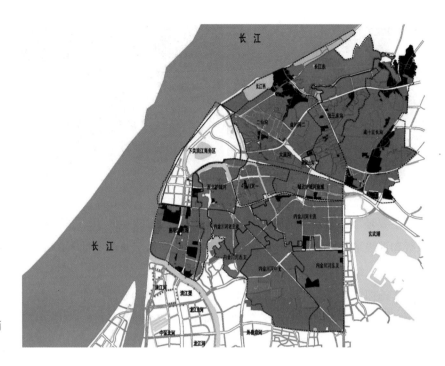

图2-15 金川河流域雨污分流示意图

（2）完善污水管网系统。对全流域59km²、286km的污水管网进行全面检测排查，主要采取以下措施：

全面物探测绘。对市政雨污水管线进行全面物探测绘，建立"一井一档、一路一档"，形成"一张网"，并录入GIS系统，实现科学化、可视化管理（图2-16）。

图2-16 现场测绘

加强溯源调查。排查过程中，制定了污水管道水质水量检测方案，检测污水泵站、沿线主要检查井、重点交汇井的水质、水量变化趋势，清查污水管线沿程水质突变点位，并进行溯源排查，累计发现雨污混接199处，河水倒灌5处（图2-17）。

关注重点环节。按照"挤外水"要求，重点关注排水口倒灌、沿河管道、过河管道、截流设

图2-17 溯源排查

施等主要环节，对58道过河管、57处截流设施、25km沿河管进行重点摸排。发现26道过河管有Ⅲ级和Ⅳ级结构性缺陷，15处截流设施水质化学需氧量浓度低于100mg/L，沿河管道缺陷共计411处（其中，结构性缺陷323处，功能性缺陷88处）。

实施即查即改。针对排查的问题，累计开展1600处即查即改修复；井室井盖检测排查共发现问题1124处，即查即改870处；管道结构性排查发现问题5159处（其中三四级2140处），即查即改371处；混接点发现问题199处，即查即改168处（图2-18）。

通过全面系统排查整改，共削减城北污水系统（图2-19）低浓度来水量约6.05万t/d，污水厂进水生化需氧量浓度从2016年的93.7mg/L，上升到2020年的108.2mg/L，提升15.5%。

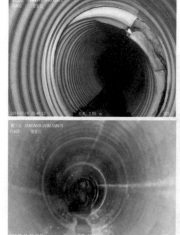

图2-18 管道修复前后

图2-19 城北污水处理系统图

3. 提升污水处理能力

（1）实施城北污水处理厂提标改造。2017年，实施城北污水处理厂提标改造工程，出水水质达一级A。2018年8月，完成进一步提标改造，出水水质达准Ⅳ类。

（2）铁北污水处理厂扩建三期及城北-铁北互连互通工程。铁北污水处理厂位于南京市栖霞区，原设计规模10万t/d。近年来，随着城市建设发展和人口增加，城北、铁北污水处理厂基本均满负荷运行。2019年初，研究启动实施铁北污水处理厂扩建三期工程（规模9.5万t/d）及城北-铁北9.5km污水管道互连互通工程，于2020年建成运行，将城北系统约5万t/d污水连通输送至铁北污水厂处理，极大缓解了金川河流域污水处理能力不足问题。

2.4.2 内源治理

金川河流域共完成清淤总量约50万m³，极大削减了内源污染。主要采用围堰排水、水力冲挖、淤泥固化等施工方式，经第三方实验室检测，固化淤泥无有害物质，运至正规渣土弃置点填埋（图2-20）。

图2-20 河道内源治理

2.4.3 活水畅流

1. 优化河道水位控制

完成外金川河口闸改造、内金川河主流分水堰以及支流跌水堰等建设。在保证河道生态流量前提下，适当调整河道水位，减少河水倒灌入污水系统风险，实施水位"无级可调"优化调控工程，并在金川河主流打造清水浅流生态示范段（图2-21）。

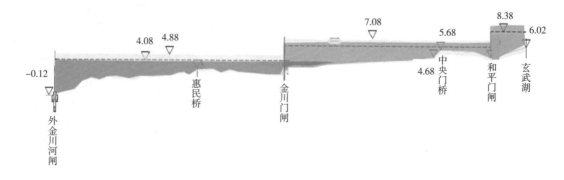

图2-21 外金川河、城北护城河水位控制方案示意图

2．水系活水畅流

通过新建引补水工程，形成以玄武湖、外秦淮河为主要水源，污水厂、净化站达标中水回用为补充的活水畅流系统（图2-22）。

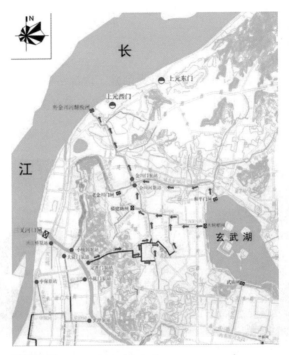

图2-22 金川河流域引补水图

2.4.4 生态修复

1．滨河岸线建设

重点打造回龙探珠、三河听涛、钟阜霞云（城北护城河）等段落，构建"内外金川河河网、蓝绿相融成景"的城市生态基底。共建设滨河岸线9442m（图2-23）。

图2-23 金川河沿岸绿道建设

2. 水生态修复

（1）生态驳岸改造。贯彻海绵城市建设理念，将硬质驳坎改造成生态岸线，削减面源污染，并为水体生物提供多样的栖息环境，提高动物种群的多样性（图2-24）。

（2）滨水植物种植。通过滨水植物对现有块石护坡进行柔化，总面积3693m²，主要选用结缕草，施工前对护坡进行平整，再覆土夯实并铺设草皮；同时，用铁丝网固定，以减少汛期水流对土料和植物的冲刷（图2-25）。

（3）沉水植物种植。沉水植物叶多为狭长或丝状，能吸收水中部分养分，在水下弱光条件下也能正常生长。选择四季常绿矮生苦草、轮叶黑藻、金鱼藻等品种，主要种植在水流较缓区域（图2-26）。

（4）挺水植物种植。挺水植物带布置于常水位线附近，起到固定坡岸、净化水质及景观美化的效果，挺水植物带总面积2312m²。植物品种选用再力花、美人蕉、旱伞草、千屈菜、黄菖蒲、水葱等，施工前进行场地平整，换填种植土。

图2-24 内金川河主流清水浅流段驳岸改造

图2-25 滨水植物种植　　图2-26 沉水植物种植

2.5 非工程措施

2.5.1 建立智慧管控平台

构建智能感知、数据融合和智慧应用三大体系，实现排水智能感知、运营、监管及决策的全过程智能管控。

"一张图知全局"：建成汇集泵站、管网、排水户、排放口、河流等水务基础设施的空间信息一张图，叠加城市地图数据，总览城市水务设施全局（图2-27）。

"一张网全感知"：借助窄带物联网（NB-IoT）等通信技术及卫星遥测和AI摄像头技术，建成全面感知排水的"水陆空"一体的智能感知网络体系，更好地以信息化手段感知水务基础信息及水情、雨情、工情等信息（图2-28）。

"一APP通水务"：建成智能手机移动应用系统，实现水务业务管理服务随时、随处可用，打造便捷高效的城市排水管理服务应用体系（图2-29）。

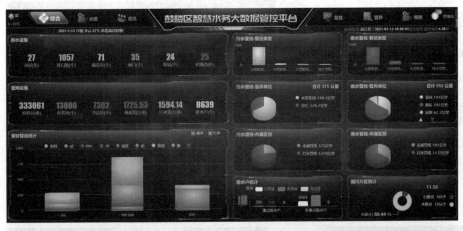

图2-27 水务设施总览图

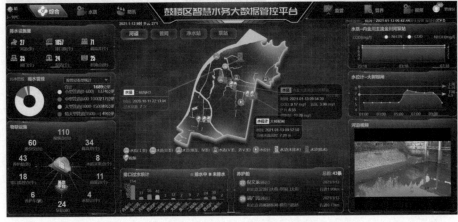

图2-28 物联感知集成网

图2-29 智慧水务APP

2.5.2 规范排水管理

建立健全排水常态长效管控机制，进一步规范排水户排水行为，加强对排水户的监管，切实从源头上管理，巩固提升治水成果。

各街道作为辖区内排水行为规范工作的实施主体，切实履行排水许可监管，并借助第三方服务单位技术支撑，强化现场勘查、日常监管和督促整改等工作。为掌握重点及独立单元等排水户内部管网情况，加强排水大户排水行为监管，逐年分批进行管网测绘。针对排水户私接乱排、建筑工地违规排水等问题，水务部门和城管执法部门加强联动，形成监管合力，规范排水户排水行为（图2-30）。

图2-30 违规排水行为查处

2.5.3 强化河长制工作

1. 深化河长履职

强化各级河长履职担当和"共治、共管、共享",着力发挥河长维护河岸环境的"领头雁"效用。

2. 打造河道问题闭环处置体系

突出抓好巡河重点问题的处置,形成河道问题"发现–交办–整改–跟踪–验收"的闭环体系。统一为街道河长办和河道养护单位配发便携式水质检测仪;同时,聘请第三方参与全年度、全流域河道水质每周监测,构建多层次水质监测网络,实时掌握河道水质情况,为精细化治水护水提供决策依据。

3. 探索河道治理"校地融合"模式

聘请河海大学"专家河长"24名,全程参与河道治理,积极探索治河治水新路径、新方法,定期开展授课培训,提高河长履职能力,助力金川河治理保护(图2-31、图2-32)。

4. 营造共治共享爱水氛围

发展企业河长、志愿者河长,扩大护河队伍(图2-33),连续三年举办鼓楼区"最美河长"评选活动(图2-34),加大宣传引导,营造良好治河、护河氛围。

图2-31 为专家河长颁发聘书

图2-32 专家河长唐德善为基层河长授课

图2-33 金川河志愿者开展护河行动

图2-34 第三届"最美河长"颁奖

2.5.4 加强河道日常养护

1. 完善管护工作机制

建立完善考核管理体系，充分发挥考核导向和约束作用，促进养护管理质效双提升，先后修订《南京市排水条例》，印发《南京市河道蓝线管理办法》《关于进一步加强我市河道管理工作的意见》等，积极推动河道精细化、规范化管理。

2. 加大河道养护投入

金川河流域水岸保洁、河道巡查按照河道位置、重要性、保洁难度等划分责任段，并明确保洁人数、船只和巡查管理人员，全年每日保证常态化8~12h的巡查和保洁（图2-35）。2020年，金川河养护资金投入共822.37万元。

图2-35 植物养护

3. 强化巡查监管

将设施巡查与智慧水务系统紧密结合，现场巡查员配备定位设备，实现巡查轨迹可查，并完善关键点位打卡、问题上报、处置闭环、信息统计、业务考核等。

4. 实施常态化清淤

为实现不断流常态化清淤，持续削减河道内源污染，2020年，在金川河水系投入450万元配置了两台套常态化清淤设备，并配备小型干化脱水设备，对金川河水系部分易淤积河段实施常态化清淤（图2-36）。

图2-36 常态化清淤设备清疏及干化作业

2.6 治理成效

通过持续攻坚推进、全面系统治理和精细高效维护，金川河水体黑臭问题得到彻底解决，水环境质量得到大幅改善，再现了清水绿岸的城市河道形象。具体表现在：

2.6.1 全域水质持续改善

市生态环境部门在金川河流域共布设28个控制断面，每周开展一轮全面监测，监测数据显示，金川河水系全部15条干支流水质均达Ⅴ类及以上水平。2019年，金川河宝塔桥断面已实现逐月稳定达标，其中，氨氮指标远低于2mg/L的考核要求；2020年，金川河宝塔桥断面水质进一步稳中趋好，水质年均值达Ⅲ类（图2-37）。一河清水入江，为深入落实长江大保护部署、改善南京段长江生态环境发挥了积极作用。

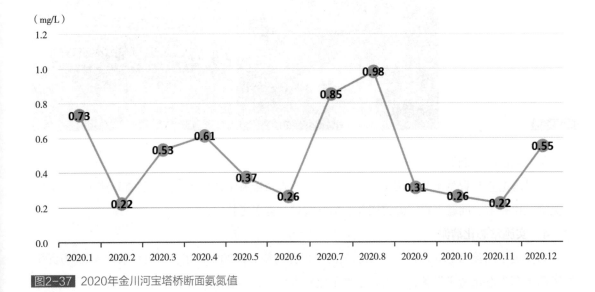

（mg/L）

图2-37 2020年金川河宝塔桥断面氨氮值

2.6.2 污水系统水位大幅下降

城北污水处理厂前池水位已由原来整治前的6.5m下降到3.6m，最低水位达到0.37m，实现按设计水位正常运行。

2018年以来，城北污水厂进水浓度逐年提升，其中，污水厂进水化学需氧量浓度从2017年的184mg/L上升到2020年的195.6mg/L，提升6.3%；生化需氧量浓度从2016年的93.7mg/L上升到2020年的108.2mg/L，提升15.5%（图2-38）。系统高水位、低浓度问题得到有效缓解，为保证金川河河道水质改善提供了重要支撑，也彻底消除了局部地区污水漫溢问题。

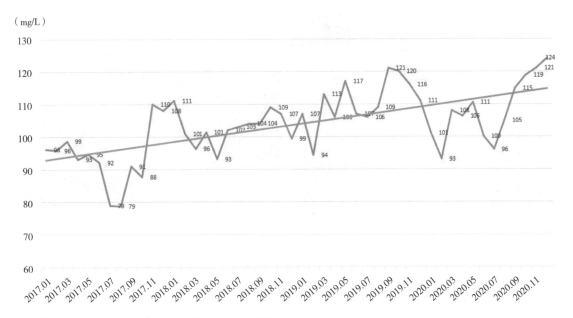

（mg/L）

2017~2020年城北污水厂进水生化需氧量浓度

2.6.3 河道生态效果明显

河道自然生态逐步恢复，多样性生物群落初步呈现，形成水清、岸绿、景美的城市生态河道（图2-39）。

图2-39 金川河治理前后对比图

整治后的金川河水生态系统得到初步重构，经过一年多的生态涵养，河道生态环境不断改善，据第三方现场取样分析，金川河主流水生动植物群落已初步显现，西北护城河等支流生物群落也已逐步形成（图2-40、图2-41）。

图2-40 金川河治理后实景图

图2-41 西北护城河治理后实景图

2.6.4　群众满意度提高

根据第三方民意评测显示，整治效果公众满意率达96%（表2-3），如今的金川河已成为周边居民日常健身休闲的好去处（图2-42）。

民意评价结果 　　　　　　　　　　　　　　　　　　表2-3

整治效果是否满意	内金川河	外金川河
非常满意	6%	96%
满意	90%	
不满意	4%	4%

扬子晚报网

南京金川河成了鸟儿乐园

2020-04-02 16:47:56

扬子晚报网4月2日讯（记者 梅建明 通讯员 武家敏）南京金川河风光带环境改善了，各种鸟儿也越来越多了，在河两岸树林丛中栖息。清晨和傍晚，数千只形形色色的鸟儿，成群结队地来到"回龙探珠"人造生态岛，一时间，树枝上、草地上、浅滩上到处是鸟，叽叽喳喳，热闹非凡。

新华日报

南京金川河治理一朝达标 复活一条河造福半座城

2020-09-07 07:54

从金川河泵站远眺河水流经的城区。赵亚玲摄

9月3日南京一场大雨，城北金川河水质没有出现反复。"今年整个汛期，金川河经受住了考验。"南京生态环境局水生态环境处副处长邹鹏感慨地说，经过近两年的努力，金川河水质明显改善了。

图2-42 媒体报道

2.7 经验总结

金川河位于南京城北主城核心区域，多年来历经多轮整治，但河道水体水质仍很难达标，水体黑臭难以根治，是南京市河道整治中名副其实的"硬骨头"。本轮河道治理过程中，南京市切实转变思路，找准工作方向，完善工作路径，聚力"四全四同"综合系统整治，即统筹实施全区域黑臭水体整治、全流域水质提升、全方位污水提质增效以及全过程常态监管，积极推动水上岸下同步治理、厂网效能同步提升、管理巩固同步落实、水岸环境同步改善，取得了明显成效。简要总结有以下四个方面的经验启示：

2.7.1 全流域水环境提升，持续巩固黑臭水体治理成效

金川河主流（内、外金川河）全长5.8km，全流域共有支流13条，主流严重黑臭，13条支流大部分也存在轻度或重度黑臭。立足上下游、干支流全区域协同治理，2016～2017年，南京市开展了金川河流域内干支流黑臭水体整治。治理过程中，紧扣"拆、截、清、修、引、测、管、景"八个关键节点深入组织推进，至2017年底，金川河全流域基本消除黑臭水体。在此基础上，南京市立足更高标准，进一步健全强力推进机制，印发《南京市水环境提升行动计划（2018～2020年）》和《南京市城市黑臭水体治理成效巩固提升方案》。2018年，启动了以消除劣V类水体、进一步巩固黑臭水体治理成效为目标的金川河流域水环境综合提升。

1. 市主要领导专门挂钩负责制提供了强力保障

2018年，南京市委建立了省控入江支流挂钩负责制，市委书记张敬华专门挂钩治理难度最大的金川河，连续24次专题调度金川河等水环境治理，聚力攻坚难啃的"硬骨头"。分管副市长每周专题研究推进，协调解决重难点问题。市委、市政府整合水务、环保、建委、城管等相关部门力量，专门成立由19人组成的南京市水环境整治提升推进办公室，实体运作，全方位综合协调、立体式跟踪督办。

2. 全流域河道系统整治充分发挥了整体效益

按照上下游、左右岸同步推进，2018年开始，对全流域河道实施整体消除劣V类整治，系统开展了控源截污、内源治理、生态修复、活水畅流整治。先后完成全部15条河道的水环境整治，并结合河道水深、流速等，在河道部分区域种植水生植物、投放水生动物、设置曝气设施，提升水体自净能力，修复河道自然生态。

3. 生态引水系统的进一步完善实现了活水畅流

为优化全域生态补水布局，进一步实施了玄武湖–大树根闸点对点补水、上元门水厂至大庙沟补水系统、金陵乡泵站长流水功能改造等引流补水工程，并利用水质净化站中水（约10万t）对河道进行回用补源，恢复水体生态基流，基本形成了金川河水系清水畅流、活水保质的生态引补水体系。

2.7.2 全方位污水提质增效，着力实现入河污染大幅削减

污水收集处理系统是保障河道水体稳定达标的基础和关键，南京市以污水系统提质增效为抓手，突出标本兼治、重在治本，全面保障河道水体稳定达标。

1. 全方位完善雨污分流体系

2017年，南京市政府专门印发了《南京市雨污分流攻坚计划（2017~2019年）》，全力推进全市961km²、5220个新建片区和3304个检查整改片区的雨污分流工程。其中，金川河流域共完成772个片区的雨污分流建设，并同步启动了片区排水管网清疏修缮和质效评估工作，实现流域雨污分流全覆盖，污水收集率明显提高。

2. 全方位完善污水收集管网

全面开展金川河所在城北片区污水系统286km管网排查，整改雨污管网错接混接、破损渗漏等问题，累计实施即查即改1600余处。实施流域内金燕路、宝燕南路、宝燕中路及燕江路污水管道改造工程，新增污水管网3.4km，完成金川河流域25km沿岸污水主管、58道过河管专项排查修复，有力提升了污水收集效能。

3. 全方位完善污水处理系统

完成城北污水处理厂30万t/d提标改造工程，在不到一年半时间内研究选址，并完成9.5万t/d的铁北污水处理厂扩建，通过主管道连通城北-铁北污水系统，进一步提升金川河流域污水处理能力；建成金川河流域内湖滨、梅家塘、南闸、青年路、安乐村5处小型水质净化站。通过厂网一体协同整治推进，彻底扭转了城北污水系统高水位、低浓度问题。

2.7.3 全过程常态化监管，确保金川河水系"长制久清"

三分建设、七分管理。按照建管并重原则，切实完善长效机制，巩固提升金川河治理成效。

1. 强化全过程管理机制

南京市委、市政府先后出台《关于进一步加强我市河道管理工作的意见》《南京市进一步强化入江支流常态化管理措施》，推动金川河等入江支流落实水岸同管、全域监管、齐抓共管。2018年，出台最严格水环境区域补偿制度，按照"谁污染、谁治理，谁超标、谁补偿"的原则，进行月度监测核算、年度收缴补偿，且补偿标准逐年倍增。2018年，省、市共收缴金川河水环境区域补偿资金7693万元；随着河道治理改善，2020年，仅收缴补偿资金230万元。

2. 强化全过程河长制工作责任

制定了河湖长制管理工作意见，规范设置河长公示牌，组织多轮河湖长专项巡河行动，完善河长APP系统，构建巡河-发现-交办-处置-反馈的全闭环工作流程。同时，还专门聘请了党员河长、企业河长、高校河长、部队河长、河小青等社会力量参与进来，各级河长积极履职，及时发现和交办处置水环境突出问题。

3. 强化全过程厂网河一体化监管

完善污水处理厂设施运行监管机制，对污水处理设施每季度开展第三方专项考核，保障正常运维，充分发挥效益。搭建了覆盖污水管网的"总片长、片长、管长"三级管护责任体系，试点合同管理、信用管理。建立了排口档案与"排口管理员"制度，落实了全部15条（18段）河道1178个入河排口区级领导监管责任和街道"排口管理员"，完善了河道、管网以及排口智能化、信息化监控系统。同时，还尝试DBO或EPC+O等建管养一体化模式，配置巡河无人机、常态化清淤船等先进设备，提升管理养护水平，巩固整治成效。强化排水许可管理，按照"应办尽办"原则，2018~2020年，金川河流域共办理排水许可2535件，办证率达100%；同时，加强批后监管，明确批后管理和执法衔接流程，联合开展专项检查，从源头规范排水行为。

城市黑臭水体治理是一场攻坚战，持续巩固保证"长制久清"和进一步改善提升水环境质量，更是一场持久战。南京市将进一步强化责任担当，保持战略定力，坚持久久为功，高品质打造生态美丽河湖水环境，为幸福宜居新南京建设续写精彩篇章。

南京市水务局：徐小春　张晓峰　王元圣　张静静
南京市鼓楼区水务局：睢建波　栾澔　刘永斌
南京水务集团：张冬　王刚
中电建生态环境集团有限公司：靖谋　赵曦

3 漳州东环城河

漳州市作为首批全国城市黑臭水体治理示范城市，坚持贯彻"源头治理、标本兼治、表里如一"的治理思路，探索以"全覆盖排查治理为主、临时小截排为辅助、排水单元雨污分流改造为根本、建立健全长效机制为保障"的治理路线，推进城市黑臭水体治理和污水处理提质增效工作，形成一套适用中小城市的可复制、可推广做法，切实解决城市内河水环境污染问题，着力改善城市人居环境，提升人民群众的获得感、幸福感。

3.1 水体概况

3.1.1 城市基本情况

漳州市位于台湾海峡西岸，地处福建东南，与厦门、泉州、龙岩交界，东南与台湾省隔海相望，自古以来是闽、粤、赣的交通要冲。漳州市气候属南亚热带气候，暖热湿润，雨量充沛，年降水量1560mm左右。市区57km²的建成区内河网密布，共有3大水系、25条内河，总长度达106km（图3-1）。早期城市建设中，部分位于人口密集区的内河被建筑覆盖，改造为暗渠。市区106km的内河中有11km为暗渠，占比10.4%。

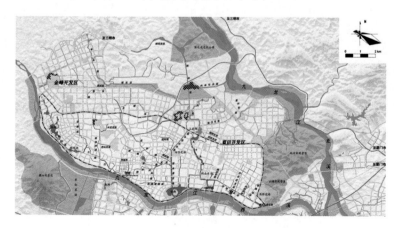

图3-1 漳州市区内河水系分布图

漳州市区内河早期多数为排涝、排污渠,硬化程度较高,缺少上游自然水源补给,水生态功能缺失,水体自净能力较弱。

3.1.2 水体情况

环城河位于漳州市芗城区漳州古城历史街区,古时为漳州古城护城河,始凿于唐代。宋咸平二年(999年)疏浚并全线打通,而使"壕环抱子城",故又称宋河。1988年,环城河列入漳州市首批市级文物保护单位(图3-2)。

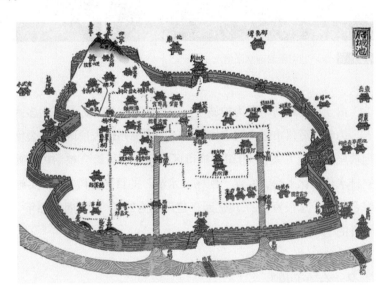

图3-2 清光绪年间漳州府

环城河成环状,现状已分割为东环城河和西环城河。东环城河起点为南昌路暗涵出口,终点通过北京路水闸与九龙江西溪连通,河道总长度为1.2km,全线为硬化岸线。

东环城河流域汇水面积为0.6km²,区域内以居住用地和商业用地为主,片区内全部为老城区。特别是漳州古城内街巷建设年代久远,空间狭小,部分建筑临河而建、跨河而建,古城内古建、文物数量多,改造工作存在一定的困难。

根据2018年8月30日的水质监测数据(表3-1),东环城河为重度黑臭水体。

东环城河2018年8月30日的水质监测数据   表3-1

点位名称	监测数据				
	透明度(cm)	溶解氧(mg/L)	氧化还原电位(mV)	化学需氧量(mg/L)	氨氮(mg/L)
东环城河01	16	0.36	-92	103	24.1
东环城河02	16	0.45	-170	149	24.9
东环城河03	8	1.73	-190	134	23.3

图3-3 东环城河整治前水质情况

由于东环城河早期为护城河，上游无自然补水，河道水多为雨季降水及生活污水（图3-3）。

为解决漳州市区内河水体黑臭问题，漳州市人民政府办公室印发了《漳州市城市黑臭水体治理攻坚战实施方案》，组织实施市区内河水环境综合整治PPP项目，完成污染源普查整治，并建立排水信息化平台，实现"河畅、水清"的目标。PPP项目实施内容为漳州市区25条内河水环境综合整治，总投资为27.18亿元，建设期为2年，运营期为23年。东环城河水环境综合整治是PPP项目的一项重要内容。

3.2 存在问题

根据现场排查，东环城河主要存在以下几个方面的问题：

3.2.1 污水直排

东环城河位于老城区，建筑密集，许多建筑临河而建、跨河而建。由于建设年代久远，部分老旧小区、沿街店铺污水管道及沿河的民居污水出户管未接入污水收集系统，导致污水直排入河（图3-4）。根据排口排查，东环城河两岸共排查出61处排口，其中，分流制污水直排口8个，入河污水量为435t/d，按照排口化学需氧量检测平均值219mg/L测算，直排污染负荷为34.77t/a（以化学需氧量计）。

图3-4 东环城河整治前污水直排河道

3.2.2 管网混错接

分流制雨水排口旱天排污主要是由于上游排水系统的混错接，混错接的类型主要有两种：一种是古城内部街巷为合流制排水体制，沿用排水边沟排水，污水经排水边沟接入下游雨水管网，最终排入东环城河，导致河道污染。另一种是市政污水管网错接雨水管道、沿街店铺错接雨水口、小区等排水户内部混错接等导致污水入河。

东环城河沿线61处排口中，分流制雨水排口53个，存在旱天流污水的排口29个，占比55%（图3-5）。根据测算，混错接污水入河量为631t/d，由于管网混错接导致的入河污染负荷为50.44t/a（以化学需氧量计）。

图3-5 东环城河整治前混错接排口

3.2.3 内源污染

东环城河现状为条石护岸，年久失修，局部向河内坍塌。同时水体流速较小，河道淤积较为严重，以淤泥和建筑垃圾为主。根据河道底泥检测报告，底泥平均淤积深度为0.4m，底泥中富含氮、磷等元素（总氮4051mg/kg，总磷483mg/kg，有机质39.4mg/kg），持续向水体释放，导致水体污染（图3-6）。同时，河道两岸垃圾随意丢弃，导致污染物入河，进而对河道水质造成影响（图3-7）。

图3-6 东环城河淤积情况　　　　　　　　图3-7 东环城河两岸垃圾堆放情况

3.2.4 面源污染

东环城河流域范围位于漳州市老城区，商业活动较为密集，以餐饮等沿街店铺为主。由于沿街店面管理及排水设施配套不到位等问题，向雨水口倾倒泔水（图3-8）、沿街店铺门前泼洒污水（图3-9）等现象普遍，雨季时，地面冲刷污水排入东环城河，造成较为严重的污染问题。根据测算，东环城河片区面源污染负荷为20.93t/a（以化学需氧量计）。

图3-8 污染物随地丢弃　　图3-9 餐饮店面门前泼洒污水

3.2.5 生态功能缺失

东环城河早期为人工开凿排水渠，护岸及河底均采用条石护砌，同时上游无自然补水，水生态功能较弱。随着河道两岸建筑侵占、河道水质不断恶化，东环城河生态功能丧失，自净能力低。同时，河道生物多样性遭到破坏，水体中仅有罗非鱼、鲶鱼等耐污的鱼类生存，未见螺、蚌及其他鱼类。

3.2.6 水环境问题分析

东环城河为人工开凿排水渠，上游无自然补水，未实施生态补水前，河道内污染物削减主要依靠河道自净能力，河道水环境容量小，点源、面源、内源污染负荷超过河道自净能力，造成水环境治理不断恶化。生态补水工程实施后，东环城河水环境容量为81.99t/a（以化学需氧量计），仍无法满足现状污染负荷排入需求。

根据河道污染源污染负荷分析，东环城河现状河道污染负荷贡献以点源污染（污水直排及混错接）为主，面源污染次之。因此，东环城河整治以控制点源及面源污染为主要措施。

3.3 治理思路

3.3.1 治理目标

东环城河是漳州市建成区的重要内河，结合工程实施后的水环境容量及自净能力计算，确定至2020年底，东环城河水环境治理目标是在稳定消除黑臭的基础上，氨氮等主要水质指标达到地表Ⅴ类水标准。同时，功能和景观方面均取得良好成效，实现"清水绿岸、鱼翔浅底"。

3.3.2 技术路线

要实现东环城河水环境治理的目标，需要在收集河道、管网相关数据的基础上，推进排口逆向溯源、排水户正向排查、排水管网清淤检测等工作，明确造成水环境污染的主要原因，结合水环境治理的目标，从控源截污、内源治理、活水保质、生态修复、长效管理五个方面进行系统治理（图3-10）。

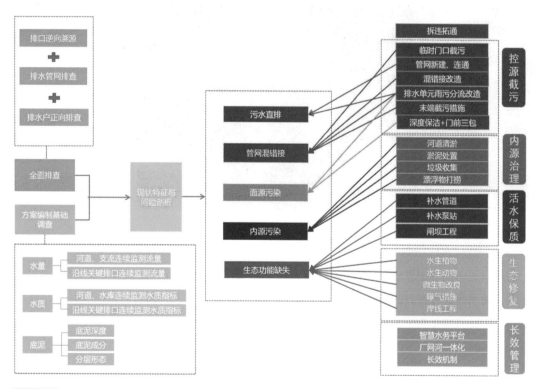

图3-10 东环城河水环境治理技术路线图

3.4 工程措施

东环城河水环境整治遵循"源头治理、标本兼治、表里如一"的治理理念，坚持治理与保护相结合，在不破坏古宋河原始风貌的前提下，探索水环境问题的解决方案。

3.4.1 控源截污

1. 全面普查，摸清问题原因

采取"正向排查为主、逆向溯源为辅"的原则，结合排水管网深度排查，实现排水系统问题全覆盖。

（1）推进排口逆向溯源

水环境整治前期，为快速解决污水入河的问题，以问题为导向，推进沿河排口排查及排口逆向溯源。针对旱天排水的排口，自排水出口处逆向排查，查找污水来源并推进整治。共排查出排口共计61个（图3-11），其中，分流制污水排口8个，分流制雨水排口24个，分流制混接排口29个。根据排口的不同性质，针对29个分流制混接排口，推进逆向溯源工作，共排查出店铺污染点位292处，小区污染点位40处。

图3-11 东环城河整治前沿线旱流排口

（2）开展排水户正向排查

在排口逆向溯源中发现，逆向溯源只能排查出部分旱天污水入河的问题，由于排水户用水习惯不同，污水排放存在日间差异（如酒吧排水）、季节差异（如露天泳池排水），无法将污染源排查清楚，因此只能作为辅助排查手段。为从根本上解决污染无序排放的问题，确立以排水户正向排查为主的排查原则。

首先按照道路围合区域划分12个排水单元（图3-12），以排水单元为基础，分类分片推进排水户正向排查。正向排查采取"扫街"模式，由漳州市住建局牵头，组织城市管理、生态环境、市场监管部门和属地政府、镇街、项目公司（含排查、设计、施工人员）组成"扫街"队伍，重点排查排水户污水预处理情况和排水去向、油烟预处理情况和去向、排水许可证办理情况等，为做好源头雨污分流改造提供依据（图3-13）。"扫街"的同时，下发排水许可办理通知，简化排水许可申请表，推进排水许可办理工作。

东环城河片区排水户正向排查共排查封闭式小区11个，餐饮347个，公建单位16个，医院2

图3-12 东环城河片区排水单元划分图　　　　图3-13 排水户正向排查现场

个，酒店1个，美容美发店面30个，水产批发店面1个，洗车店面2个，畜禽屠宰销售店面1个，其他类型店面910个。经排查，共发现建筑混接立管605根，店铺污水错接点位262处。

（3）开展市政管网深度排查

在正、逆向排查推进的同时，结合排水管网清淤检测排查，确保污染源全覆盖。

首先组织排查人员、技术人员编制完成《漳州市区内河水环境综合整治PPP项目全管网普查技术指南》（以下简称《指南》），明确管网排查的范围、内容、深度、成果输出、工作标准等。2019年3月份开始，委托第三方检测机构按照《指南》的要求，对市区全部市政道路、背街小巷雨污水管网进行全面清淤检测，形成影像、文字、数据资料。

共完成东环城河片区全部35.7km的管网排查，其中，污水管网14.1km，雨水管网21.6km；共排查发现污水管错接雨水管点位66处，管网缺陷1107处，其中，结构性缺陷189处（Ⅰ、Ⅱ级缺陷134处，Ⅲ、Ⅳ级缺陷55处）（图3-14），功能性缺陷918处（Ⅰ、Ⅱ级缺陷755处，Ⅲ、Ⅳ级缺陷163处）。

2. 源头为主，分区推进改造

坚持源头为主、末端为辅，分片区系统推进整治工作，推进"天水""人水"各行其道。

图3-14 市政排水管网结构性缺陷

（1）实施临时小截排

由于排水户内部雨污分流改造协调量大、见效慢，为快速解决东环城河沿线排口污水入河的问题，首先考虑采取截污的方式推进水环境整治。

截污方式主要有两种：门口截污和末端截污。门口截污是在排水户出户支管设置截流井及截流支管，就近将雨水管道或合流管道中的污水截留进入市政污水管道排放。末端截污则是在雨水、合流管渠入河前设置截流井及沿河污水管道，将较大片区内的污水截流后统一排至污水管道。

相较于沿河末端截污，门口截污工程量小，投资小，不受制于征地及沿河拆迁进度的影响，避免了河水倒灌情况的发生，因此漳州市主要通过门口截污的方式截留污水。

2018年10月，针对排口逆向溯源排查出的40处居住小区污染源点，采取设置临时截排措施的方式，解决近期污水排河的问题。2019年底，东环城河片区开展雨污分流改造工作，居住小区建筑立管、室外排水管改造完成后，拆除40处小截排工程。

然而，门口截污也存在较大的问题。门口截污是利用城市市政污水管道的富余容量来进行截污，总体截流倍数较末端截污大，雨天时，大量的小截排会将大量雨水截留进入污水系统，降低污水集中收集效能，对污水系统造成很大影响。因此，门口截污只能作为临时过渡措施，根本解决河道黑臭及污水集中收集效能低的措施是源头排水户雨污分流改造。

（2）开展排水单元雨污分流改造

漳州市区内河点源污染以污水直排、混错接污水入河为主，为从根本上解决点源污染，漳州市在全市范围内推进以合流制分流、分流制混错接改造为主的排水单元雨污分流改造工作，最终实现"雨水""污水"分离，"人水""天水"各行其道。按照流域范围的现状用地情况，东环城河片区共划分为12个排水单元，各排水单元从排查、设计、施工、验收、移交、运维等方面，根据规划排水体制及排水户性质分类推进整治。

目前，东环城河雨污分流示范区排水单元雨污分流改造工程已全部施工完成。包括554处沿街店铺污染点位雨污分流改造，11个混接排水小区58栋居民楼的雨污分流改造，新建排水管道4.68km，新建雨水立管251根，新建污水立管13根，修复立管53根。

同时，因涉及古建筑及文物保护，规划保留合流制排水体制，合流污水最终通过东桥亭和炮仔街2处排口排入东环城河。实施改造的过程中，在2处排口末端分别设置1座智慧分流井，控制旱天污水不入河、小雨时合流污水不溢流，完善合流系统。

①沿街店面改造"建井到户"

针对既有沿街店铺污染问题，由政府主动为其配套污水收集井、接户管等污水收集设施（图3-15）。店铺集中的路段，除市政道路污水管外，沿人行道新敷设污水支管，提高检查井密度（2~3家店设置1处检查井），对现有污水直接纳管，对暂无排污店铺做好接户井预留。该作法既能有效收集店铺污水，也可减少主路面检查井数量，减少施工对主路面影响。对于零散店铺，整治上以混错接改造为主，将原有接入雨水篦的污水，就近改接入污水管道。附近没有市政污水管的，还需新建市政污水管到门口，保证"零"遗漏。

图3-15 沿街店铺污染源整治

②居住小区改造"全面铺开"

针对排口逆向溯源、排水户正向排查发现的11个存在混错接排水的小区，全面推进源头雨污分流改造，改造内容主要包括室外排水管网改造和建筑立管改造（图3-16）。

室外排水管网改造方面，针对建筑周边散水沟污水横流的问题，取消散水沟设计，通过调整竖向及布置雨水口收集雨水，避免后期住户改造污水立管时私自接入散水沟造成混接。同时，将

图3-16 居住小区立管、地管改造

污水管道设置于靠近建筑的一侧，雨水管道设置于污水管道外侧，杜绝后期住户污水出户管错接。

建筑立管改造方面，实施雨水立管底部断接，优先接入绿地、生态草沟等海绵设施，实现雨水"地上走"、污水"地下走"，控制径流污染，方面后期巡查维护。

（3）开展市政管网修复改造

首先，改造完成排查发现的66处管网混错接点。其次，通过分析管道破损等级分布、管道标高、地下水水位等因素，加权后确定管网修复改造计划。管道塌陷影响路面安全、地下水入渗风险高的优先修复。对于交通要道、城市主干道等现场不具备开挖施工条件的管段，采用原位固化法、机械制螺旋缠绕法等进行非开挖修复。

目前，东环城河片区排水管道功能性缺陷已全部修复完成，163处结构性缺陷较严重管段已完成管网修复。

3.4.2 内源治理

1. 河道清淤

由于东环城河长时间受到污染，水体中的污染物不断累积沉降，当累积到一定量后，会持续向水体释放污染物，形成内源污染。因此，在控源截污工程完成后，及时开展河道清淤疏浚（图3-17），消除河道内部污染源。河道清淤采用干塘清淤与水力清淤相结合的方式，完成清淤6298m³。根据底泥检测报告，清淤泥质满足《城镇污水处理厂污泥处置园林绿化用泥质》GB/T 23486—2009要求，淤泥脱水后用于园林绿化。

图3-17 东环城河现场清淤疏浚

2. 垃圾整治

东环城河沿岸共设置23个垃圾收集点，居住小区建设垃圾分类收集屋，保障垃圾不入河。政府通过购买服务，聘请专业的第三方公司——漳州环境集团有限公司，负责河道清理维护、巡查和管理工作，确保河道保洁。同时，环卫工人定期、定点对河道主要监测断面拍照，记录河道状况，及时发现问题并反馈。

3.4.3 活水保质

为改善东环城河水动力条件，提高排水防涝能力，通过调节北京路水闸，降低河道水位，降低水深至0.2~1.0m之间。同时，自九龙江西溪引水向东环城河补水每日2.6万t（图3-18）。保障水体流动性的同时，为河道水生态系统构建提供生态基流保障。

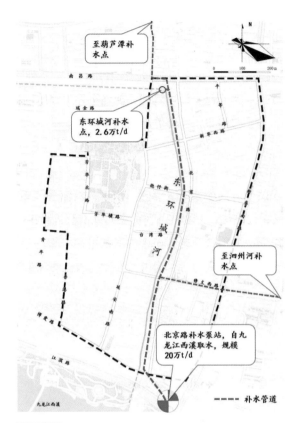

图3-18 东环城河补水系统图

3.4.4 生态修复

东环城河整治前为硬化河道，缺少水生态系统构建的条件，因此，首先需要构建适宜动植物及微生物生长的环境。一是降低河道水位，将河道水深维持在0.2～1.0m之间，改善河底光照及水体复氧条件。二是河底覆土、布设复合填料，为微生物、水生植物生长附着提供环境条件：在太古桥至台湾路、东桥亭至博爱道段进行河底覆土，在东桥亭至台湾路、南昌路至太古桥段布置复合填料。

图3-19 东环城河生态修复工程

三是种植水生植物，投放水生动物，恢复河道生态系统：种植刺苦草、矮型苦草、金鱼藻等沉水植物，种植美人蕉、黄菖蒲等挺水植物，投放环棱螺、河蚌、鲢鱼、鳙鱼等水生动物，提高水生系统的生物多样性，构建完善的水生态系统（图3-19）。

3.5 非工程措施

为保证市区内河"长制久清"，漳州市相关部门配套出台了一系列管理制度及工作机制，包括创建黑臭水体治理领导小组、落实排水许可管理、加强室外工程质量管理、落实污染源溯源整治联合执法等工作。其中，重点推进以下几个方面的工作：

3.5.1 落实立法保障

2019年4月，漳州市人民代表大会公布《漳州市市区内河管理规定》（以下简称《规定》），《规定》经由福建省第十三届人民代表大会常务委员会第九次会议批准，自2019年6月1日起施行（图3-20）。《规定》首次以立法的形式明确了城市内河范围、主管部门、管理责任、联合执法、规划建设、整治监管、违法行为查处等内容，为内河水环境的污染源头管理提供法律保障。

图3-20 《漳州市市区内河管理规定》批准施行

3.5.2 强化协调调度

建立工作网格，将漳州市区依据镇街共划分14个网格。组建督察员制度，成立临时党支部，向每个网格派驻督导员、技术团队，落实"镇街吹哨、部门报到"。督导员由市住房和城乡建设局、市供排水中心、市市政工程中心人员组成，主要负责辖区内整治工作的督察、协调、推进等工作。网格治水模式既明确了属地的污染源攻坚责任，也为镇街有效落实河长制提供了技术队伍和资金保障。

3.5.3 优化审批流程

2019年11月，由漳州市住房和城乡建设局、自然资源局、发展和改革委员会、财政局联合发布《漳州市特殊类别工程建设管理暂行办法》（图3-21）。针对源头治理工程"点多、量小、分散"的特点，优化项目的建设审批流程。明确源头雨污分流改造，老旧小区整治等不涉及新增建

图3-21 《漳州市特殊类别工程建设管理暂行办法》公布

设用地的特殊类别工程，无需办理建设用地规划许可证，免予办理建设工程规划许可证，以工程量清单和现场工程签证作为项目结算依据，将该类项目审批流程从套用一般建设工程的88个工作日简化压缩至25个工作日，解决特殊类别项目审批难、认价难、进度慢的问题。

3.5.4　严格落实排水许可管理制度

结合排水户正向排查工作，扎实推进落实排水许可管理制度，为源头治理效果提供保障。重点采取以下几个措施：一是强化跟踪督促，确保"应办尽办"。结合排水户正向排查的成果，分两类跟踪督促。对于尚未办理排水许可证但排水去向明确、排水设施完善的排水户，市供排水中心主动为排水户登记造册，主动发放排水许可证；对于排水去向不明或排水设施不完善的排水户，市供排水中心会同区城市管理局印发整改通知单，督促排水户限期整改并申办排水许可证。二是简化办理要件，确保"可简尽简"。针对数量多、分布散的餐饮店面等排水户，为提高群众办理积极性、提高办证效率，市住房和城乡建设局对此类排水许可户办理要件进行简化，重新制定申请表，实现"可简尽简"。三是强化部门联动，确保"应知尽知"。与市场监督管理局联动，一方面，在企业申办营业执照的同时，发放排水许可证办理告知单；另一方面，通过市场监督管理局及时将新增排水户信息与市供排水中心共享，交由市供排水中心做好后续跟踪督促。

3.6　治理成效

随着控源截污、内源治理、活水保质、生态修复等工程措施的逐步实施，以及日常巡查、联合执法等长效管理措施的建立完善，东环城河水环境情况得到了明显的改观，水环境综合整治成效明显。

3.6.1　河道水质明显好转

目前，东环城河氨氮、溶解氧、氧化还原电位、透明度四项指标已经达到稳定消除水体黑臭

的标准（图3-22、图3-23）。随着水生态系统的不断恢复完善，河道水质在逐步提升，根据近期
2020年11月18日、12月11日的水质监测数据（表3-2），东环城河河道水质溶解氧、氨氮指标已达
到地表Ⅳ类水的标准。

图3-22 东环城河整治前

图3-23 东环城河整治后

东环城河整治前后水质数据 表3-2

取样时间	点位名称	监测数据			
		透明度（cm）	溶解氧（mg/L）	氧化还原电位（mV）	氨氮（mg/L）
2018年 8月30日	东环城河01	16	0.36	-92	24.1
	东环城河02	16	0.45	-170	24.9
	东环城河03	8	1.73	-190	23.3
2020年 11月18日	东环城河01	15	6.12	95	1.02
	东环城河02	59	4.46	126	0.989
	东环城河03	52	4.92	154	0.541
2020年 12月11日	东环城河01	15	6.87	134	1.18
	东环城河02	59	6.47	144	0.730
	东环城河03	53	5.21	175	0.546

3.6.2 实现"清水绿岸、鱼翔浅底"

在河道水质提升的同时，通过河道岸线建设、生态修复工程实施，东环城河岸上岸下生态系统逐步恢复，实现了"杨柳依依、芳草萋萋、清水绿岸、鱼翔浅底"的效果（图3-24）。

图3-24 东环城河实现"清水绿岸、鱼翔浅底"的效果

3.6.3 人居环境显著提升

东环城河水环境整治的核心工作在于控源截污。源头雨污分流改造使水环境得以整治的同时，也提升了城市居民的居住环境。如江景花园等老旧小区、炮仔街等背街小巷，整治前由于长期缺少排水系统的维护管养，旱天污水横流，雨天积水内涝，群众生活受到很大影响。结合本次排水系统排查改造，对流域内老旧小区、城市支路、背街小巷等的雨水、污水系统进行排查、翻建、改造，排污、排涝问题得到了根本改善，居民生活环境得到了显著提升（图3-25）。

图3-25 老旧小区建筑散水沟改造前后

3.6.4 城市居民获得感增强

东环城河悠悠流淌了近千年，承载了几代漳州人关于故乡的记忆。近代以来，随着城市建设的不断扩张和人口的不断增长，群众记忆中可"摇撸嬉戏"的老河道变成了污水河，臭气熏天，蚊虫肆虐，沿河居民饱受其苦。随着东环城河水环境整治工作的逐步推进，河道水环境、水生态、水景观等效果逐步显现，古老的宋河又恢复了往日堤柳成行、蝉鸣鸟啼的景象。漳州古城也因为东环城河水环境

质量的提升有了更多灵性。如今，到东环城河看看水、喂喂鱼、散散步、泡泡茶，已成为市民日常休闲的新选择，也成为外地游客打卡的网红地，群众的获得感、幸福感极大地增强（图3-26）。

图3-26 东环城河俯瞰

3.6.5 污水集中收集效能明显提高

通过近三年全市水环境整治，结合排水单元雨污分流改造的逐步推进，市区污水集中收集效能有了明显提升。以市区城市生活污水处理厂为例（含东墩和西区污水处理厂），2017年，市区两座污水厂进水总量为4563.4万t，至2020年，进水总量达到5906.6万t，比增29.4%；2017年，市区两座污水厂平均进水生化需氧量浓度63.4mg/L，经过两年整治，2020年，两厂平均进水生化需氧量浓度达到78.8mg/L，比增24.2%；2020年，污水集中收集率53.5%，较2017年（集中收集率31.2%）提升22.3%（表3-3）。市区黑臭水体治理与污水处理提质增效工作协同推进成效明显。

漳州市区污水集中收集效能 表3-3

年度	污水处理厂进厂水量（万t/d）	污水处理厂进厂生化需氧量浓度（mg/L）	城市生活污水集中收集率（%）
2017	12.5	63.4	31.2
2018	13.9	77.7	43.9
2019	15.3	71.2	44.2
2020	16.2	78.8	53.5

3.7 经验总结

根据东环城河整治情况，结合近两年漳州市黑臭水体整治经验，要想从根本上消除城市黑臭水体，真正让群众满意，同时实现污水处理提质增效，源头治理是根本之策。但源头治理涉及面广、难度大、见效慢，需要持续投入，因此，要树立久久为功的意识，攻坚克难。工作经验总结有以下几条：

3.7.1 政府重视，搭建整治平台

贯彻落实习近平总书记生态文明建设重要战略思想，把"打好水污染防治攻坚战"作为重大的政治任务和重点的民生工程。一是"有钱管"，市委、市政府结合漳州实际，提出"源头治理、标本兼治、表里如一"的思路，制定《漳州市区黑臭水体治理示范城市创建方案》，策划实施总投资27亿元的市区内河水环境综合整治PPP项目、总投资4亿元的芗城区农村污水收集整治PPP项目和一批老旧道路、老旧街巷、老旧小区整治提升建设等项目，从政策上、资金上、技术上提供强有力保障。二是"有人管"，成立由市长担任组长的漳州市创建城市黑臭水体治理示范城市工作领导小组，建立周例会制度协调推进源头治理，做到传达有效、协调有力。三是"有制度管"，出台《漳州市市区内河管理规定》《漳州市城市排水管理办法》《漳州市特殊类别工程建设管理暂行办法》《漳州市房屋建筑室外工程质量监督管理实施细则》等文件，为市区黑臭水体的源头治理提供保障和抓手，为水环境综合整治工作的顺利推进提供保障。

3.7.2 组织有力，上下协调推进

源头治理需入家入户，涉及面广、内容复杂、协调内容多，需自上而下、强有力的组织领导。一是多元共治，形成合力。由市长、住房和城乡建设局、生态环境局、城市管理局、水利局等市直单位及两区属地政府主要负责同志成立工作专班，抽调各部门骨干协调推动整治工作。同时印发《漳州市城市黑臭水体整治源头治理攻坚战实施方案》，明确各部门职责分工、完成时限，对各部门工作推进情况进行阶段考核并进行公示，有效推进整治工作进度，为各部门联合执法等工作机制的建立奠定基础。二是网格治水，上下联动。除成立工作专班外，漳州市还推行源头治理网格化推进模式。属地区政府发动镇街力量，将城区划分14个单元网格，组织网格内社区、物业、企业全员开展污染源的排查整治工作，落实"镇街吹哨、部门报到"机制。由镇街主要负责同志对入户排查、整治工作进行协调，确保源头排查整治全面深入落实。同时，设立网格督导员，对各网格的工作进度、困难及时监督反馈，确保源头治理的高效推进。

3.7.3 排查彻底，摸清问题根源

漳州市坚持以正向排查为主，逆向溯源为辅，确保污染源排查无死角。一是污染普查全覆盖。将污染源划分为沿街餐饮、洗车、农贸市场、老旧小区等九大类，由住房和城乡建设、城市管理、生态环境、市场监管等部门和属地镇街、技术团队（含排查、设计、施工人员）组成"扫街"队伍，累计完成8784个排水户、5280家沿街店面排水户的深度排查，发现污染问题点1685个，全部整改完成。二是管网排查全覆盖。编制《漳州市区内河水环境综合整治PPP项目全管网普查

技术指南》，委托第三方检测机构对市区全部市政道路、背街小巷雨污水管网进行全面摸底排查，形成影像、文字、数据资料。累计完成337km污水管网、327km雨水管网的排查建档，排查发现的混错接675处全部改造完成，管道重度缺陷点1334处全部实施修复。三是排口全覆盖。以问题为导向，对25条城市内河的1833个沿河排口进行排查，共排查旱天流水排口977个，其中，生活污水直排口173个、混错接排口804个，并全部整治完成。

3.7.4 重点突出，有序推进改造

坚持源头为主、末端为辅、近远结合、标本兼治。创新实践"临时小截排+排水单元雨污分流改造"相结合的方式，推进城市黑臭水体治理及污水处理提质增效工作。采用排水户门口"临时小截排"的方式，优先解决河道黑臭及旱天流污水的问题；同步推进排水单元雨污分流改造工作，解决河道雨天返黑、污水收集效能不高的问题。按照城市道路围合街区，将市区划分为179个排水单元，以排水单元为基础，推进排查、设计、施工、验收、移交、管养工作，确保"改一片成一片"，排水单元内，按照不同排水户类型开展源头分流改造。居住小区方面，已完成39个老旧小区的雨污分流改造、118个小区的临时末端截流，正在实施99个小区和5个企事业单位的雨污分流改造。城中村方面，累计完成13个城中村和64个农村污水收集治理，建成64座农村污水处理站、447.8km农村截污管网。工业企业方面，截至目前，排查出问题的278家企业已全部整改完成。

3.7.5 久久为功，加强长效管理

一是加强"全周期管理"。建设智慧水务管理平台，打通"排水户-小区管网-背街小巷管网-市政排水管网-污水处理厂-市区内河"的厂网河一体化管理通道，提高源头治理效率，保障源头治理效果。二是以河长制为抓手，压实责任。结合漳州实际，创新构建五级河长制，与市公安局联合构建河道警长制，加强落实河长日常巡河管理，统筹公安执法与河长办的职能作用，落实行政执法能力。三是落实排水、排污许可管理。以排水户正向排查为基础，联合城市管理局、生态环境局、市场监督管理局，对存量、新增排水户分类推进排水许可、排污许可办理。四是落实联合执法工作机制。由漳州市河长办、住房和城乡建设局、生态环境局、城市管理局组织联合执法专项行动，分类分批推进市区各类型污染源的排查及整治工作。五是加强宣传培训，鼓励群众监督举报。建设漳州市水污染治理互动展示馆，设立水环境治理公众号及群众监督举报平台，对居民日常生活中常见的违法排水行为进行警示宣传，鼓励群众参与市区内河水环境治理，构建"人人爱河、人人监督"的水环境整治氛围，促进"人水和谐"。

漳州市住房和城乡建设局：周伟辉　张永金　沈峰　方茅鹏　张奕峰
芗城区人民政府：石振棋
中规院（北京）规划设计有限公司：吴志强　侯爱月　马步云　栗玉鸿　张春洋　王家卓

Ⅱ 沿海感潮型

4 深圳茅洲河

4.1 水体概况

4.1.1 城市基本情况

深圳地处南海之滨，是中国改革开放的窗口和新兴移民城市，陆域面积1997.47km^2，建成区面积927.96km^2，常住人口1756万人，GDP约2.8万亿元，已发展成为有一定影响力的现代化国际化大都市。2019年，党中央、国务院又赋予深圳粤港澳大湾区"核心引擎"、中国特色社会主义先行示范区的重要历史使命。

深圳地势东南高、西北低，拥山达海，陆域可分为九大流域，除观澜河、龙岗河、坪山河流域为东江水系外，其余流域均为独流入海水系。全市310条河流均发源于自身丘陵山脉，为雨源型河流，雨季易出现洪峰，旱季易出现断流。

4.1.2 茅洲河流域情况

1. 水系分布

茅洲河发源于深圳羊台山北麓，汇入珠江口，河长31.3km，下游11.7km为深圳市与东莞市的界河；流域面积388.23km^2，其中，深圳市境内面积310.85km^2，东莞市境内流域面积77.38km^2。茅洲河是深圳境内第一大河流，市内一级、二级支流45条，跨市一级、二级支流8条。茅洲河深圳侧河流总长199.14km，其中，暗涵66个，长度39.97km。

2. 气象

该区域属海洋性季风气候区，湿热多雨，干湿季分明，盛行季风，夏、秋季常受台风影响，多局地性强降雨。多年平均年降水量为1606mm，4~10月降水量占全年降水量的80%，降雨事件多以短历时、高强度为特征，峰值出现时间早。

3. 城市污水收集处理系统

流域规划为分流制排水体制，但因城市快速扩张等原因，大部分建成区治理前实际为截流式合流制；部分新建区域为雨污分流制，但混错接严重。截至2015年年底，茅洲河流域已建污水干管约360km，其中，宝安区158km，光明区178km，东莞长安镇24km；已建污水厂5座，总规模为70万m³/d（不计在建的新区水质净化厂）。受污水收集管网不完善等因素限制，2015年，污水处理厂部分甚至全部从河道总口取水进行处理（图4-1）。

图4-1 茅洲河流域污水分区图

4. 排口

2015年，茅洲河流域启动了排口治理，污水入河现象有所改善。根据2017年茅洲河流域深圳侧水体排口摸查数据，存在污水排放的雨水排口共计2699个，其中，干流574个，支流2125个，合计排放量约35万m³/d。

4.1.3 治理前水质状况

本轮治理前，茅洲河流域内干流、支流水质均为劣V类，其中，黑臭水体44个，深圳40个，东莞4个（人民涌、三八河、新民涌、新涌，均为重度黑臭）。茅洲河国控断面2015年氨氮年均值23.33mg/L，是珠江三角洲污染最严重的河流之一（图4-2、表4-1）。

图4-2 治理前茅洲河流域（深圳）黑臭水体分布图

治理前茅洲河流域（深圳）黑臭水体情况表　　　　　　　表4-1

治理前黑臭等级	黑臭水体数量	黑臭水体名录	黑臭水体面积（km²）	黑臭长度（km）	占茅洲河河流长度比例（%）
重度	32	茅洲河（宝安段）、石岩河、沙井河、罗田水、排涝河、塘下涌、沙埔西排洪渠、潭头河、新桥河、上寮河、万丰河、石岩渠、衙边涌、后亭排洪渠、步涌排洪渠、东方七支渠、田心水、王家庄河、天圳河、茅洲河（光明段）、木墩河、楼村水、新陂头水、新陂头北支、白沙坑水、玉田河、大凼水、西田水、上下村排洪渠、合水口排洪渠、公明排洪渠、马田排洪渠	11.4	129.29	64.9
轻度	8	道生围涌、沙芋沥、上排水、石龙仔河、龙眼山水、上屋河、水田支流、鹅颈水	0.12	14.13	7.1

4.2 存在问题

改革开放以来，特别是20世纪90年代以来，茅洲河流域城镇化快速推进，2019年，常住人口约417万，GDP高达5634.7亿元；工业高速发展，作为珠江三角洲地区重要的工业制造业重地，以茅洲河为轴，大量"三来一补"企业迅速崛起，流域内一度聚集了约5万家工业企业。与此同时，流域污水收集处理设施规模及管网运营管理水平滞后于城市快速发展；重地上、轻地下，大量历史遗留建筑配套的排水设施不够完善，城市开发建设与排水设施建设的衔接不足；治理投入长期不足，雨污混流普遍，系统不完善，污水收集处理效益不佳；加之茅洲河为雨源型、潮汐型河流，水资源、水环境承载力有限；近年来环境污染越发严重，茅洲河一度被戏称为"墨水河"和"下水道"。

4.2.1 污水收集处理设施长期滞后于城市发展，欠账多

1. 污水处理设施缺口明显

2015年，茅洲河流域理论污水总量约为103万m³/d，建成污水处理设施规模70万m³/d，缺口约33万m³/d。另据调查，污水系统中，河水、地下水、山水和雨水入侵现象严重，使得区域污水处理设施短板问题更加突出。污水量持续增长与污水设施规模不足的不匹配现象造成污水处理厂长期超负荷运行。

2. 污水管网缺口巨大

对比完全分流制的管网规划，茅洲河流域宝安区、光明区和东莞长安镇分别存在1489km、564km和547km的市政污水管网欠账，缺口约为现状污水管网的7倍。由于污水收集管网建设严重滞后，大量的污水和雨水合流通过排口入河。据统计，茅洲河流域深圳侧黑臭水体相关排口2722个，存在污水排放的排口有2076个。

3. 排水体制混乱，源头合流、混错接严重

流域除了生态保护区和水源保护区范围外，基本都为建成区，常住人口城镇化率几乎达到100%。除部分新建区域为分流制外，其余区域多为截流式合流制，特别是深圳区域内遍布着410个城中村，"老村屋""握手楼""骑河楼"广泛分布，配套的排水设施极不完善，管网混错接严重。据排查，宝安区4597个排水小区（含城中村、工业区、居住小区等）中，3961个需开展源头改造；光明区1617个排水小区中，1232个需开展源头改造；东莞长安镇也有超过1.1万栋建筑物需进行源头改造。

4. 污水收集管网缺乏专业管养

流域早期排水管网运维问题突出，污水干管由污水厂管养，支管由街道、社区或建设主体自建自养，经费保障度不高，人员、设施配备不齐，导致管养缺位。直到2010年，深圳市出台的《关于原特区外四区排水管网市场化运营的意见》要求各区通过市场化招标方式确定排水管网运营维护企业及运维单价后，排水管网管养才开始逐步进入正轨，但因各种历史原因，到2015年，仍存在多头管养、"三不管地段"等现象。

4.2.2 "小散乱污"企业多，工业污染监管难度大

茅洲河流域工业用地占建成区面积的40%，广泛分布着5万余家工业企业，以电镀、线路板加工、表面印染为代表的高污染行业居多。虽然建有部分工业园区，但也仅是城市发展过程中工业分布相对集中的片区，没有进行系统的规划和功能定位，也没有专门配套的集中式工业园区污水处理设施。对重点涉水企业的调查表明，仅有6%的企业将雨污水按规划接入雨污水市政管网。

除此以外，流域内还存在大量"小散乱污"企业。据统计，深圳侧"散乱污"企业6428家，小废水企业1005家。此类企业普遍存在手续不全、无环保治理设施、污染物排放不达标或无组织排放等问题。

4.2.3 河流生态体系脆弱，河道空间挤占严重

茅洲河流域河流短小，雨源性特点突出，每年4~9月丰水期河口平均径流量18.3m³/s，而枯水期仅2.4m³/s。中上游坡降较大，支流断流现象普遍，水环境容量不足。占河流总长40%的下游界河段为感潮河段，河涌的水动力交换能力弱，涨潮期间污染物上溯，河水、海水交叉污染。河道长期淤积，底泥污染严重，内源污染持续释放，加剧了河道的黑臭程度。

城市化过程中，河道空间不断被侵占、挤压，历史遗留建筑侵占河道现象普遍，被侵占面积约50万m²（图4-3）。有些河道甚至被覆盖改造成了暗涵，流域内暗涵总长39.97km，约占河长的20%，这些暗涵内管网接入情况错综复杂、排口众多、淤积严重，往往成为污水通道。

图4-3 西乡河侵占河道的"红楼"

4.2.4 治理主体多元，跨界河流协调难度大

茅洲河上下游、左右岸、岸上岸下边界复杂，是深圳、东莞两市的跨界河流，跨市协调缺乏有效的工作机制。除此之外，也是深圳光明、宝安两区的跨区河流。早期流域污水收集处理设施存在"多头建设、多头管理、建管分离"的特点，纵向有市、区、街道、社区、工业区等，横向有水务、交通、工务等部门。本轮茅洲河治理前，过往所开展的治理工程由市、区、街道、社区四级投资建设，分属不同职能部门或管养公司管理，涉及部门多，协调难度大。

4.3　治理思路

4.3.1　总体技术思路

2016年以来，深莞联手坚持以习近平生态文明思想为指导，坚持可持续发展的理念，全面贯彻落实党中央、国务院和广东省关于污染防治攻坚战的决策部署，在剖析原有"分片治理、切块管理"弊端的基础上，以流域为对象，以目标为导向，以问题为抓手，贯彻"科学治理、系统治理、源头治理"的原则，坚定不移实行流域统筹、协同治理；实施层面，采用EPC打包、"大兵团作战"；技术层面，坚持雨污分流、全力补齐设施短板、推行全要素治理；管理层面，强化污染源监管、排水设施全链条管理、厂网河全周期调度（图4-4）。

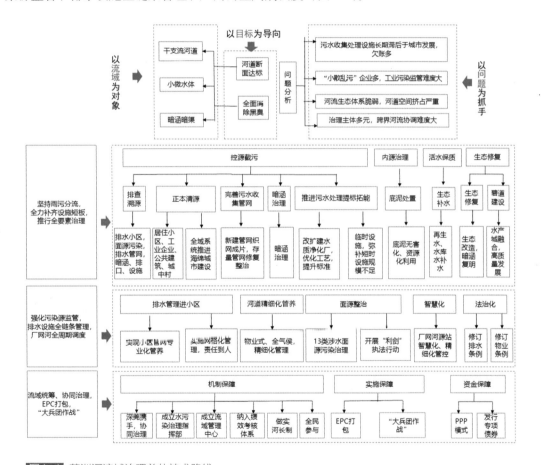

图4-4 茅洲河流域治理总体技术路线

4.3.2　治理策略

1．流域统筹，系统谋划

长期以来，茅洲河治理存在上下游、左右岸、干支流不同步等问题，导致治理成效不佳。水的系统性要求，水环境治理工作应强化相关地域、部门、层级之间的协同性。

为加强跨区域协同治理，广东省委主要领导挂点督办茅洲河流域污染整治，数次赴现场督导推进，强调要坚持全流域系统治理，省市协同，齐抓共管。深圳市委主要领导任茅洲河河长，联合东莞成立茅洲河流域综合整治领导小组，两地联手实施流域统筹、系统治理。

广东省生态环境厅、住房和城乡建设厅、水利厅全力指导，生态环境厅定期通报水质，住房和城乡建设厅进行技术督导和暗访，水利厅利用河长制平台协调解决问题，深莞"每月一会"，落实全流域系统治理策略，确保"一张图"作战、"一盘棋"统筹。仅从2018年12月至今，已先后召开了15次联席会议，部署82项重点问题的整改任务，推进解决了深莞之间一批跨界支流整治、界河清淤和生态补水等问题。

2015年底，《深圳市治水提质工作计划（2015~2020年）》出台。为强化深圳市内统筹调度，实施了下沉督办协调机制。深圳市水务局、生态环境局分别成立茅洲河流域下沉督办协调组，由局领导任组长，抽调骨干力量深入现场抓技术支持和监督检查，使问题产生在一线、解决在一线。结合机构改革，市水务局还设立了茅洲河流域管理中心，统一调度"厂、网、河、站、池、泥"等设施，初步破解了不同行政区划、不同层级和不同单位之间调度不畅、多头管理的问题。

2. 以源头雨污分流为核心，实施全要素治理

流域人口密度高，开发强度大，污染负荷重；年均降雨量达到1606mm，且多集中在雨季；河流自净能力较弱，生态系统脆弱。对于这种两岸工业、人口密集分布的南方滨海河流，必须"正本清源"，从源头到末端完善污水收集处理体系，才能确保见实效、见长效。2016年起，深圳市总结过去多轮治水经验教训，在全面摸排的基础上，推行了正本清源全覆盖、雨污分流全覆盖、暗涵溯源整治全覆盖、污水处理提标拓能全覆盖、生态补水全覆盖等工作，统筹推进了流域"厂、网、河、源、站"全要素治理。

在治理过程中，充分施展"绣花功夫"，深入每一村、每一小区、每一住户，对厨房、卫生间、阳台的每一处排水点开展排查，加装雨水立管或污水立管，并因地制宜地融合建设海绵化设施，基本实现了家家户户污水管网全覆盖，并改善了社区公共空间。

3. 整体打包实施，一体推进

为破解碎片化治水、边界不清晰、责任主体不一、目标进度不一、标准规范不一等难题，推动治水项目质量和效率提升，茅洲河流域采用了EPC或EPC+O总承包方式，以流域为单元，将治水项目整体打包。以水质目标引领整体设计，将茅洲河流域水环境综合治理工程项目划分为宝安片区、光明片区和东莞片区3个EPC工程包，明确主体责任。项目实施过程中，EPC总包单位在全流域500多个作业面同时展开施工，高峰时期参建人员约1.8万人，最高单日敷设管网4.18km、单周敷设24.1km，充分发挥了"大兵团作战"整体推进的优势。

4. 创新机制，推行专业化、精细化管理

为实现"长制久清"，扭转水务设施管养不专业、不精细的局面，针对流域高强度、高密度开发、工业企业众多的特点，通过组建区级排水公司，创新排水管理进小区机制、河道精细化管养机制、涉水面源污染分类长效治理机制，实现了精细化治理、长效化管理，保障河流水质不断向好。在此基础上，初步探索了厂网河一体化运维调度机制，特别是在光明区，整合相关资产，成立光明区环境水务有限公司，实现了供水、排水、河道管养一体化；政府与企业实行绩效管理，签署考核协议，推动从小区、管网、设施到河道的精细化管养工作。

4.4 工程措施

立足深圳降雨量大、开发强度高、河流生态基流不足等市情、水情，在全面摸排的基础上，坚持以管网雨污分流为核心，统筹流域"厂、网、河、源、站"各要素，推动源头治本、水岸同治（图4-5）。

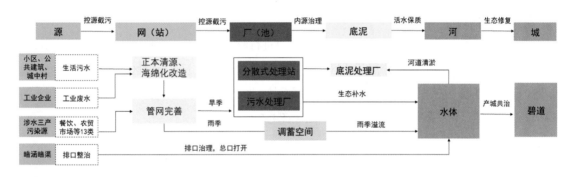

图4-5 全要素治理图

4.4.1 控源截污

通过摸排溯源，全面推行源头正本清源（雨污分流），全面补齐市政管网欠账，全面攻坚暗涵溯源整治，全面提升污水处理能力与效能，在较短的时间内补上了水环境基础设施欠账，全域消除了黑臭水体。

1. 摸排溯源

为摸清底数、找准原因，从排水小区、排口、排水管网、暗涵（含暗渠）、设施五大方面进行全面排查溯源。在排查工作中，通过"从排口倒查源头、从源头追查排口"两个维度展开，一是做到全口排查，即每条河流明渠、暗渠、支汊流、过路桥涵、沿河截污箱涵、雨水管截流井的所有排放口均列入排查；二是做到溯源排查，所有存在排放污水现象的排放口，都沿管渠逆流而上排查至源头，务必找到污水产生的根本来源。在排查现场工作完成之后，结合排查结果，完善排水设施地理信息系统（GIS），建立排水设施"一张图""一张网"，实现管网信息化、账册化管理（表4-2）。

<table>
摸排溯源对象及内容　表4-2
</table>

摸排对象	摸排内容
排水小区	①工业企业、公共建筑小区、居住小区等的雨污分流情况。 ②农贸市场、家禽畜养殖屠宰市场、垃圾转运站（房）、餐饮食街、汽车修理厂、城中村等的重点面源污染情况。 ③工业废水污染源情况等
排口	①明渠排口调查，暗涵排口物探检测，记录排口的标高、口径、流量、性质等信息。 ②对于晴天有污水流出的排口进行溯源，找到污染源头
排水管网	①管网全面排查，记录各检查井类别、坐标、破损情况，记录管道的起终点位置、管材、管径、管内底标高、淤积程度、破损情况等。 ②瓶颈管、缺陷管、接驳管、破损管及错接管等老旧管网问题管详细摸排
暗渠	沿河河道暗涵摸排，记录其坐标、走向、尺寸、污水量、破损程度、淤积等情况
设施运行	对涉水基础设施如水厂、泵站等进行摸排调查，分析水质净化厂及泵站的收集范围、处理功能、进出水工况、运行主体及运行状况等基本情况

2．正本清源

正本清源，即通过对错接乱排的源头排水用户进行整改，从源头上将雨水、污水彻底分流。结合排水小区排查溯源成果，分居住小区、城中村、公共建筑和工业仓储区四类开展正本清源。同步完善市政管网，建立健全城市雨污两套管网系统，实现市政管网雨污分流。有条件的正本清源项目，在实施过程中融合开展了海绵化改造（图4-6）。

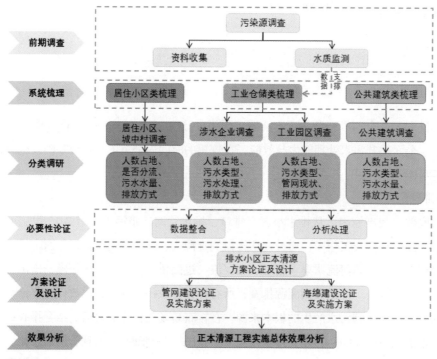

图4-6　正本清源改造实施技术路线

小区正本清源量大面广，涉及千家万户。为做好此项工作，在组织实施方面，结合审批制度改革，简化审批流程，改串联审批为并联审批，施行开工备案制，审批时间减少60个工作日以上。在工程质量方面，采用三种方式强化监管，一是出台了《深圳市正本清源技术指南（修编）》，强化设计指导；二是出台《深圳市正本清源工程质量评价标准》，从竣工图与现场情况是否有较大出入、晴天雨水排出口是否有污水排出等6个方面评价工程绩效与质量；三是组织各区的技术力量，开展雨污分流成效交叉检查，并针对检查发现的问题立行立改，切实保障工程发挥绩效。

（1）居住小区正本清源

对于建有雨污分流管网，但因阳台改变功能用途、底层商业开发等原因造成雨污混流的居住小区，主要采用图4-7所示的技术方案开展：①新建屋面雨水立管并断接入海绵设施或散排入场地雨水管；②将阳台立管接入小区污水管；③对混错接的排水户进行改造；④因地制宜建设透水铺装、雨水花园，进一步削减进入雨水管道的水量和污染物。

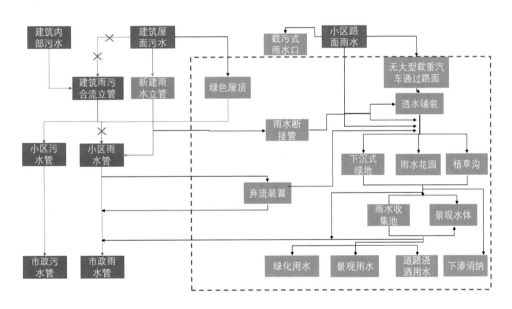

图4-7 居住小区正本清源改造实施技术路线

（2）城中村正本清源

城中村是深圳居住区的特殊类型，普遍存在密度高、环境差、管理难、基础设施欠账多等典型问题，是正本清源改造的难点。在城中村综合治理过程中，甲子塘社区先行先试，打造了城中村正本清源的典范。

甲子塘社区面积约70ha，居住人口22000人，工业企业65家，279栋"握手楼"仅1栋有建筑雨水立管，人均公园绿地4.5m²/人（全市平均15.15m²/人）。片区正本清源工作根据问题台账，以灰色基础设施强基、绿色基础设施提标，理顺社区排水系统，融合海绵理念实施。片区共改造混

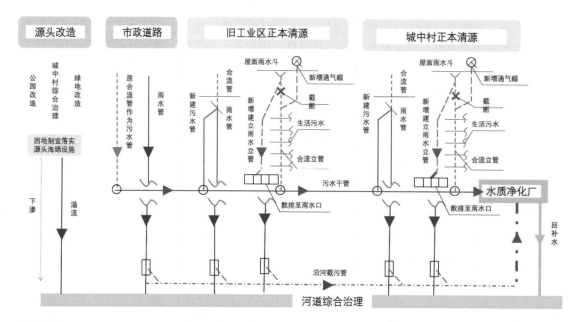

图4-8 甲子塘社区综合治理技术方案路线

错接75处，新建城中村雨水立管3640根，改造旧工业区雨污水管道1031m，增加海绵型公共空间10ha，整治排洪渠1.5km；在解决问题的同时，着力提升居民的幸福感（图4-8）。

（3）工业仓储区正本清源

为解决工业生活排水混杂、污染类型多样的问题，采取"雨污分流、雨水明渠化，污废分流、废水明管化"的技术思路，开展工业废水处理处置，并将其纳入监管体系，确保达标排放。雨污分流、雨水明渠化是将企业内部雨水与污水分开收集，并尽可能将雨水管道明渠化；污废分流、废水明管化是将生活污水和工业废水进行分流；其中，尽可能对采用埋地设置生产废水管网的重点企业，新建一套废水明管，开展工业废水流量监测，封堵、报废原有废水管道。

3．强力完善污水收集管网

（1）市政管网雨污分流

按照规划和片区开发建设时序，补齐市政道路雨污分流支管网，将其与污水处理厂干管系统接驳，消除建成区市政管网空白区域，打通污水从源头收集到末端处理的路径。流域管网补短板工作按"五个优先"的原则组织实施：①优先实施社区雨污分流管网与污水主管网的接驳；②优先实施距离污水厂和主管网近的管网；③优先实施工业企业集聚区管网；④优先实施沿河收集干管；⑤优先将具备条件的原有合流管改造为污水管。在新建管网的过程中，同步处理好新旧管网的接驳问题，使新建管道尽早发挥效能。

在管网建设过程中，通过持续开展管材"飞行检测"、内窥检测等措施，并将检测结果和整改情况作为验收的前置条件，严把管材使用、验收移交质量关。

（2）存量管网排查修复

采用CCTV、QV手段对早期建设的存量污水管道进行结构性缺陷和功能性缺陷检测。通过检测，将问题管段分为瓶颈管、缺陷管、接驳管、破损管，并采取对应的整治措施。

针对缺陷管，采用非开挖修复和开挖修复相结合的方法；对于局部结构性缺陷，可采用局部树脂修复、喷涂结构聚氨酯树脂修复和紫外光固化法修复等技术；对于部分存在严重缺陷的管段，可采用裂管法；对于损坏严重、需修复管段较长的干管，则采用开挖修复。

4．攻坚暗涵治理

暗涵暗渠是城市快速扩张过程中的伴生物，内有大量的排口，淤积严重，是排污的隐蔽通道，治理工作难度极大。随着水环境治理的深度推进，城市暗涵的问题逐渐被暴露。为啃下暗涵治理这块"硬骨头"，深圳市积极探索新方式、新路径，通过出台《深圳暗涵水环境治理技术指南》，摸索出"清淤、截污、排口溯源、正本清源"四步法，开展了全面的暗涵整治。同时，针对暗涵存在的密闭有限空间、有毒有害气体聚集等重大安全隐患问题，出台《深圳市排水暗涵安全检测与评估暂行指南》，落实应急预案，确保安全施工。截至2020年12月，茅洲河流域深圳侧完成了36.63km的暗涵治理，还清水入河，剩余3.37km正在开展整治，计划2021年雨季前完成。

（1）暗涵调查技术方法

根据现场工况、暗涵尺寸以及淤泥水深等情况，选择合适的三维激光搭载采集方式，例如皮划艇搭载、浮台搭载、三脚架固定等，由潜水员携带三维激光扫描系统、光学摄像设备、水下测量工具等对暗涵进行三维数字信息采集（图4-9）。

（2）暗涵整治案例

万丰河为茅洲河流域一级支流，河流全长4.52km，其中，暗涵段2.91km。暗涵沿线大部分为城中村，污水错接、乱排入暗涵现象严重。2019年以来，通过岸上与岸下的全面工作，纠治了各种错接乱接、乱排污水、雨污混流问题，实现源头雨污分流，彻底消除污水排入。万丰河流域累计新建雨污分流管网2.99km，完成老旧管网清淤1.643km，正本清源小区改造提升26个，溯源纳污整治河道排口233个，完成截流井改造19个，完成清淤14487m³。2020年8月份以来，万丰河水质基本稳定在地表水Ⅴ类标准（图4-10）。

图4-9 三维激光扫描设备及作业

图4-10 暗涵整治前后对比

5. 大力推进污水处理提标拓能

2015年，流域污水处理设施按理论污水量计算，缺口约33万m³/d，因系统不完善等原因，实际处理设施缺口更大。"十三五"期间，按照超度超前、集散结合的原则，高标准改扩建了水质净化厂，新增水质净化厂污水日处理能力80万m³/d（其中，深圳65万m³/d，东莞15万m³/d），新增分散式污水处理设施能力24万m³/d，使流域总处理能力达到174万m³/d，为2015年规模的2.5倍、理论污水产生量的1.6倍，补齐了短板，并具备了一定的流域应急调度、雨季雨水污染的处理处置能力（表4-3）。设施出水主要指标达到准Ⅳ类，用于生态补水，实现了污水资源化利用。

污水处理设施扩容前后情况对比表　　　　　　　　　表4-3

污水处理设施	治理前（2015年）		治理后		
	处理规模（万m³/d）	出水水质	扩容后处理规模（万m³/d）	提标后出水水质	"十三五"期间新建处理设施
水质净化厂	70	一级A	150	准Ⅳ类	光明水质净化厂二期、松岗水质净化厂二期、沙井水质净化厂二期、新民污水处理厂二期
分散式污水处理设施	—	—	24	准Ⅳ类	上下村、合水口、沙井应急、茅洲2号处理站

4.4.2　内源治理

由于长期污染，茅洲河干支流河床底部沉积了大量的固体垃圾和底泥。底泥污染物与水体的物质交换，导致内源污染的持续释放，是水体黑臭不容忽视的成因之一。

1. 河道底泥

为科学进行底泥清淤，茅洲河流域在治理前研究制定了清淤方案。研究基于茅洲河地表水Ⅴ类水的水质目标，利用底泥营养盐的"源-汇"过程模型，分析了氮、磷的吸附解析特征，确定了各个区域的环保疏挖深度；并根据防洪清淤量复核，最终得到了分区疏挖量，论证了清淤对水质的改善效果。

根据底泥清淤摸查的情况，针对不同河道的特点，采用因地制宜的原则确定清淤方式，如对河道较宽的茅洲河界河、沙井河，采取"抓斗式挖泥船+泥驳"的方式，而对较窄的支流、明渠，采用"水陆两用搅稀泵"的方式。

针对流域内清淤总量达420余万方，填埋场无法受纳的情况，在大量取样、试验、调研和论证的基础上，在茅洲河畔建设底泥处理厂，进行了底泥减量化、稳定化、无害化和资源化处理。底泥通过清淤船、输泥管输送至底泥厂，处理后形成余水、垃圾、余砂、余土4种产物。余水经过处理后达标还河；垃圾运往填埋场进行填埋处理；余砂清洗后资源化利用，成为建筑用砂；余土一部分用作工程回填土，一部分作为原料制成陶粒透水砖，用于茅洲河沿河景观带建设。

2. 污水厂污泥

针对深圳市污水厂用地紧缺、污泥产生量大、邻避问题突出等问题，科学确定了污泥"厂内深度脱水+燃煤电厂掺烧处置"的处理处置技术路线，真正实现污泥本地化、无害化、减量化、资源化、能源化处理处置。

全面推进水质净化厂污泥源头减量。先试点，后推广，选择"微波调理+板框压滤""板框压滤+低温快速干化""板框压滤+低温冷凝干化"3种具有代表性的污泥深度脱水技术，将污泥就地减容稳定至含水率40%以下。

化废为能，实现污泥市内全量资源化、能源化处置。在水质净化厂内深度脱水后的污泥运往燃煤电厂耦合掺烧发电。污泥燃烧后剩余灰渣，可循环利用于生产石膏板、环保砖等环保建筑材料，实现污泥全量资源化利用；产生的烟气排放浓度优于国际排放标准（其中二噁英仅为0.00092ngTEQ/m^3，远低于国际标准0.1ngTEQ/m^3）。

4.4.3 活水保质

茅洲河干支流属于雨源型河道，旱季几乎没有基流，部分城区河渠甚至出现断流，造成河道生态性不足、环境容量有限、景观性不够。为破解此难题，深圳市并没有采取大引大调的补水方式，而是尽可能利用水质净化厂出厂尾水、非水源水库水进行生态补水，使一条条干枯河流重新焕发碧水长流的生机。目前，已有40余条河道实现生态化补水，其中，利用再生水补水的河道33条，设计规模133.95万m^3/d；利用本地非水源水库补水的河道9条，设计规模10.45万m^3/d（图4-11）。

4.4.4 生态修复

持续的污染、对河道的侵占已对原有河道生态系统造成了破坏，在生态调查的基础上，因地制宜地采取措施进行了生态修复，一定程度地恢复河道自净能力。

1. 生态本底调查和修复

在修复工作开展前，开展了河湖生态本底摸查和监测，通过论证，针对性地采取水动力调控、硬化岸坡海绵化生态改造、生物生境营造等手段，重构河湖生态链（图4-12）。

图4-11 河道生态补水

生态本底调查

资料整理分析	现场调研查勘	遥感影像提取	热度分析民调	关键要素监测
·防洪工程达标率 ·结构安全达标程度 ·多元文化展示 ······	·水体整洁程度 ·水体透明度 ·河流纵向连通指数 ·水务设施品质提升 ······	·河岸带植被覆盖度 ·河流纵向连通指数 ······	·群众满意度 ·亲水指数 ······	·水质达标率 ·陆生生物多样性 ·水生生物多样性 ·外来入侵物种数 ······

图4-12 茅洲河流域生态本底调查技术路线

茅洲河流域在光明区段选取近2km实施了水生态示范工程段。在浅水区透明度较高区域，恢复沉水植物群落，实现部分区段水草摇曳的生态景象，在滨水湿地带植物茂盛区域，恢复部分底栖动物。在横向宽度上，按照水深的不同，把栽培区分为两个部分，0~80cm的区域栽培一定量的苦草，打造良好的滨水"水下草皮"沉水植物群落，80cm以上深度的水域栽培以马来眼子菜、篦齿眼子菜、狐尾藻等为主的株高较大的沉水植物，形成"水下森林"沉水植物群落（图4-13）。

图4-13 茅洲河流域生态修复

2．暗渠复明

宝安、光明两区对河道蓝线范围内约50万m²的违法侵占开展了清违拆建工作。有条件的区域，还结合城市发展开展了暗渠复明综合整治工作。

玉田河是茅洲河流域中上游段的一级支流，全长约2.7km，由于历史原因，玉田河有1.2km被覆盖。暗化后的玉田河田寮大道段雨污混流排口多，底泥黑臭，再加上河道淤积严重，内涝频发。为确保玉田河支流入茅洲河水质达标，同时为城市发展提供空间，光明区强力推动了玉田河

图4-14 茅洲河中上游支流玉田河暗渠复明前后对比图

暗渠复明工作。在实施过程中，克服了交通疏解、电力迁改等方面的困难，先后开展了截污工程、排污口整治工程、清淤工程、景观提升工程、管线迁改工程，完成了暗渠复明、明渠扩宽改造、河道坡岸改造、桥涵拆除重建、截污管敷设以及步道等区域景观绿化等工作。2019年12月，玉田河河道形态全面形成（图4-14）。

4.4.5 建设万里碧道，力促水产城融合

深圳市跳出治水看治水，把治水、治城、治产结合起来，以治水倒逼流域空间开发格局和产业布局优化提升，产业转型，将治水投入转化为生态效益、经济效益、社会效益。

深圳市深入践行广东省"建设万里碧道"的决策部署，率先提出"安全的行洪通道、健康的生态廊道、秀美的休闲漫道、独特的文化驿道、绿色的产业链道"五道合一的碧道内涵，推动实现"一河两岸"周边环境提升、空间功能优化和产业转型升级，打造"河湖+产业+城市"综合治理开发样板，生动践行"绿水青山就是金山银山"理念。

通过综合分析干流两岸外延500~1000m周边用地，分析科创活力、公共活力、商业活力、生产性服务业、地方文化、土地利用、工业企业、交通、景观、水系等要素，设定了茅洲河流域"一带五区"的结构布局。到2020年底，流域内共建设湿地公园6座、亲水平台31处、沿河绿道215km，打造出以碧道之环、湿地公园、水文化展示馆、特色水闸、啤酒花园等为主要节点的生态人文纽带。到茅洲河畔游玩的人数迅速增长，2020年国庆长假，单日游客超过1万人次（图4-15）。

图4-15 茅洲河碧道示范段

4.5 非工程措施

改善和保持水环境质量，需要三分建、七分管。深圳市推动宝安区、光明区成立专业排水公司，全面接管建筑小区内部场地排水设施，创新推行排水管理进小区机制、河道精细化管养机制、涉水面源污染分类长效治理机制，实现从排水户、小区管网、市政管网，再到水质净化厂、河道的全链条、全周期、精细化管养，并采用智慧化、法治化手段保障水污染治理由"重工程"向"重管理"转变。

4.5.1 排水管理进小区

1. 小区排水设施专业化管养

排水管理进小区即由区人民政府将小区排水管网委托区市政排水管网运营公司统一管理。该行动破解了长期以来建筑小区内部排水管渠由产权人或其委托物业公司管理模式下导致的投入不足、小区排水管网长期缺管、失养、乱接问题，实现了各类排水小区的全面专业化管养。

截至2020年底，宝安区和光明区共接管了5780个排水小区，按照初次进场的要求，将在2021年底前全面做好检测、测绘，修复、清疏、日常管养等工作，同时衔接小区物业管理，将排水行为监督巡查纳入管理范围（图4-16）。

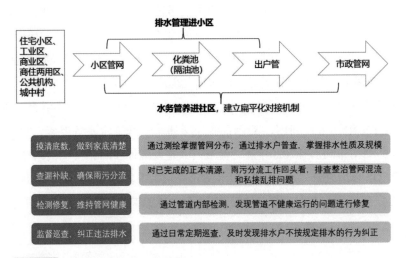

图4-16 排水管理进小区工作内容

2. 探索排水专业管理与社会管理融合

将排水管理与社区工作充分对接，将排水专业管理力量和三级河长制在社区平台统筹形成合力，实现常态精细化管理。光明区率先以社区为单元划分31个水务管理网格，建立环保水务部门、水务运营管理公司、街道、社区多方联动、条块结合、齐抓共管的机制，落实专员专干，对涉水事件进行扁平化、高效化管理，实现定点管控、责任到人。

4.5.2 河道精细化管养

传统河道管理功能单一，以设施安全、防洪安全管理为核心，管理标准低，管理过程粗放。为适应现代化城市对高品质河道公共空间的需求，河道管养需要向多元化、精细化、智慧化转型，实现河道精细化管养。

一是管理内容多元化。在保障水质安全、陆域保洁、保绿、保修和保安的基础上，加强特色化河道管养服务。根据每条河的动态需求，量身定制管养方案，发展河岸文化，打造深圳亲水第四空间，让市民得到休闲、娱乐、运动、生活的多元化空间。将全生命周期的河道生态系统作为管养要务，在管控外来物种的同时，兼顾河道生境生物的多样性；在着眼于现状河道环境的同时，更加重视未来的生态布局。

二是管理品质协同提升。开展24h巡查维护，进一步加强联动，利用集成数据平台实时传输水陆修治、清理、救治、防洪、防突发事件的需求，达成多部门人员快速协同合作。

三是科技创新智慧管养。应用科技手段管养河道，铺设视频安防系统、水质检测系统、生态检测系统等7大管养系统，开发"水环境管理"APP，实现水质数据在线查询，现场视频监控，问题在线交办、跟办、督办，实施全链条智慧养护（图4-17）。

图4-17 水质快检、无人机巡河现场工作照

4.5.3 涉水面源污染分类长效治理

针对面源污染覆盖面广、分布较为分散、涉及行业部门较多、治理难度较大等问题，深圳市坚持"源头减污、规范排污、严格管理"原则，出台《茅洲河流域工业污染源限批导向》及《深圳市涉水面源污染长效治理工作方案》等政策文件，建立了涉水面源污染分类长效治理机制。

一是成立市面源整治办专门机构。设于市生态环境局，负责统筹推进全市涉水面源污染整治。市面源整治办开发上线面源整治APP，采取线上线下相结合的培训方式，对各区开展培训，指导推进整治。

二是坚持整治全覆盖。根据面源污染主要来源、污染程度，将面源污染分成餐饮、汽修洗车场所、农贸市场、美容美发场所、垃圾转运站、化粪池、屠宰场、垃圾填埋场渗滤液、废品回收站、施工工地、城中村清洁整顿、城市道路以及河道沿岸13类，分类制定整治标准规范，建立部门联动机制，并纳入监督考核体系，融入社区网格化管理。

三是开展常态化"利剑"系列环保执法行动，对流域内的工业企业进行了排查，对"散乱污"企业进行了整治。如宝安区2019年率先印发了《关于坚决整治乱排污水行为的通告》，共查处环境违法行为1192宗，淘汰重污染企业77家，执法力度位居全国前列。

四是强化抽查通报，压实整治责任。为确保面源排查全覆盖、问题整改无死角，市生态环境局印发了《深圳市涉水面源污染整治抽查检查工作方案（2020~2021年）》，组织第三方公司，以街道为单元，采取随机抽查方式，重点对各区、各街道的13类面源对象的排查情况与整治合格情况进行检查，推动各区比学赶超、加快整治（图4-18）。

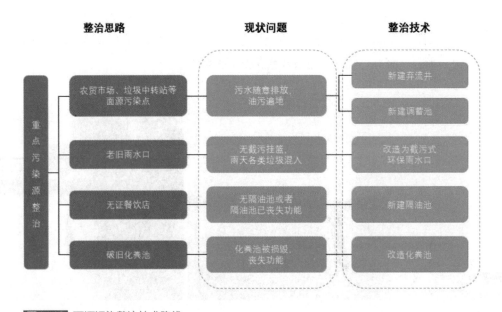

图4-18 面源污染整治技术路线

4.5.4 智慧化促进排水管理精细化

编制《室外排水设施数据采集与建库规范》，指导各区开展设施数据标准化采集工作，形成排水系统"一张图"、数据整编，打造智慧排水信息系统。茅洲河流域（宝安区）排水管线总长度约9122km，基本实现排水管网数字化；建立排水信息APP系统，登记60380个排水户，基本实现居住商业类排水户全覆盖；率先开展"井盖革命"，对18.5万个雨污水井盖进行标识、编码，现场核实管井系统信息，全面纠正错接乱排；实现6座污水厂（站）、30条河道、72座泵站等排水设施的运行状态实时查看及部分数据的实时监测等（图4-19）。

图4-19 茅洲河流域智慧化系统

4.5.5 法治化健全治水管水长效机制

为强化排水管理，保障创新举措得以深入落实，深圳市出台了《深圳经济特区排水条例》（以下简称《条例》），自2021年1月1日起施行。《条例》共6章，78条，分为总则、规划和建设、排放和监测、维护和管理、法律责任和附则。《条例》主要从立法确定雨污分流排水体制、明确排水规划编制主体、实施排水许可分类管理等9个方面实现创新突破。根据《条例》，如不按照规定建设雨水源头控制和利用设施，将是一种违法行为。

近年，深圳市还及时修订了《深圳经济特区河道管理条例》《深圳经济特区物业管理条例》等法律法规，有效地保障排水管理进小区、河道精细化管养等创新举措有法可依。

4.5.6 社会化促进共建共治共享

深入落实习近平总书记关于"每条河流要有河长了"的号令，按照中央和省、市全面推行河长制的工作部署，茅洲河流域建立健全了四级河湖长组织体系，按照"横向到边、纵向到底""区域与流域相结合"的原则，现设市、区、街道、社区四级河长178名，从干流到沟渠溪塘等小微水体全覆盖，以"河长制"促进"河长治"。以宝安区为例，自2017年以来，市、区、街道、社区河长共巡河近8万次，协调解决问题11214项。

在此基础上，充分发挥社区力量，组建民间河长专业志愿者队伍，力促共建共治共享。民间河长带领志愿者、义工定期开展巡河护河活动，原则上每周不少于1次。2020年以来，宝安区和光明区民间河长、志愿者、义工共组织开展巡河护河行动1200场次，参与志愿者近9800人次。

4.6 治理成效

4.6.1 全域消除黑臭水体，水质持续向好

2011年至今，茅洲河共和村国家地表水考核断面氨氮指标已从33.7mg/L降至1.31mg/L，为1992

图4-20 茅洲河干流中游段整治前后对比图

年以来最好数值。自2019年11月起，茅洲河水质达到并保持在地表水Ⅴ类及以上，实现了历史性的转折。流域内44个黑臭水体、304个小微黑臭水体全部消除黑臭，并通过"长制久清"的效果评估（图4-20）。

4.6.2 生态效益显著

在黑臭水体治理的基础上，通过重塑河道蜿蜒性、营造生境、生态岸线改造等生态修复措施，引导自然做工，茅洲河生态有了显著改善，消失多年的当地螺、蓝尾虾、黑鱼和彩色蜻蜓重现茅洲河，流域水生生物多样性指数提高43%（图4-21）。

图4-21 茅洲河及支流生态效益显著

4.6.3 产城与河共融

昔日，茅洲河水体黑臭，家家户户背窗而居，如今，环境随河蜕变，产业向水而生，市民纷至沓来。在"绿水青山就是金山银山"的号召下，茅洲河碧一江春水，道两岸风华，以河为轴，两岸为带，安澜为基，筑巢引凤，淘汰旧产能，提升新产能，实现水产城共融。目前，茅洲河畔旧工业区华丽转变为中国科学院先进研究院和中国科学院深圳理工大学，与茅洲河融为一体；润慧科技园作为典范项目进驻茅洲河畔；沿河旧城也积极参与改造，重新焕发商业的气息。

4.6.4 文化有效彰显

茅洲河水污染治理的成功来之不易，既是一项成就，也是可持续发展的镜鉴，深圳市结合茅洲河治理历程，建成了茅洲河展览馆，通过影片、布展互动等方式，使市民充分理解治污的不易与艰辛，提升大家保护环境、爱护环境的意识。

得益于流域治理带来的环境改善，停办了十余年的粤港澳龙舟赛于2018年起在茅洲河恢复举办，漂泊异乡十余年的深圳市赛艇队也落户茅洲河，生动展现了人水和谐的美丽画卷（图4-22）；茅洲河畔的青岛朝日

图4-22 船艇队日常训练图

啤酒厂，学习"青岛啤酒节"的模式，结合碧道打造了"啤酒花园"，成为产城融合的先行典范。

目前的茅洲河，不仅深受市民青睐，成为市民滨水戏水的好去处和休闲娱乐的网红打卡地，而且受到住房和城乡建设部、生态环境部、水利部以及各级河长的赞扬，同时也频频受到中央和地方等各种媒体的点赞。

4.7 经验总结

茅洲河流域治理是深圳市水污染治理的缩影。深圳市在水污染治理工作中始终坚持全要素治理，坚持全周期管理，坚持水产城共治，引导全社会形成绿色的生产生活方式，打造全社会共建共治共享的生动样板，建设人水和谐的幸福河。

4.7.1 创新组织管理，推动治水从区域部门分治向党政同抓、集束发力转变

深圳市改变过去行政区划分治、部门各自为战的做法，加强对治水的全局统筹，构建党政主导、部门联动、齐抓共管的组织体系。一是坚持主要领导亲自抓。市委书记担任市污染防治攻坚战指挥部第一总指挥、市全面推行河长制工作领导小组组长、市总河长和茅洲河河长，明确提出"一切工程为治水让路""巴掌大的黑臭水体都不能有"。市长担任市副总河长和深圳河河长。二是成立水污染治理指挥部。市政府成立水污染治理指挥部，由市分管领导担任总指挥。形成分工明确、权责清晰、条块协同、运转高效的运行机制。三是创新简化审批流程。突破传统审批模式，在"深圳90"审批制度改革（90天内完成工程项目前期审批）的基础上，发改、财政、规自等各部门继续采取优先服务、简化立项、并联审批、限时审批等方式，大幅压缩审批时间。四是创新监督考评方式。市、区人大、政协开展治水专项调研。组织部门创新干部考核方式，开展治水工作干部专项考核。五是创新全民参与渠道方式。积极搭建社会参与平台，构建全民参与、共建共治的新格局。

4.7.2　创新全流域全要素治理模式，推动治水从分散治理向系统治理转变

从系统工程和全局角度寻求新的治水策略，科学绘制一张蓝图，统领全市治水工作，久久为功贯彻到底，达到系统治理的效果。一是创新地方+大企业"大兵团作战"模式。打破以往分级分片、分段治理的做法，采用EPC或EPC+O总承包方式，以流域为单元，将治水项目整体打包，形成"大兵团作战"、全流域治理新模式，推动治水项目质量和效率提升。二是创新流域治理管理新体制、新机制。成立茅洲河等4个流域管理中心，对流域内水污染治理、防洪排涝、水资源利用、水生态修复保护等涉水事务，全面加强统筹协调、指导监督和联合调度，破解流域管理不同单位之间职责不清、调度不畅、多头管理等问题。三是创新全要素管理、供排水一体化管理模式。以流域为单元，以水质目标为导向，定性定量污水厂、管网、泵站、水闸等涉水要素的目标数值，按照目标指令联调联控，最大程度发挥水务设施的系统效能。推行水务事务一体化管理改革，有力提升水务设施运行效率和服务质量。

4.7.3　创新治水技术方法，推动治水从末端截流向源头治理转变

立足深圳降雨量大、开发密度高、河流生态基流不足等市情、水情，坚持采用科学适宜的技术方法体系，以管网为核心，推动水岸同治、源头治本。一是推行全市域雨污分流的技术路线。直面建筑小区内部排水管网不配套问题，对流域所有建筑小区大力实施正本清源，通过每个小区、每栋楼宇的立管改造，将雨污分流"毛细血管"延伸到每家每户，逐栋逐户收集污水。二是大力攻坚暗涵整治。针对城市发展过程中部分河道被覆盖成暗涵、内部污水横流的问题，采取"清淤、截污、排口溯源、正本清源"四步法，使多年恶臭难闻的暗涵从排污通道变为清水通道。三是高标准推进污水全处理、全回用。开展水质净化厂提标拓能，不断补齐污水缺口，提升出水标准至准Ⅳ类。充分利用水质净化厂再生水、非水源水库进行生态补水，以生态补水促进重构河流生态系统。四是坚持引智借力、技术创新。出台《河湖污泥处理厂产出物处置技术规范》等44部地方标准规范。组建由50多家国内一流机构担任成员的"治水提质技术联盟"，聘请"两院"院士担任技术顾问。加强自主研发和技术创新，仅在茅洲河流域治理中就获专利授权143项，使深圳成为治水先进技术的"博览馆""竞技场"。

4.7.4　创新运维管养和监管机制，推动污染源管理从粗放式向精细化转变

坚持建管并重，紧盯污水从产生到排放全过程，落实精细化管理要求，切实把每个排水设施、每条河道、每个涉水污染源管好、管到位。一是创新推行全市域排水管理进小区。利用特区立法优势，修订物业管理条例和排水条例，在全国率先推行覆盖全市域的排水管理进小区。二是创新推行水务管养进社区。以水质净化厂为中心，划分片区水务管理网格单元，将社区纳入各类涉水污染源监管责任主体，建立环保水务部门、水务公司、街道、社区多方联动、条块结合、齐

抓共管的机制。三是创新河道精细化管养。把河道当成家园守护，推动河道管养从水体养护向生态养护转变。四是创新涉水面源污染分类治理机制。建立环境监管部门与城市管理、交通运输、住房和城乡建设等行业主管部门的联动机制，将涉水面源污染分成餐饮、农贸市场、洗车、化粪池、施工废水等13类，分类制定整治标准规范和技术指引，全面规范排水行为。

4.7.5 创新挖掘万里碧道建设内涵，推动功能性治水向"水产城"共治转变

立足可持续发展先锋的战略定位，跳出治水看治水，把治水和城市开发、经济产业结构调整、人文景观塑造等结合起来，推动治水治产治城相融合，努力把治水的投入转化为发展的产出。一是打造万里碧道建设深圳样板。建设集行洪通道、生态廊道、休闲漫道、文化择道、产业链道"五道合一"的茅洲河碧道，推动一河两岸城市人居环境提升、城市空间开发格局优化和产业转型升级。二是开启生态美丽河湖新时代、新篇章。编制《深圳市生态美丽河湖建设总体方案》，制定河湖生态修复技术指引和考评体系，将河湖生物生境指标纳入考核内容。采取生态空间改造、生态流量（水量）管控、全流域生态补水、河湖生境重塑等方式，不断改善河湖生态系统健康状况，促进河湖生态系统生物多样性和生物链条完整性的恢复提升。

展望未来，深圳还将充分发挥"双区"建设叠加效应，坚持全要素治理，坚持全周期管理，系统建设海绵城市，打造韧性水系统，建设生态美丽河湖，建成1000km的碧道，到2025年，水环境质量达到国际先进水平，实现水治理能力和治理体系现代化，努力走出一条符合超大型城市特点和规律的治理新路，使优美的水环境成为深圳最鲜明的城市底色，成为深圳特有的城市魅力和推动高质量发展的重要驱动力，率先打造人与自然和谐共生的美丽中国典范！

深圳市水务局：胡嘉东　钟伟民　龚利民　沈凌云　曹广德　曾亚　曾岭岭
深圳市生态环境局：刘初汉　李水生　尹杰　许化　厉红梅　罗培庆　赵胜军　谭红霞
宝安区人民政府：姚任　王立德　沈金章　李育基　李军　文国祥　江炜炜
光明区人民政府：刘德峰　黄海涛　叶超裕　姚涛　周恋秋
深圳市城市规划设计研究院有限公司：任心欣　吴亚男　罗茜　王文倩　赵福祥
中国电力建设集团有限公司：唐颖栋　陶明　黄森军

5 厦门新阳主排洪渠

新阳主排洪渠位于厦门市海沧区中北部，是厦门市副中心马銮湾新城最为重要的城市内河，是国家部委挂牌督办的黑臭水体，全长约4.3km，末端与海域直接相连，属典型的感潮河段。整治前，新阳主排洪渠渠底淤积严重，水体发黑发臭，生态系统遭到严重破坏，水体自净能力丧失。2017年，海沧区以国家海绵试点建设为契机，紧扣海绵城市"源头减排、过程控制、系统治理"三段论方针，立足流域综合统筹，采取截污工程、清淤工程、生态修复工程及一体化生态补水工程"3+1"系统化治理技术路线，推进新阳主排洪渠水环境综合整治，治理周期约两年，总投资约2.06亿元。

5.1 水体概况

5.1.1 城市基本情况

1. 区位条件

厦门市地处东南沿海，位于福建省东南部，北部与泉州市接壤，南部与漳州市接壤。西北部的大陆沿海地区有杏林湾和马銮湾切入其中，南面为九龙江口，形成集美、杏林、海沧三个半岛，北部同安三面环山，一面临海。总体地势由西北向东南倾斜，西北、东南部是山体，中部是冲洪积平原。新阳主排洪渠流域位于厦门市海沧区中北部，流域面积33km² （图5-1）。

2. 气候特征

厦门市属南亚热带海洋性季风气候，年

图5-1 新阳主排洪渠流域区位图

平均气温在21℃左右。多年平均降雨量为
1530.1mm，年平均蒸发量为1651.3mm，在
多雨的华南地区属少雨地区。厦门地区3~9
月为春夏多雨湿润季节，月降雨量一般为
100~200mm，总降雨量占全年雨量的84%；
10月~次年2月为秋冬少雨干燥季节，月降
雨量一般为30~80mm（图5-2）。每年平均
受4~5次台风影响，多集中在7~9月。

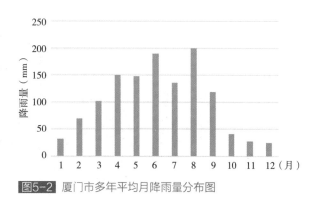

图5-2 厦门市多年平均月降雨量分布图

3．河流特点

厦门市境内河流均属独流入海的山溪性河流，水系分散，源短流急，水量随季节变化大，大
部分径流直接入海。受地形地势、降雨分布不均等影响，厦门市溪流具有降雨不易收集和储存、
溪流雨枯季径流差异大等特点。

5.1.2 水体情况

新阳主排洪渠位于厦门市海沧区中北部，西起新景桥，东至新阳大桥，末端与海域直接相
连，属典型的感潮河段。新阳主排洪渠是厦门市副中心马銮湾新城最为重要的城市内河，是国家
部委挂牌督办的黑臭水体。流域内城中村人口密集，基础设施不完善，欠账较多。河道源短流
急，水量随季节变化大，旱季上游无清水补给，下游是感潮河段，流向往复，污染反复累积，治
理难度较大。

1．流域基本情况

新阳主排洪渠全长约4.3km，宽20~80m，汇水流域面积约33km²。流域地势南高北低，新阳
主排洪渠位于流域最北部，汇集整个流域的降雨径流。流域南部为山体，北部为建成区，开发强
度高。流域内现状建设用地面积18.30km²，规划建设用地面积19.74km²。现状建设用地以工业用
地和城中村为主，其中，工业用地8.70km²，占建设用地的47.5%；城中村2.34km²，占建设用地
的12.8%（图5-3）。城中村人口密度较大，平均约为7.4万人/km²。

2．水系分布

新阳主排洪渠流域范围内主要河流水系自西向东分别为埭头溪、祥露溪、环湾南溪、新阳主
排洪渠、1号排洪渠、3号排洪渠和5号排洪渠（图5-4）。其中，1号排洪渠、3号排洪渠和5号排洪
渠为暗渠。河道下游与海域相连，为感潮河段，每日两次涨退潮。

3．排口分布

流域内共40个排口，其中，分流制雨水口13个，分流制混接排口4个，合流制直排排口5个，
合流制截流溢流排口15个，支流排入口3个（图5-5）。

图5-3 新阳主排洪渠流域范围图

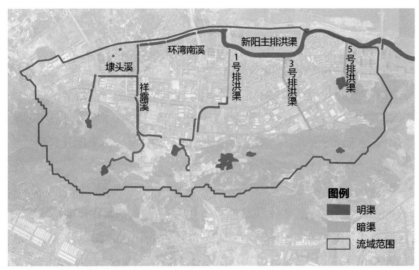

图5-4 新阳主排洪渠流域水系分布图

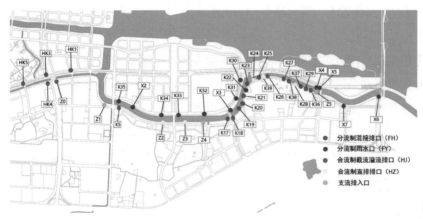

图5-5 流域排口分布图

4. 水质情况

新阳主排洪渠为重度黑臭水体，长期以来，受沿岸生活污水排放、合流制溢流污染、面源污染影响，河道水质呈明显恶化趋势。整治前，河道内水体主要为周边城中村与企业排放的污水，水体黑臭特征明显，渠底淤积严重，水体发黑发臭，生态系统遭到严重破坏，水体自净能力丧失（图5-6）。新阳主排洪渠2015年10月（整治前）水质监测数据见表5-1。

图5-6 治理前新阳主排洪渠严重的污染状况

新阳主排洪渠2015年10月河道水质监测数据   表5-1

监测断面位置	pH	氨氮（mg/L）	总氮（mg/L）	总磷（mg/L）	化学需氧量（mg/L）
起点（新景桥）	7.68	8.63	16.90	0.71	21.44
上游（新垵村新阳学校）	7.64	9.11	11.19	0.86	10.72
中上游（新光路）	5.50	19.02	20.24	1.94	35.63
中游（霞阳村长安汽车店）	7.18	21.40	22.91	1.64	40.82
下游（霞光路）	6.74	16.79	18.63	1.21	39.18
终点（新阳大桥）	7.18	2.99	5.01	0.13	28.87

5.2 存在问题

新阳主排洪渠流域范围内除村庄为合流制外，其他建成区域基本采用雨污分流制。流域内城中村较多，村庄雨污水系统不完善，存在严重的城中村污水直排、合流制污水溢流问题。由于管理体制不健全，分流制雨污水混接问题同样突出，再加上硬化面积较大及城中村生活垃圾随意丢弃引起的面源污染和严重淤积的底泥造成的内源污染，入渠污染负荷远超过河道水环境容量并不断增长。且河道缺乏生态基流，水体自净能力差，导致排洪渠水环境不断恶化。

5.2.1 供需矛盾较突出，处理设施能力不足

流域内污水均通过新阳泵站输送至海沧污水处理厂处理，海沧污水厂及流域内泵站近期规模

均满足要求，但随着大量合流制直排污水和混接排放污水收集至污水系统，污水厂和部分泵站将接近满负荷运行，同时，考虑到远期随着马銮湾新城开发，片区内人口会大幅增加，现状污水处理厂将无法满足远期污水处理要求。

海沧污水厂现状规模为10万m^3/d，黑臭水体整治前，污水厂日均进水量7.05万m^3/d，截污后，新增污水截流量2.6万m^3/d，即截污后，污水厂日均进水量将达到9.65万m^3/d，接近满负荷运行。根据《海沧区污水工程建设规划（2019~2035年）》，随着马銮湾片区的开发建设，2025年，片区内污水产生量约19.4万m^3/d。

5.2.2 村庄管网不健全，大量生活污水直排

流域范围内城中村排水体制基本为合流制，村庄内人口密度较大，管网不完善，造成大量生活污水直排进入河道，是流域内主要污染源（图5-7）。新阳主排洪渠流域内共5个合流制直排口，污水排放量1.45万m^3/d，化学需氧量浓度为251~387mg/L。合流制直排污染主要来源于新垵、霞阳、许厝、惠佐、祥露5个村庄，村庄总人口17万人（图5-8）。

图5-7 村庄污水直排情况

图5-8 新阳主排洪渠流域合流制直排污染分布情况

5.2.3 管网混错接严重，混接污水直排河道

由于管理体制不健全，部分企业用户排污不经报批，随意接驳，特别是将企业内的生活污水

与雨水管网混接在一起，从而出现雨污水混流后进入河道。流域内河道产生的混接污水最终均流向新阳主排洪渠，加大主排洪渠的污染状况（图5-9）。流域内共4个分流制混接排口，污水排放量1.15万m³/d，化学需氧量浓度为184~322mg/L。分流制混接污染主要来源于翁角路以南的工业厂区和翁角路以北、新景路以西的工厂和小区（图5-10）。

图5-9 污水混接入雨水管排放

图5-10 新阳主排洪渠流域内分流制混接污染排放情况

5.2.4 截污管规模不足，溢流污染问题突出

流域内新垵村和霞阳村存在合流制溢流污染，其中，新垵村有3个截流式合流制排口，霞阳村有9个截流式合流制排口。通过模型软件构建新垵村和霞阳村的合流制溢流污染控制模型，采用2000~2010年共11年的实测降雨数据进行模拟分析，发现新垵村溢流频次较高，年均溢流频次高于10%（表5-2），霞阳村整体溢流频次在10%以下。

新垵村各溢流排口现状年均溢流水量及化学需氧量排放量统计表　　　　　　表5-2

编号	总溢流次数（次）	总入河水量（万m³）	总入河化学需氧量（t）	年均溢流次数（次）	年均入河水量（万m³/a）	年均入河化学需氧量（t/a）	溢流频次（%）
CSO1	301	255.5	616.5	27	23.2	56.0	24.4
CSO2	1228	1655.0	3993.2	112	150.5	363.0	100.0

编号	总溢流次数（次）	总入河水量（万m³）	总入河化学需氧量（t）	年均溢流次数（次）	年均入河水量（万m³/a）	年均入河化学需氧量（t/a）	溢流频次（%）
CSO3	51	17.6	42.5	5	1.6	3.9	4.2
合计	1580	1928.1	4652.1	144	175.3	422.9	—

5.2.5 地面硬化程度高，雨天面源污染严重

城中村垃圾堆积、工厂企业硬化比例较大等带来的面源污染，是河道重要的污染来源之一，加剧了河道水质恶化。

流域范围内建设用地以工业用地为主，其次是城中村（图5-11）。工业用地主要分布在翁角路两侧，以一类、二类工业为主，对环境有一定污染，工厂地面硬化率高，径流系数较大，形成径流的时间短，对污染物的冲刷强烈，地表污染物冲刷至雨水管道后，排放至河道，造成水质污染（图5-12）。

流域范围内有9个自然村（图5-13），城中村建筑密度过大，且硬质下垫面占绝大多数，居民产生的生活污水肆意排放到硬化道路上，不能有效收集到污水管道中。另外，大量生活垃圾和民用建筑材料垃圾堆放在城中村建筑周围（图5-14）。降雨时，雨水冲刷地面上的固体废弃物和

图5-11 工业用地分布图

图5-12 流域内工厂下垫面现状图

图5-13 城中村用地分布图

图例
城中村
流域范围

图5-14 村庄下垫面现
状图

生活垃圾产生的径流也是面源污染的一大来源。

经测算,新阳主排洪渠流域面源污染负荷为1459.6t/a(以化学需氧量计)。其中,3号排洪渠、1号排洪渠、环湾南溪、祥露溪和新阳主排洪渠的面源污染问题相对较为突出,这几条河道流域范围内的面源污染总量为1337.93t/a(以化学需氧量计),占新阳主排洪渠流域面源污染总量的91.66%,因此,解决好这部分区域内的面源污染问题是重中之重(表5-3)。

河道面源污染排放量统计表   表5-3

序号	流域名称	面源污染总量(化学需氧量,t/a)
1	埭头溪	85.81
2	祥露溪	203.57
3	环湾南溪	262.26
4	1号排洪渠	322.08
5	3号排洪渠	346.68
6	5号排洪渠	35.86
7	新阳主排洪渠	203.34
合计	—	1459.6

5.2.6 大量污染物沉积，河道底泥发黑发臭

新阳主排洪渠因城中村大量污水直排、生活垃圾肆意堆积等原因，水体中大量污染物沉积于河道底泥中。污染物通过底泥的释放，在物理、化学和生物等一系列作用下，重新释放进入水体，使水质恶化。

新阳主排洪渠全段及环湾南溪下游段底泥淤积严重，淤积长度4.9km，淤泥厚度最高处约2m，平均厚度小于1m（图5-15）。

图5-15 新阳主排洪渠河道底泥淤积

5.2.7 无清洁水源补充，水体自净能力较差

新阳主排洪渠为季节性河道，雨枯季径流差异大，旱季缺乏补水水源，雨季汇集的径流雨水很快排走，不易收集和储存。此外，新阳主排洪渠为感潮河道，渠内水环境复杂，属咸淡水交替水系，不利于渠内生态系统的稳定，给后续的生态治理造成一定的困难（图5-16）。新阳主排洪渠及其上游河道两侧多为水泥、浆砌石等硬质护岸，河道自然本底遭到破坏，生态系统脆弱。

图5-16 新阳主排洪渠现状连通口

综上，新阳主排洪渠流域的主要污染源是合流制直排污染和面源污染，其次是分流制混接，最后是合流制溢流和内源污染。流域内埝头溪、祥露溪、5号排洪渠的主要污染源是面源污染；环湾南溪、1号排洪渠、3号排洪渠的主要污染源是分流制混接；新阳主排洪渠的主要污染源是合流污水直排。

5.3 治理思路

5.3.1 治理目标

1.主要目标

通过系统的水系综合治理工程体系建设，解决水体黑臭等核心问题，实现河畅、水清、路通、景美的内河整治目标，改善水体水质，优化沿岸环境和景观，改善城市开放空间和步行空间体系，优化城市生态廊道，强化山水城市的水系格局，促进社会、经济和生态效益的协调发展。

新阳主排洪渠流域治理的主要目标是，2017年12月31日前，消除新阳主排洪渠流域内全部黑臭水体，具体水质指标要求见表5-4。

新阳主排洪渠流域治理目标表　　　　　　　　　　　　　　　　表5-4

时间	水质指标
2017年12月31日前	消除流域内全部黑臭水体（河面无漂浮垃圾，透明度>25cm，溶解氧>2mg/L，氧化还原电位>50mV，氨氮<8mg/L）

2.分项指标

为科学、合理、有效地治理新阳主排洪渠流域污染问题，根据新阳主排洪渠及其支流污染主要成因，将主要目标分解为四项指标，即：（1）旱天污水全部截流；（2）合流制溢流次数控制在10%以内；（3）面源污染削减45%以上；（4）清水绿岸、鱼翔浅底比例达到60%以上。

5.3.2 技术路线

新阳主排洪渠流域黑臭水体治理遵循系统化思维，从减少入河污染和提升自净能力两方面着手。首先，抓住主要矛盾，以建设污水全收集、全截流、全处理为核心，构建污水提质增效系统，保证旱天污水不入河，构建溢流污染控制体系，保证雨天污水少溢流；同时，重构水生态系统，增设生态雨水台地，提升河道自净能力，打造河道滨水景观环境。构建污水提质增效、控源截污、内源治理、生态修复、活水提质等工程体系，结合水质模型，评估方案的合理性和科学性，反复调整优化，保障水体水质稳定提升。

治理过程立足于"长制久清"，充分调动各部门及社会各界力量参与治河、爱河、护河。搭建市区联动的组织架构，严格落实河长制、考核问责机制、排水许可、排污许可及部门联合执法机制等，提供制度保障；强化排水设施维护管养，优化河道日常管养模式，提供运维保障；构建厂-网-河全流程监测系统和排水设施智慧调度系统，提供科学化、智慧化管理保障。

主要技术路线可以概括为以下几个方面（图5-17）：（1）完善污水设施布局，确保污水有效处理；（2）污水系统提质增效，提升污水处理效能；（3）问题排口精准截污，全面控制点源污染；

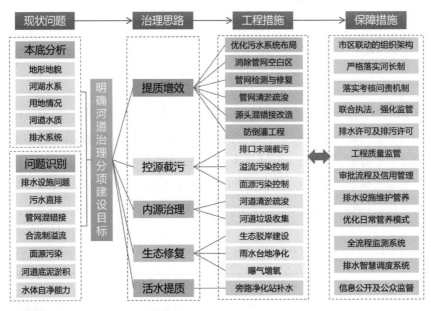

图5-17 新阳主排洪渠治理技术路线图

（4）推进海绵城市建设，有效削减面源污染；（5）淤积河道清淤疏浚，完善垃圾收运体系；（6）推进河道生态修复，提升沿岸景观效果；（7）增加优质水源补给，提高河道自净能力；（8）完善长效管理机制，实现河道"长制久清"。

5.4 工程措施

新阳主排洪渠位于工业企业和城中村密集的老城区，受固有基础设施和用地条件限制，其水环境治理不能"就水论水"，而应立足流域，从源头着手，理顺排水体系，完善管网系统，实现污水系统提质增效，从源头减少污染负荷入河量。在此基础上，按照控源截污–内源治理–生态修复–活水提质的总体技术路线，遵循灰色基础设施与绿色基础设施相结合的原则，构建系统的新阳主排洪渠治理工程体系，多种措施协同推进，实现新阳主排洪渠水环境治理目标。

新阳主排洪渠流域内除城中村为合流制外，其他建成区域均为分流制。合流制区域主要采取排口末端截污、合流制溢流污染控制等措施解决污水直排及溢流问题，分流制区域主要采取雨污混错接改造、面源污染控制等措施解决点源和面源污染问题。

5.4.1 提升污水处理能力

考虑到马銮湾新城开发建设及新阳主排洪渠治理工程截流的污水量，现状污水处理厂规模将无法满足远期污水处理要求，因此，需对污水设施规模进行调整。在流域内新建1座再生水厂（马銮湾再生水厂），一期规模5万m³/d，二期规模13.7万m³/d，用于收集海沧北片区的生活污水，尾水经净化后排入河道补水。同时，对现状海沧污水处理厂进行扩建，新增处理规模10万 m^3/d。对流域内3座泵站进行扩建，改造后，新增污水处理规模10.8万 m^3/d，其中，新阳泵站新增规模4.3万 m^3/d；夏新泵站新增规模2万 m^3/d；新美泵站新增规模4.5万 m^3/d（表5-5）。

污水厂扩建及马銮湾再生水厂一期建设完成后，污水处理能力提升15万 t/d；新阳、夏新、新美泵站扩建完成后，污水收集能力提升10.8万 t/d，能满足2025年前片区开发建设要求。

污水设施规模调整统计表　　　　　　　　　　　　　　表5-5

污水设施	现状规模（万t/d）	规划规模（万t/d）	新增处理规模（万t/d）
海沧污水处理厂	10	20	10
马銮湾再生水厂	—	5（一期），13.7（二期）	5（一期），13.7（二期）
新阳泵站	4.3	8.6	4.3
夏新泵站	1	3	2
新美泵站	1.5	6	4.5

5.4.2 污水处理提质增效

以新阳主排洪渠流域为治理对象，在流域内开展管网检测与修复、管网清淤疏浚、防倒灌整治等工作，提升污水处理系统效能。

1．管网检测与修复

采用CCTV、QV等视频检测手段，对流域范围内70多公里管网、4000多个检查井进行精细化、全覆盖摸排。主要检查管道构造的完好程度及管道内部状况，查明排水管道内部的结构性缺陷（如管道破裂、塌陷、变形、错位或脱节等）和功能性缺陷（如淤积、结垢、异物、垃圾、树根等）（图5-18、图5-19）。根据管网检测结果，对存在缺陷的管网进行修复，共修复8km管道

图5-18 管道破裂

图5-19 管道异物穿入

图5-20 管网检测与修复

（图5-20）。主要管网修复工艺有：不锈钢双胀环修复工艺、局部现场固化工艺、现场固化内衬修复工艺（CIPP）、土体注浆辅助修复工艺等。

2．管网清淤疏浚

新阳主排洪渠流域范围内部分暗涵和村庄污水管线因缺乏常态化管养，管道淤堵严重，输送能力大打折扣，急需对管网进行清淤疏浚。通过开展管网摸排检查，制定疏浚方案，采取吸泥、高压清洗、人工清淤、清运等措施对管道内部彻底清理。共对新阳北路暗涵、新景路暗涵及6个村庄污水管线进行清淤，总长31.1km（图5-21）。

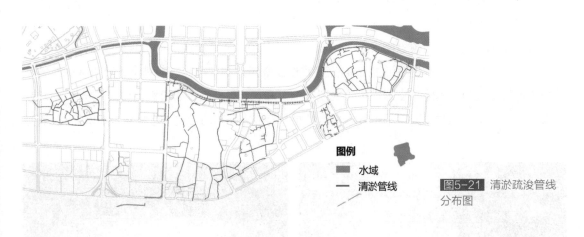

图例

■ 水域

— 清淤管线

图5-21 清淤疏浚管线分布图

3．防倒灌工程

新阳主排洪渠为感潮河段，每天两次涨退潮，涨潮时水位上升，部分合流制排口的标高低于涨潮水位，需设置防倒灌设施，防止海水倒灌入污水管道。经统计，共4个排口需设置防倒灌装置，这些排口位于新阳主排洪渠霞阳村段。溢流口的防倒灌装置有多种，如下开式堰门、液动旋转堰门、活动闸门和电动闸门等。综合考虑现场条件、费用、用途等，选择防倒灌玻璃钢拍门进行安装。

5.4.3 管网系统建设工程

1. 空白区管网完善工程

流域内部分片区污水无出路，直排河道，为完善该片区污水系统，减少污水直排进入自然水体，同时提高污水收集率与处理率，在片区内新建1座污水泵站（马銮泵站），并铺设进、出水管道。泵站主要服务于海沧区新阳西片区、东孚片区、一农片区等。项目建成后，可进一步提高片区环境质量。

马銮泵站位于海沧区东孚东二路与灌新路交叉口西南地块，一期规模5.61万t/d，二期规模10万t/d。进水重力管道沿东孚东二路北侧铺设至东孚南路，管径1400mm，管道长度约1.4km；出水压力管紧邻排洪渠，横穿新景路，沿新阳北路、新光路敷设，最后接入新阳泵站，出水管管径1000mm，管道长度约3.4km（图5-22）。

图5-22 马銮污水泵站及进出水管线区位图

2. 雨污混错接改造工程

新阳主排洪渠流域存在不同程度的雨污混接问题，污水混入雨水管道后排入水体，造成水体污染；雨水混入污水管道，影响污水设施正常运行。因此，雨污混接调查是消除雨污混接的前提，故对流域内雨污水管线进行普查，对雨污水管网错接、污水管网破损造成的污染问题进行逐一排查，改造雨污水管线混接点，实现雨污彻底分流。

对新阳主排洪渠周边所有雨水井进行排查，发现64个雨水井晴天有明显出水（出水量不大）现象，来水涉及新阳工业区51家工业企业。对上述51家工业企业厂区内外的雨水、污水管网进行全面检查，发现其中44家企业存在雨污混接的问题，其中，厂区内生活污水混接的企业有38家，厂区外管网错接的企业有3家，在建施工工地废水流入雨水管的企业有3家。上述44家企业均为生活污水混流进入雨水管网，未发现生产污水排入雨水管网的情况。此项工作解决了4个分流制混接排口污水直排问题，收集污水1.15万m³/d。

对于分流制雨污混接，主要由环保部门牵头督促流域内相关工业企业进行整改，改造雨污水管线混接点，实现雨污彻底分流。

3. 管网补短板工程

开展新阳主排洪渠沿线污水截流工程及上游排口截污工程，共改造问题排口16个，截流污水量约1.45万t/d（表5-6）。新阳主排洪渠流域截污系统涉及霞阳、许厝、新垵、祥露4个村庄，由于河道周边均有市政污水管网，各排口主要采取就近截污的方式进行分散式截污，就近截入市政污水管线。采用精准截污的方式，仅截流污水，通过新建截污管补充管网短板，完善流域排水系统，消除污水直排口。

新阳主排洪渠流域排口截污方案 表5-6

村庄	排口编号	改造方案
霞阳村	K21、K23、K25、K26、K28、K36、K38	新增截污井及DN300截污管，将污水截入霞光北路DN800截污干管
	K24、K39	将错接的污水管改接至霞光北路截污干管
	K27、K29、K37	截污井清淤，加高截留堰
许厝村	K17、K18	新增截流井及DN300截污管，将污水截入霞阳南路DN500污水主干管
新垵村	Z3	新建1座沉砂坑、1座截流坑及DN500截污管，将污水截入DN500新阳北路污水干管
祥露村	Z0	新增1座截流井及DN400截污管，将污水截入马銮泵站

5.4.4 溢流污染控制工程

新阳主排洪渠主要溢流点为霞阳村和新垵村，其中，霞阳村合流制排口12个，新垵村合流制排口3个。经模型模拟，霞阳村进行截污改造后，年溢流频次可控制在10%以内，满足溢流污染控制要求；新垵村截污改造后，年溢流频次为56%，不满足要求。因此，霞阳村不需要增加其他工程，新垵村需增加末端调蓄设施，对溢流污染排放进行控制。

经分析，若要满足溢流频次控制要求，需新增调蓄容积14000m³。在新垵村北侧修建1号调蓄池，有效容积为6000m³；东侧修建2号调蓄池，有效容积为8000m³（图5-23）。经模型模拟，调蓄池建成后，新垵村合流制排口的年溢流频次小于10%，化学需氧量年均排放量为75.56t/a，满足要求。

5.4.5 面源污染控制工程

新阳主排洪渠流域海绵城市项目均位于马銮湾海绵城市建设试点区内，共布置源头海绵化改造项目105个，其中，建筑小区7个，公建9个，工业企业47个，道路37个，公园绿地4个，PPP项目1个（图5-24、图5-25）。模型模拟分析结果显示，源头改造项目完成后，可达到源头面源污染（以固体悬浮物计）削减率45%的目标要求。考虑到末端雨水台地、一体化净化设备的净化能力，整体面源削减率可达50%。

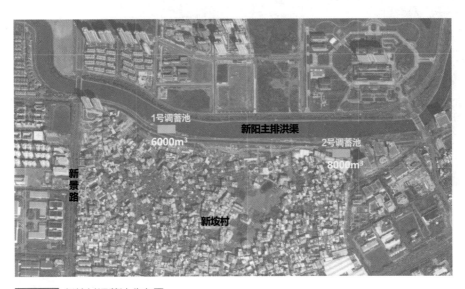

图5-23 新坡村调蓄池分布图

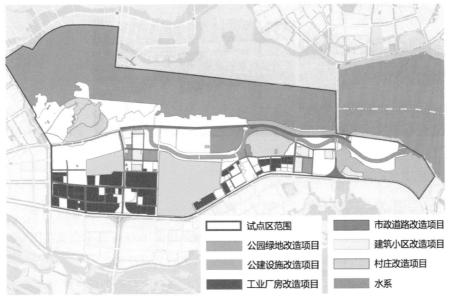

图5-24 源头海绵项目分布图

图5-25 海绵城市项目
实景照片

5.4.6 河道清淤疏浚工程

根据新阳主排洪渠污染底泥采样分析结果，对新阳主排洪渠环湾南溪口至翁厝涵洞入海口段全长4.9km河道进行清淤，清淤深度0.68~1.55m，清淤总量25.9万m³，采用绞吸船、水上挖掘机、水力冲挖等方式清淤，清出的淤泥用于马銮湾4号、5号生态岛吹填（图5-26）。

图5-26 新阳排洪渠清淤

5.4.7 河道生态修复及补水工程

结合末端面源污染控制及河道生态补水需求，在新坡村6000m³调蓄池西侧建设规模为10000m³/d的一体化旁路净化设备（图5-27），沿河道两岸建设16000m²雨水台地（图5-28），通过一体化设备和雨水台地的共同作用，削减面源污染，并进行河道补水。

雨天，将新坡村6000m³调蓄池的调蓄水量送至一体化设备进行处理后，排至雨水台地进一步净化，经雨水台地净化处理后，就近排入主排洪渠，既削减了入河污染负荷，又实现了河道补水（图5-29）。新阳主排洪渠远期则以马銮湾再生水厂的尾水作为生态补水水源。

图5-27 一体化设备生态补水

图5-28 雨水台地实景图

图5-29 新阳主排洪渠雨天补水示意图

　　为确保水质净化效果，在新阳主排洪渠上游新建15处生态绿岛，强化河道自净机能，提升水环境容量（图5-30）。同时，结合新阳主排洪渠沿线场地条件，在河道右岸新景路、霞飞路附近河段与河道左岸乐活岛下游河段进行生态驳岸建设，共新建生态驳岸0.7km（图5-31）。同时，将水环境治理与河岸景观提升相结合，治水的同时新建沿河步道4.17km，新增公园广场2处，总面积26.84ha，构建良好的滨水空间。

　　为保持水体流动性、增加溶解氧含量，对河道进行曝气增氧。综合考虑有机物耗氧、硝化耗氧、底泥耗氧和大气复氧等因素，按照组合推流反应器模型计算需氧量，选择推流曝气机156台进行河道曝气。同时考虑景观效果，选择浮水喷泉式曝气机7台，沿现状桥两侧布设。

图5-30 生态绿岛实景图

图5-31 生态驳岸实景图

5.5 非工程措施

5.5.1 市区联动，搭建有力组织架构

新阳主排洪渠治理工作涉及市级主管部门、区级主管部门、马銮湾建设指挥部等多层级职能部门，为保证黑臭水体治理工作顺利推进，必须建立一条高效的市区联动协调机制，明确不同职能部门的责任分工及协作模式。

厦门市采用"市指导、区实施"的黑臭水体治理模式，市政园林局负责宏观层面的指导和协调，各区政府负责具体实施。市区两级协调联动，上下齐心，形成合力，共同推进全市黑臭水体整治工作，避免互相推诿扯皮，提高了整体效率。

厦门市成立了以分管副市长任组长的黑臭水体整治专项工作领导小组，统筹全市整体工作，省委常委、市委书记和市长亲自研究部署、亲临整治工作一线检查指导和工作调度。海沧区成立了流域综合治理和海绵城市建设工作领导小组，区委、区政府主要领导担任组长亲自抓，每半月召开一次黑臭水体整治工作现场调度会，协调推进新阳主排洪渠治理工作；分管区领导担任副组长一线盯，每周召开一次专题协调会，解决河道治理过程中存在的各项问题，累计召开110次专题协调会；区级、街道相关成员每月定期巡河，2020年，海沧区区级河长巡河36人次，街道河长巡河533人次，河道专管员巡河2936人次，发现和解决涉水问题312项。

5.5.2 明确责任，落实考核问责机制

一是建立河长制工作考评制度，制定年度考核考评细则和奖惩办法，市、区、街道、社区逐级开展年度考核，考核结果与生态补偿、以奖代补等挂钩，并纳入政府绩效考评和领导干部自然资源资产离任审计。对于不履行或不正确履行职责造成环境污染和生态环境破坏，以及无故未能完成年度工作任务的，依据有关规定进行问责。

二是将黑臭水体治理工作纳入各区、各市直部门年度党政领导生态文明建设和环境保护目标责任制评价考核指标体系，考核结果将运用于各单位党政领导班子和领导干部的绩效考核，作为

各单位党政领导班子综合考评、干部奖惩任免的重要依据。自2016年起至2020年，已开展5次年度绩效考核工作。

5.5.3 联合执法，强化监督管理力度

一是日常巡河督办机制。按照领导挂帅、分级管理、属地负责的原则，压实区-街道-社区三级责任，街道、村居落实河长巡河制度，每月定期巡河，河道专管员每天按要求全面巡河，通过巡查和检查发现各类问题，建立巡查台账和问题整改台账，落实整改责任，限定整改期限，对逾期未能达标的进行严肃执法和制止。按照表格化、项目化、数字化、责任化的工作要求，梳理黑臭水体治理过程中各个环节，明确任务、分工、问题、责任，采用工作会议、信息报送、工作督办制度，确保新阳主排洪渠黑臭水体整治成果长久有效。

二是部门联合强化监管。从排口日常监管、水质定期检查、河道执法巡查以及黑臭水体投诉核实等各个方面对区内水体进行强化监督管理。严格执行"街道巡河发现问题-市政中心排查源头-城管或环保部门取证调查制止-严肃执法查处"的非法排污处置工作流程，实现城管、环保、建设、水利、水质检测联动执法。以问题为导向，突出重点，从源头打击排污问题，针对性地提出整改措施。2020年，各部门联合开展"百里扫河"专项行动，排查河湖"四乱"问题62处，并形成清单下发各区；采取明察暗访、突击检查、联合督查等方式，常态化监督检查河湖"四乱"整治、安全生态水系建设、河道保洁管养及河长、河道专管员履职等，共暗访检查了75人次，下发督办单3份。

5.5.4 技术创新，提高管理技术水平

构建海沧区新阳片区排水设施智慧调度系统，集成现有88个排口、内涝点、河道水位、水质监测点，22个检查井，6个截流井，2个调蓄池，9个泵站等各类排水设施的实时监测数据，由水务部门统一对污水处理厂、泵站、调蓄池、管网以及排口进行调度与管理。在平台中融合模型模拟结果，综合区域内各种水情信息、水质信息、调度目标和调度原则，通过先进的控制方法和决策支持系统，实现科学、智能的排水调度和业务协同，按照预设模型，水务、市政、环保等10多家单位无缝协同管理。同时，通过自动化控制系统，实现对水闸、泵站以及调蓄池的远程集中监控和联合调度，达到区域内防洪排涝、水环境调度、水量分配等水资源统一管理目标（图5-32）。

智慧调度系统运行后，建立了近50种调度模型，执行了数百次智能调度，精确预警30余次，避免溢流事故10余次；实现了片区管网晴天和小雨不溢流，大雨时溢流量减少90%，降雨后排水系统高水位运行时间从72h降至6h以内。

5.5.5 统一运维，优化日常管养模式

海沧区推行"一把扫帚扫到底"的城乡环卫一体化、岸上岸下一体化的管理新模式，实行岸

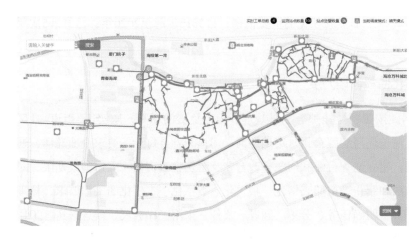

图5-32 海沧区新阳片区排水设施智慧调度系统

上保洁和河道保洁一体化统筹运作。从村庄、河岸、水面等多方面进行全面养护，包括沿河居民垃圾清运处置、河岸绿化管养以及河面漂浮物清理与处置，起到提升河道环境、改善两岸住条件与提高河道蓄水、行洪能力的良好成效。

海沧区实行政府购买服务、国有企业一体化承揽，将环境卫生、园林绿化和市政设施等市政公用设施维护管理合并打包，委托区属国有企业海沧城建集团进行标准化、专业化统一管理。目前，海沧区有1900多位环卫工人，城区部分实行两清扫、两保洁、16h或20h保洁；农村部分实行两清扫和12h保洁。按照市场化运作模式统一作业，避免多支保洁队伍工作上的相互推诿，免去了以前路面垃圾扔河里、河面垃圾甩岸上的尴尬，实现河道清扫、保洁、管理的无缝衔接（图5-33）。

图5-33 岸上保洁和河道保洁一体化统筹运作

5.5.6 发动群众，参与共谋共建共享

一是确保群众共知。通过主流媒体宣传、公开讲座、微信推送、张贴发放宣传单等多种渠道传播区委、区政府治水理念、决心、举措和成效，争取百姓的理解、支持；区分管领导亲自向主排洪渠沿线村民授课宣贯海绵城市建设、黑臭水体整治工作理念及意义，并多次组织企业和村民现场参观海绵城市建设；编制国内第一本海绵城市校本教材，引导孩子们从小系统了解海绵城市建设、新阳主排洪渠黑臭水体整治情况，培养生态环保意识。

二是强化群众共谋。建设方案征求群众意见，优先解决群众民生问题，鼓励群众共同为黑臭水体治理出谋划策，加深群众对黑臭水体治理的认识和理解，激发群众参与黑臭水体治理的热情；积极与NGO联合，通过社会各界力量监督整治工作，引导群众共同参与生态环境保护。

三是鼓励群众共建。充分发动周边群众从源头减排、垃圾分类等方面共同参与，通过"以奖代补"形式鼓励城中村居民建设化粪池，减轻主排洪渠污染。鼓励"社会监督员""河道志愿者""巾帼护水岗"等，支持市民对河道管理效果进行监督和评价，目前，已有市民自发组建环保志愿者参与护河。

四是保证群众共享。组织"生态环保健步行·青山绿水家园情"千人健步行活动、儿童绘画写生活动以及青年志愿者素质拓展活动，使大家亲身感受新阳主排洪渠治理成效，近距离体验水清、岸绿、鱼游的美景，切实提升群众满意度及获得感（图5-34）。

图5-34 群众在新阳主排洪渠沿线休闲游憩

5.6 治理成效

经过系统治理，新阳主排洪渠治理成效明显，已顺利消除黑臭，基本实现"清水绿岸、鱼翔浅底"，治理成果受到各级领导及群众的高度认可。

5.6.1 消除黑臭，河道水质有效改善

新阳主排洪渠按系统化方案实施完相关工程后，于2017年12月顺利完成国家、省、市消除黑臭水体的目标任务，且至2020年12月各项监测指标均合格，污染物浓度逐渐下降，水质明显改善并保持稳定，部分断面已达到地表水Ⅳ类水质标准，水体生态系统建立并逐渐成熟，生物多样性增强，有鱼、虾、蛇、乌龟、白鹭等动物栖息，水生态、水景观得到有效提升（图5-35、图5-36）。

2017年4月~2018年12月，新阳主排洪渠氧化还原电位、氨氮两项水质指标变化情况见图5-37、图5-38，从图中可以看出，自2017年12月起，各项指标均达到消除黑臭的标准，河道水质持续改善。同时，黑臭水体整治后，污水厂进水量增加2.6万t/d，污水处理效能有效提升。

图5-35 河道整治前

图5-36 河道整治后

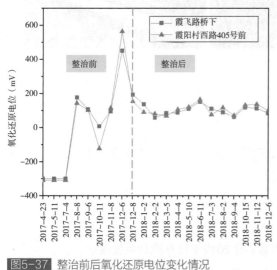

图5-37 整治前后氧化还原电位变化情况

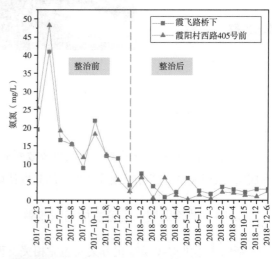

图5-38 整治前后氨氮浓度变化情况

5.6.2 生态宜居，城市品质显著提升

新阳主排洪渠的黑臭水体治理过程中，不是一味强调灰色基础设施，而是同步实施生态系统建设。针对0.7km河段进行生态驳岸改造，沿岸新建雨水台地16000m²，新增生态绿岛15处，增加生态产品供给。随着水质不断稳定提升，河道内生态系统逐渐恢复，水生植物、水生动物、鸟类品种越来越丰富，生态多样性增强，逐渐形成完整的生态链。同时，将水环境治理与河岸景观提

升相结合，治水的同时，新建沿河步道4.17km，新增公园广场2处，总面积26.84ha，构建良好的滨水空间，给老百姓提供水清、岸美的感官体验，还岸于民，还水于民，不断满足人民群众日益增长的优美生态环境需要（图5-39）。

图5-39 新阳主排洪渠整治后生态效益明显

5.6.3 共建共享，居民获得感大幅增强

新阳主排洪渠在开展黑臭水体治理过程中，始终坚持让群众真满意，注重顺民意、得民心，做好人民群众的共谋、共建、共评、共管、共享，使得老百姓充分参与到黑臭水体治理工作中。充分发挥周边社区、村庄居民的积极性，使治理工作得到老百姓的支持和认可。从供给侧改革角度出发，积极探索在黑臭水体治理中如何为老百姓提供更好的生态服务产品。新阳主排洪渠历次公众调查的群众满意度均高于90%，2020年12月的调查结果显示，公众满意度高达98.2%。周边群众对治理效果十分满意，幸福感大幅提升，马銮湾带状公园、海丝广场已成为群众广场舞、健步走的活动中心（图5-40）。

图5-40 周边群众到新阳主排洪渠沿岸休闲游憩

5.7 经验总结

经过系统治理，新阳主排洪渠顺利消除黑臭，水生态、水景观得到有效提升，实现完美蜕变，探索出一条以海绵理念治理黑臭河道的可持续发展之路。治理过程中积累了以下几点经验：

5.7.1 厘清思路、科学谋划，全盘系统考虑

海沧区充分运用系统化思维，以水环境改善、水生态修复、水安全提升三大目标为抓手，坚持陆海统筹、河海共治，按照根源在岸上、核心在管网、关键在排口的整治原则，经过多次讨论、反复研究，制定《海沧区新阳主排洪渠黑臭水体整治工作实施方案》，明确整治计划及目标，利用海绵城市建设的理念，统筹好源头减排、过程控制和末端整治等系统之间的关系。在治理过程中，按照底数清晰、系统谋划、定量决策的工作思路，首先委托专业机构开展新阳主排洪渠水系水质检测，共收集6万多条数据，夯实基础、明确问题，为新阳排洪渠的水环境综合整治提供决策参考；其次邀请多位专家、学者多次探讨新阳主排洪渠治理思路，并在此基础上系统谋划，从流域体系着手，编制《马銮湾新阳主排洪渠水环境系统化治理方案》，形成截污工程、清淤工程、生态修复工程及一体化生态补水工程等"3+1"系统化治理技术路线，并在过程中系统分析入河污染量和环境容量，利用模型等工具辅助分析工程措施的效果，确保最终效果的达成；后续采取问卷调查、定期水质检测、水生生物多样性调查"三位一体"的考核方式，对黑臭水体治理效果进行全方位评估。

5.7.2 溯源排查、找准症结，不遗余力截污

控源截污是黑臭水体整治的基本前提。新阳主排洪渠流域内共179家企业、3个城中村、20万人口、40个排口，在2015年底完成10万头生猪养殖清退、2016年完成1.3万亩海域养殖清退的基础上，通过村庄污水治理、新坡村调蓄池建设、沿线问题排口截污改造等工程，有效截留村庄合流制污水、初期雨水，避免直排污水污染主排洪渠水体；针对沿线排口跑冒滴漏问题，采取人工排查与工业机器人溯源相结合的方式，对新阳主排洪渠流域范围内70多公里管网、4000多个检查井进行了精细化、全覆盖的摸排，共完成44家企业生活污水混接整改、16个问题排口改造，流域新增截流污水量约2.6万t/d，全面实现排口"晴天不排水、雨天少溢流"的目标。

5.7.3 源头减排、控制面源，推动海绵建设

源头减排是黑臭水体整治的有效措施。新阳主排洪渠作为马銮湾海绵试点南片流域的末端水系，上游的城市面源污染是其主要污染源之一，自20世纪90年代起，随着新阳工业区的开发，区域快速发展，工业用地面积增长较快，同时配套产业不断发展，新坡、霞阳等城中村因外来人口增加，建筑密度越来越大，流域内硬化面积逐年增加，面源污染问题越来越突出。海沧区以大海绵体系建设为着眼点，对源头地块进行海绵化改造建设，降低单位建设用地的污染负荷，在新阳主排洪渠流域共实施源头海绵改造项目105个，其中，建筑小区7个，公建9个，工业企业47个，道路37个，公园绿地4个，PPP项目1个。通过实施透水铺装、雨水花园、屋顶绿化、人工湿地等内容，有效削减新阳主排洪渠流域35%~45%的径流污染。

5.7.4 内源清理、管道疏浚，有效减少淤积

底泥清理是黑臭水体整治的关键之举。新阳主排洪渠自20世纪90年代建成以来，主要作为区域内泄洪通道，从未进行系统清淤，部分断面淤泥厚度达2m，水位持续走低，水体常年发臭。海沧区全面摸排新阳主排洪渠以及流域范围内管网系统淤积情况，以主排洪渠为主，并同步对3个城中村地下管网和主排洪渠周边管网、上游支流进行清淤，彻底实施"大扫除"。结合马銮湾内湾生态岛建设，将经检测合格的淤泥运至生态岛用于回填造地，并覆土进行绿化种植，为周边居民营造生态和谐的宜居环境。2017年6月，完成流域片区内31km管网疏浚，完成新阳主排洪渠25.9万m^3底泥清淤，为生态环境恢复创造初步条件。

5.7.5 生态修复、景观提升，恢复自净能力

生态修复是黑臭水体整治的持续之路。为进一步巩固和提升新阳主排洪渠治理效果，确保整治成果长久有效，在消除黑臭的基础上，结合海绵城市试点建设，一方面，加强流域内源头低影响开发建设，减少入河面源污染；另一方面，启动新阳主排洪渠生态修复工程，通过增氧曝气、人工水草等技术措施，促进水体生态系统建立，进一步提升水质，逐渐恢复主排洪渠水体自净能力；同时，实施硬质驳岸生态改造、景观美化、步道建设、公园广场等工程，提升沿线景观水平。新阳主排洪渠滨水带状公园已显成效，人气不断提升。

5.7.6 引水入河、净化处理，实现生态补水

生态补水是黑臭水体整治的增效手段。在片区规划建设的马銮湾污水再生处理厂建成前，为解决新阳主排洪渠上游水动力较差且无外来水源补水问题，因地制宜、科学开辟补水水源，在新阳主排洪渠上游（新景桥处）新建一套处理规模为1万t/d的一体化异位处理设备，对6000t调蓄池内贮存的雨水进行处理，经设备处理后，再排至雨水台地利用植被进一步净化提升，最终用于渠内补水，改善水动力条件，实现水体的净化和充分利用。

5.7.7 完善机制、联合执法，实现长效管理

按照《厦门市全面推行河长制实施方案》，严格落实河长制工作要求，依照市委、市政府要求实行双总河长，并设置河道专管员，对河道进行日常巡查；建立联合调度工作机制，联合建设、环保、水利、街道及城建集团、水务集团等多个部门推动建设，解决"九龙治水水不治"的历史难题；出台《厦门市海沧区城市建成区黑臭水体整治工作"长制久清"管理办法》，从排口日常监管、水质定期检查、河道执法巡查以及黑臭水体投诉核实等各个方面对区内建成区河道进行强化监督管理；严格执行"街道巡河发现问题-市政中心排查源头-城管或环保部门取证调查制止-严肃执法查处"的非法排污处置工作流程，从源头打击排污问题；由环卫部门、养护单位

协同负责主排洪渠及沿线日常管理，实现岸边无垃圾、水面无漂浮物、环境美观整洁的目标，确保新阳主排洪渠黑臭水体整治成果长久有效。

5.7.8 科技助力、智能监管，提升管理效能

为了做到"三分建设、七分管理、建管并重"，提高政府效率和决策的科学性，海沧区引进多支专业技术支撑团队，探索利用各种科技手段，多措并举，多管齐下，提供全方位的技术保障，不断提高管理技术水平。

一是建立"厂–网–河"全流程监测系统，通过设备在线监测与人工定期采样监测相结合的方式，全方位掌握排水系统情况。在新阳主排洪渠片区共布置了127个流量、液位、水质监测点，包括：88个排口、内涝点、河道水位、水质监测点，22个管网液位监测点，6个截流井水位、流量监测点，2个调蓄池监测点，6个污水泵站运行工况监测点，3个截流泵站运行工况监测点。每月对新阳主排洪渠上、中、下游各段水体进行一次人工采样水质检测。

二是创建水质在线监测示范点，通过科技手段密切掌握水质实时变化情况。河道水质在线监测系统相当于在各级督导员的基础上又增加了一个24h站岗的"智慧督导员"，能够以准确的数据来实时监测水质好坏，第一时间捕捉到环境污染事件，对水质变化做出系统评价，实现人工治水和科技治水相互融合。

三是构建海沧区新阳片区排水设施智慧调度系统，实现管理协同化、决策科学化、调度智能化、服务主动化、处理高效化。智慧调度系统集成现有各类排水设施的实时监测数据，由水务部门统一对污水处理厂、泵站、调蓄池、管网以及排口进行调度与管理。实现"气象–厂–站–网–河–闸"联合调度"一张图"，及时监测各排水设施的运行状况，预判风险及问题，提前预警预报；汇集海量数据，动态分析污染源、溢流、风险等信息，实现泵站在不同情景下的远程调度控制。水务、市政、环保等多部门同平台同系统，统一协调，无缝执行，实现闭合运营管理。市民通过关注微信公众号监督反馈问题，了解河道情况，增强与管理部门互动。

中国市政工程华北设计研究总院水务规划咨询研究院：肖朝红　桑非凡　周丹　揭小锋　杨硕　常胜昆　聂超　郝婧

厦门市海沧区委常委、统战部部长：廖凡

厦门市海沧区人民政府副区长：黄书枚

厦门市海沧区海绵办、厦门市城建生态环境有限公司：李慧

厦门市海沧区海绵办、厦门市海沧城建园林景观工程有限公司：陈泽平

Ⅲ 季节性河流

6 辽源仙人河

6.1 水体概况

6.1.1 城市基本情况

1．城市区位

辽源市位于吉林省中南部，地处东辽河、伊通河、辉发河上游。地理坐标为东经124°50′~125°50′，北纬42°17′~43°14′。东西分别与通化市和四平市相连，南北分别与铁岭市、吉林市接壤。城区北距省会长春市100km，长营–伊辽高速公路连接两个城市，303国道和四梅铁路东西向、209省道南北向从市区穿过。

2．降雨特征

辽源地区水资源主要来自大气自然降水，近30年年均降水量约626.3mm，受季风影响，年变化率较大，时空分布不均匀，6~9月汛期降水可占全年降水总量的72.3%，空间分布总趋势是由南向北递减。根据辽源气象站记载的1981~2016年逐日降水量数据，降雨量最枯年为2001年，年降雨量为422.3mm；降雨量最丰年为2010年，年降水量为1003.7mm，是2001年的2.38倍，年降水量最大、最小值相差581.4mm。

6.1.2 水体情况

辽源市跨松花江、辽河两个流域。河流特点是坡降陡，河床浅，多弯曲，地表径流快，汇流时间短，河道多沙滩，河床不固定。其中，属东辽河水系的拉津、灯杆、渭津、梨树、三道、二道、头道、孤山、小孤山、杨树河等支流，由东向西穿过东辽县全境，流域面积2610.4km²。

仙人河位于辽河流域东辽河源头区，流经西安区和龙山区，属于东辽河的一级支流（图6–1）。2016年，经专业部门检测，被认定为黑臭水体，并被列入国家黑臭水体名单。河道总长度19.3km，其中，主河道全长13.3km，支流6km。流域面积35.5km²，多年平均径流量497万m³。上游13.5km为轻度黑臭水体，下游5.8km为重度黑臭水体。根据监测数据，开展黑臭水体治理前，仙人河化学需氧

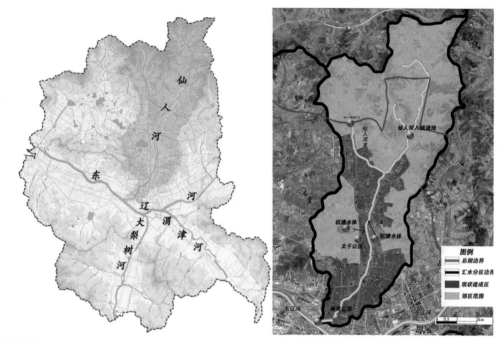

图6-1 辽源市水系流域分布图及仙人河水系分布图

量范围为17~200mg/L，平均含量为113mg/L；表层水氨氮范围为3~39mg/L，平均含量为13mg/L。

2016年，辽源市启动黑臭水体整治工作，市委、市政府高度重视，多次召开专题会议进行研究、推进。为消除仙人河黑臭水体，辽源市实施了城区段污水管网截流改造、污水厂改扩建、河道清淤、生态修复等工程，总投资5.27亿元。目前，已基本实现河道不黑不臭，透明度显著改善。

6.2 存在问题

6.2.1 成因概述

由于受早期建设技术水平和经济条件的制约，辽源市区污水收集设施沉降淤积破损较多，尤其截污干管布设于河道内，存在较为严重的外水入渗情况，管网长期高水位满负荷运行，收集水量远超污水厂设计规模，大量未经处理的污水在污水处理厂前的市政管网溢流口溢流，加之存在一定的混错接与直排现象，严重污染了河道水质。老城区多为合流制系统，在现有管网旱天已满负荷运行的情况下，使得一降雨即发生溢流，而且由于降雨径流缺乏有效控制，冲刷形成的面源污染量较高，进一步加重了河道的污染情况。

以上各途径形成的污染物在河道内持续沉积，形成严重的底泥污染，加之城市河岸硬化，水体生态系统退化，河流生态空间不足，自然径流匮乏，自净能力严重不足，无法有效应对入河污染物总量，使得水体水质持续恶化，黑臭严重。

6.2.2 外来水入渗严重，旱季溢流量大

辽源市污水处理厂污水处理能力为10万t/d，出水标准满足一级A标准要求，污水处理厂尾水排入东辽河。由于地下水入渗，加之接入市污水厂的污水量不断增多，使得市污水处理厂已超负荷运行，根据2018年的污水厂年度运行数据，污水厂实际处理水量为11万t/d，且污水系统上游已出现旱季溢流现象，严重污染仙人河与东辽河河道水质，是最大的污染贡献源（图6-2）。根据第三方机构对河道内

图6-2 污水处理厂厂前溢流

管道溢流口进行的168h连续监测数据统计，污水处理厂前管道溢流口7日平均溢流量为30980.57m³/d。

辽源市供水量约为9.4万t/d。其中，自备井水量为0.49万t/d，水厂集中供水量8.87t/d。据此，测算理论污水量约8.20万t/d，不应产生溢流。但根据现状运行情况，不仅污水厂满负荷运行，厂前溢流还十分严重，因此有较为严重的外来水汇入。考虑到辽源市地下水位较浅、管网埋深大，且截污干管多布置于河道内，沿河截污干管年代久远，判断地下水入渗、河水倒灌问题较为严重，超出水量基本由河水和地下水倒灌引起。结合监测数据，初步判断地下水入渗量约31000t/d，与监测溢流量数据较为接近。可以证明，溢流量多来自于地下水和河道水入渗。

6.2.3 排口存在混错接与直排

仙人河沿河共有89个排口，其中，5处存在旱天污水直排现象，剩余分别为58处分流制雨水排口、19处合流制溢流口，7处排口性质未知。经过近年来辽源市政府对截污纳管工作的推进，大部分排口旱季无水流出，可明显判断为雨水排放口或合流制溢流口。据实际调研踏勘，其中，雨水排放口主要分布于仙仁路以北区域，溢流排放口大部分分布于仙仁路以南至辽河大路以北的仙人河沿河区域（图6-3）。总体来说，由于混错接与直

图6-3 仙人河沿河排口分布图

排导致的入河污染相对较小，占仙人河受纳污染总量不足1%，应主要结合截污干管改造、上游雨污分流以及联合执法等工作，对其进行治理。

6.2.4 合流制片区截流能力不足，雨季溢流污染较高

根据2019年3月16日~23日的污水管监测数据，仙人河截污干管汇入东辽河前日均水量为3万t/d，矿总医院处日均流量为0.6万t/d，故该合流制区域日均产生污水量为2.4万t/d。进一步分析仙人河干管连续24h的监测数据，发现夜间干管持续高水位，外来水入渗十分严重，日间甚至持续满管运行，因此导致仙人河现状截污干管无接纳雨水能力，雨季频繁溢流，这也是造成仙人河水质污染的重要原因。

合流制区域主要集中在矿总医院以南至辽河大路以北，区域内共有21个合流制溢流口。经测算，合流制排口溢流水量约397万t/a。

6.2.5 城区初雨污染较高，径流污染缺乏控制

仙人河流域内雨水排水面积为36.5km²，其中，城区段20.5km²，郊区段16.0km²。结合降雨径流监测所得的各污染物的降雨径流事件平均质量浓度（EMC）以及卫星遥感影像解译，核算排水区面源污染负荷。参考辽源周边地区城市径流污染研究数据，按照初期雨水化学需氧量浓度约300mg/L、生化需氧量浓度约70mg/L、固体悬浮物浓度约180mg/L、氨氮浓度约12mg/L进行计算。辽源市城区年均降雨量为650.5mm，小于2mm的降雨不产生径流，根据《辽源市排水防涝专项规划》，城区段排水分区径流系数取0.65，结合辽源市2005~2016年连续12年的降雨量统计，计算入河径流污染物（表6-1）。

仙人河流域初期雨水污染负荷表　　　　　　　　　　表6-1

初期雨水量（m³）	化学需氧量排放量（t/a）	固体悬浮物（t/a）	氨氮（t/a）
7878982	354.55	212.73	14.18

6.2.6 河道底泥淤积，内源污染物释放水体，加重水质恶化

仙人河淤泥沉积释放严重，内源污染量大。经过对仙人河实地考察，在水质采样点同步开展底泥监测，共布设18处底泥采样点，其中部分样点（LY09~LY11、LY13~LY15、LY23、LY34）由于河道底质为基岩、砂砾、无沉积物等原因，而未采集表层沉积物样品，最终共采集有效底泥数据8条（图6-4）。

根据沿程底泥污染情况可知，底泥严重污染主要集中在中上游水量较小且坡度较缓地区，淤泥较易沉积。上游仙人河西段西安区东山北路裕明社区居委会西（LY33）至西安区仙城大街辽

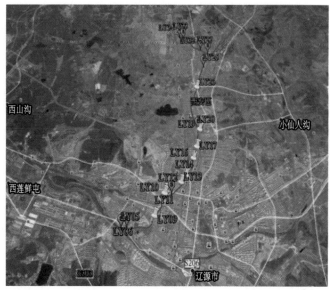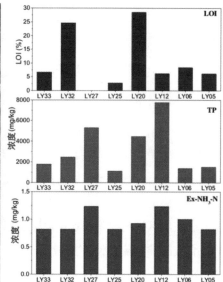

图6-4 底泥采样点分布图及底泥常规指标分析图

源田家炳中学北（LY27）段，氨氮、总磷均呈沿程上升趋势，该测试段附近有古仙村等城郊区，是潜在的面源污染源。而仙人河干流西安区仙城大街东山文化广场东（LY25）至龙山区康宁大街1147号辽源市城管监察西（LY12）段，总磷和氨氮基本呈沿程上升趋势，该趋势变化与沿程排口污染物排放分布存在显著相关。

选择采样点中镉、铬、铜、镍、铅、锌6种重金属元素为主要研究对象，分析采样点的重金属污染水平。其中，铬、镍、铜、锌超背景值比例较高，且下游段重金属累积较为严重，初步分析是城市道路面源污染累积存在一定生态风险。

经检测，约有6.6km河段存在不同程度底泥污染，需要清理的平均底泥深度为1m，结合仙人河底泥监测结果，对河道内源污染进行分析。逐月计算污染物释放，由于辽源市冬季气温较低，每年的11月至次年的2月处于冰封状态，河道内底泥在低温状态下释放速率较低，所以该时间段不计入计算，主要计算指标为化学需氧量释放量、氨氮释放量和总磷释放量。重金属主要用于辅助清淤深度的确定，未进行计算。内源污染负荷计算结果如表6-2所示。

仙人河内源污染负荷表　　　　　　　　　　　　表6-2

污染物	化学需氧量释放量（t）	氨氮释放量（t）	总磷释放量（t）
总计	17.63	8.92	2.39

6.2.7　滨河空间被侵占，生态自净能力不足

仙人河河道城区段生态空间紧张，滨河区开发过度，建筑物缺少控制，部分河段由于岸线开发不合理，造成滨河空间被公共建筑或居民建筑侵占。此外，仙人河水生态流量不足，辽源市年平均降水量623.6mm，水资源总量7.6亿m^3，人均占有水资源量615m^3，占全省人均水平的2/5，约占全国平均水平的1/4，属于资源型和工程型重度缺水城市。仙人河地处辽河水系上游，无过境水，受气候变化影响，仙人河流域降水量偏少，天然补给量较小，地表水蒸发量大，1、2、11、12月均为枯水期，枯水期较长，加之仙人河目前没有开展补水工程，河道生态基流不足，枯水期部分河段还会出现断流现象，导致原有的水生环境遭受到严重破坏（图6-5）。

图6-5 仙人河滨河空间被侵占及河道断流

6.2.8　污染汇总

仙人河污染源主要包括厂前溢流的直排污染、合流制溢流污染、初期雨水径流污染、河道内源污染等（表6-3）。经初步测算，厂前污水溢流的化学需氧量和氨氮负荷的比例分别为63.4%和63.0%，合流制溢流污染的化学需氧量和氨氮负荷的比例分别为28.2%和28.1%，初期雨水径流污染化学需氧量和氨氮负荷的比例分别为8.0%和5.5%，底泥内源的化学需氧量和氨氮负荷的比例分别为0.4%和3.4%（图6-6）。

仙人河污染物负荷汇总　　　　　　　　　　　　　　　表6-3

	污染物类型	化学需氧量（t/a）	氨氮（t/a）	总磷（t/a）	垃圾量（m^3）	淤泥量（万m^3）
点源	污水处理厂厂前溢流（直排）	2802	164	11.23	—	—
	合流制溢流污染	1246.55	73.1	12.43	—	—
面源	初期雨水径流污染	354.55	14.18	未测算	—	—
内源	底泥	17.63	8.92	2.39	1200	7.5
	总计	4420.73	260.2			

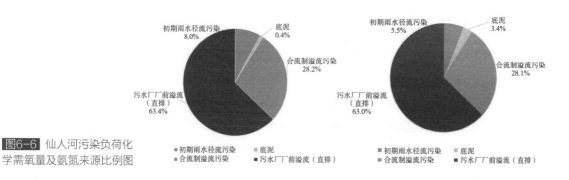

图6-6 仙人河污染负荷化学需氧量及氨氮来源比例图

6.3 治理思路

6.3.1 治理目标

贯彻落实习近平总书记关于辽河流域治理重要批示精神，坚持绿色发展理念，坚决打赢以东辽河为重点的水污染防治攻坚战。通过仙人河治理，摸清辽源市污染底数成因，形成系统治理思路，从而更好地支撑辽源市以及东辽河流域的水污染治理工作。按照补短板、强弱项、提功能的原则，以城市黑臭水体整治为切入点，对城市基础设施进行提升改造，加快污水配套管网工程、污水处理扩能工程建设，解决水环境污染问题。至2020年底，仙人河黑臭水体完全消除，水体透明度大于25cm，溶解氧大于2mg/L，氧化还原电位高于50mV，氨氮小于8mg/L，并实现旱天污水无直排，无垃圾、漂浮物，保障河流基本流量，面源污染与合流制溢流污染得到有效控制，确保晴天或小雨时水体水质达标，中雨停止2天、大雨停止3天后水质达标。此外，加强环境质量建设，提高居民获得感，确保河道功能和景观方面均有良好成效，仙人河田家炳中学至美人蕉园段约3.1km（约占仙人河河段长度的30%）达到"清水绿岸、鱼翔浅底"的目标。

6.3.2 技术路线

对辽源市中心城区进行系统的综合治理，构建相互联动的"源头-末端"系统整治方案。

首先，进行仙人河入河污染物测算，按照黑臭水体指标目标，确定不同污染物的控制要求，从而针对性地制定工程任务。根据前述的初步现状调查与污染物分析，仙人河黑臭水体污染来源主要包括几个方面：一是混错接、雨污合流以及地下水入渗等导致城市污水旱天直排和雨天溢流严重；二是城市面源污染严重；三是河道内源污染；四是生态水量与空间不足。

根据污染物初步测算结果，地下水入渗水、混错接、雨污合流等导致的旱天厂前溢流是主要因素，一是通过污水厂改扩建工程提高污水厂处理能力，减少溢流污染，并实施截污干管迁改上岸工程，减少外水入渗，再结合截污干管改造、上游雨污分流改造对混错接排口及直排口进行整治，确保旱天污水无直排、无厂前溢流情况；二是雨季合流制溢流污染控制，通过优化辽源市排水分区，减少合流制区域，对于难以改造的，通过海绵城市建设、增大截污倍数等工作，提高合

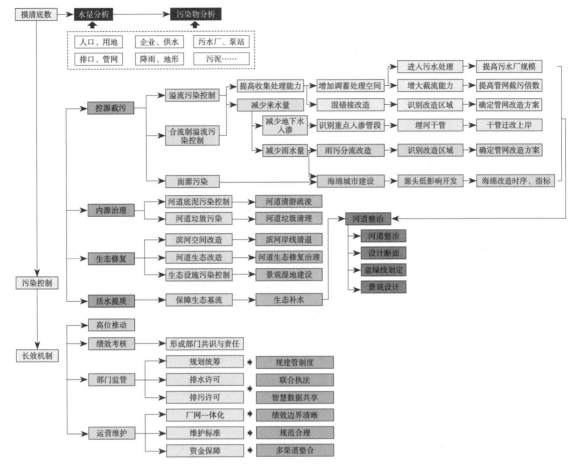

图6-7 辽源市黑臭水体治理技术路线图

流制溢流污染的控制水平；三是初期雨水污染控制，加大环境卫生的清洁力度，减少污染物的累积，之后通过海绵城市建设等工程，减少径流量并净化径流污染；四是河道内源底泥污染控制，需开展清淤工作；五是生态修复治理，通过实施生态修复治理和活水保质，全面提升河道生态修复自净能力，同时，通过打造河道景观，营造清水绿岸、和谐文明的宜居环境（图6-7）。

此外，在高位推动的基础上，辽源市完善体制机制建设，通过绩效考核将黑臭水体治理变成城市水环境保护工作，各部门承担不同责任与分工；并重点通过排污许可与排水许可，加强日常监管；通过技术与资金保障，不断提高运维管理能力。

6.4 工程措施

6.4.1 控源截污

1. 开展截污干管迁改上岸，减少外水入渗

目前仙人河截污干管的日汇入污水量约为3万t，部分管路年久失修，存在破损现象。此外，因仙人河现状截污干管敷设在河道下方，不易检修，导致大量河水倒灌、地下水入渗，一方面，增加下游污水厂进厂水量，使污水厂收集污水量与处理能力不匹配；另一方面，导致截污干管截流能力过低，目前不足1倍，雨天溢流污染严重。因此，从系统考虑，实施东辽河河道及其一级支流仙人河、梨树河的河底截污干管"上岸"工程，重新选择路由进行主干管布局，并逐步实现雨污分流。

治理过程中，在仙人河田家炳高中至仙人河河口段东西两岸沿线共敷设约11.4km的截污干管，并在东辽河南北敷设双向截污干管，工程实施后，地下水入渗、河水倒灌、管网淤积严重等一系列历史遗留问题得到有效解决，污水输送能力以及雨污截流能力得到显著提升。同时，在两岸新敷设双向截污管道施工时，加强了管道工程质量验收，有效避免了地下水入渗。

2. 推进雨污分流改造，减少合流制区域

为有效控制合流制溢流污染，辽源市政府从2017年起开展了雨污分流改造工作。2017年前，辽源市排水体制主要为合流制与混流制，占比超过60%，合流制区域主要集中在老城区，混流制区域主要分布在仙人河东侧及东辽河南侧区域，经综合考虑到征迁问题、施工难度等因素，在仙人河下游西侧部分区域及仙人河中游矿平胡同等区域近期仍保留合流制，未来结合海绵化改造或城市更新等工作，开展相应的合流制区域改造和径流控制工程，其余地区现已基本实现雨污分流改造。经初步测算，开展雨污分流改造工程后，现状分流制排水体制区域占比约85%（图6-8）。

图6-8 辽源市雨污分流改造前后排水体制图

3. 厂站提标扩容改造，减少入河溢流污染

为减少旱季厂前溢流污染，需对辽源市污水厂开展扩建改造。经分析测算，现状污水系统日均溢流量约3万t/d，因此，近期需处理的污水实际规模为13万~14万t/d。考虑近期截污干管全部改造完成难度较大，周期较长，外来水入渗情况难以快速有效缓解。远期随着城市发展，污水量

图6-9 辽源市污水厂提
标改扩建工程鸟瞰图

还会持续增加，且仙人河合流制溢流污染和初期雨水污染也需进行控制，因此，对现有生活污水厂进行扩容改造工程，将现状旱季溢流污水全部收集处理，并处理部分初雨和合流制溢流污染。综合城市发展规模、污水收集系统的服务范围等实际情况，将污水厂扩容6万t/d，总处理规模达16万t/d（图6-9）。

2019年4月1日，该项目正式开工建设；当年10月1日，实现通水调试；2020年1月1日，已达到出水一级A+排放标准。

4. 推进海绵城市建设，控制雨水径流污染

为削减城市面源污染、推进海绵城市建设，辽源市结合城市功能布局与空间特点，构建"一心双环三横四纵"的生态自然格局。其中，"一心"即为在沉陷区建设的国家矿山湿地公园，其将成为海绵城市山水结构的生态核心；"双环"为依托两条城市环路空间建设形成的两条城市生态通廊；"三横"为腹地生态休闲带、滨水生态景观廊、城南生态过渡带；"四纵"为生态文明空间示范轴、金安复合城市空间轴、龙渭山水通廊、黑栾山水通廊。辽源海绵城市的建设着重于山水林田湖草的保护。在龙首山、北山、栾家山、向阳山、黎明山等山体及城内多处生态林地加大保护力度，丰富植物群落，形成森林生态涵养林地。在东辽河、渭津河、梨树河、半截河四条河流两岸的开发建设中，严格要求不得侵占挤压河岸两侧为保护河流生态环境预留的滨水绿化带，滨水绿化带中不得进行绿化休闲设施以外的建设。严格保护基本草原，对20°以上的坡耕地全部实行退耕还林还草。强化鹿鸣湖、凤鸣湖、雨岫湖、烟霞湖等保护力度，严守基本农田边界线（图6-10）。

此外，结合辽源市水系与绿地空间格局，构建以生态湿地为主的区域海绵设施体系，一方面，连水成网，提高水系调度能力，利于水体流动与补水，增强水动力；另一方面，汇水成片，通过滨河的公园绿地，构建成片的湿地净化体系，增加城市生态空间的同时，有效提高径流污染的控制水平，提高水体的自净能力。具体海绵工程如表6-4所示。根据初步测算分析，海绵改造项目完成后，化学需氧量面源污染削减量可达248t/a。

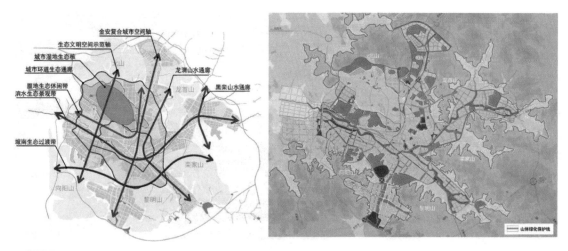

图6-10 辽源市山水结构与山体保护范围图

主要区域海绵工程统计　　　　　　　　　　　　　　　　表6-4

序号	名称	序号	名称
1	林苑公园湿地	8	老龙头水库水涵养工程
2	东辽河景观带	9	金满水库水涵养工程
3	东辽河下游尾水净化与生态湿地	10	八一水库水涵养工程
4	渭津河上游生态湿地	11	大良水库水涵养工程
5	东辽河上游生态湿地	12	源头小区海绵化改造工程
6	辽源市引松入辽辽源供水工程	13	辽源市政道路附属设施海绵工程
7	杨木水库饮用水源地保护工程	14	公园绿地海绵改造工程

6.4.2　内源治理

1. 河道清淤

仙人河底泥内源污染是重要的污染源之一，为有效控制河道底泥污染，2019年，实施了仙人河底泥清淤与处置工程（图6-11）。

依据项目实施计划，在冬季实施清淤工程。冬季时，水深较浅，且河水已冻结，水力冲挖法和湿式清淤法已不再适用，而干式清淤法可以发挥其优势，采用挖掘机进行清淤，由自卸汽车运输至处置场所，且干式清淤法淤泥含水率低，一般在30%~50%之间，完全可通过在临时堆放点自然晾晒的办法，利用河道两岸作为临时弃泥（土）场，进一步降低含水率，避免了远距离淤泥输送，工程成本相对较低。

仙人河河道清淤段全长6.6km，河槽最小宽度16m，部分加宽段堤距34~43.8m，平均清淤

图6-11 仙人河河段清淤工程施工现场

深度1m，平均断面20m，清淤量约13万m³。据统计，在满足河道防洪标准的前提下，需覆盖约12.4m²，平均回填0.5m，回填量合计6万m³。

根据《土壤环境质量　建设用地土壤污染风险管控标准（试行）》GB 36600—2018要求，仙人河底泥检测结果满足第二类建设用地风险筛选值，因此，将底泥全部运至东辽县日月星有机肥厂进行堆肥处理，有机肥厂接收污泥后，经过晾晒–分离筛选–烘干–掺拌–发酵等工艺处理，通过生态环境部门验收合格后，用于绿化肥料。此外，在冬季实施清淤作业后，河道将有一段处于干涸状态的时间，在此期间，对河底进行自然晾晒，将进一步改善底泥泥质。

2. 垃圾治理

在河道清淤的同时，应对河道两岸范围内的生活垃圾、建筑垃圾等进行清运。根据现场调查，垃圾清运量约为4000m³。同时，构建完善的城乡垃圾收集转运体系，通过与专业保洁公司签订垃圾收集、转运合同，确保垃圾日产日清、不留死角。

6.4.3　活水提质

为加强仙人河上游源头来水水质，有效提升上游来水水质，辽源市实施了仙人河上游河段及其支流的水环境综合治理工程，利用原有泵站及管线，从八一水库引水至仙人河支流古仙河，并新建阀井1座，新建管线100m。

1. 生态环境需水量及缺水量

辽源市属于水资源短缺、用水紧张地区，参照《河湖生态环境需水计算规范》SL/Z 712—2014，采用水文学法中的经典方法Tennant法计算河流的生态需水量，基本生态环境需水量取流域径流量的10%，目标生态环境需水量取流域径流量的40%。

经初步测算，仙人河径流量为487.5万m³，基本生态需水量为48.7万m³，目标生态需水量为195万m³。将生态需水量平均分配到5~10月后，与1956~2017年进行对比，若来水大于生态需水，则缺水量为0；若来水小于生态需水，则缺水量为生态需水与来水之差。根据生态环境缺水量计算方法，仙人河基本生态缺水量为3.1万m³，目标生态缺水量为52.6万m³。

2. 生态补水保障生态基流

考虑东北河流特点，中小河流冰冻期不考虑生态流量，冰冻期为11月～次年4月，生态补水时间为5～10月，调节计算时间为5～10月。根据《河湖生态环境需水计算规范》SL/Z 712—2014以及河流重要程度，分析确定其设计供水保证率如下：河道内基本生态供水保证率在90%以上，河道内目标生态供水保证率在80%以上。以仙人河基本生态缺水量为目标，补水工程多年引水量为3.5万m³，最大补水流量为0.03m³/s；以目标生态缺水量为目标，补水工程多年引水量为57.8万m³，最大补水流量为0.12m³/s。

6.4.4 生态修复

1. 建设仙人河入城湿地

为从源头净化仙人河上游来水，辽源市建设了仙人河入城湿地。仙人河入城湿地主要来水为设计范围内降雨汇流，除净化水质外，还营造仿自然湿地，起到"海绵"作用，因此，根据现状地形及支流汇入情况，设计在支沟汇入干流处进行微地形打造。综合考虑以上条件，确定建设面积约为1万m²的自然表流湿地。湿地位于辽源市西安区灯塔镇富强村，沿仙人河两侧分布，入城湿地总用地面积约3万m²，其中，净化功能区总面积约1.7万m²。此外，还在仙人河入城湿地的岛屿、浅滩沼泽、水系区域内进行湿地植被恢复和种植；在仙人河入城湿地的鸟岛、岸滨等区域内进行园林植物种植；在各种湿地生境内进行鸟类招引等（图6-12）。

根据仙人河水质情况及流量，湿地生化需氧量负荷值为90kg/ha·d，进水水质生化需氧量浓度为30mg/L，出水设计值为6mg/L，按夏季去除率80%考虑，仙人河基本可达Ⅳ类水体水质标准。

仙人河入城湿地工程从2019年4月开工，截至2019年底，该工程已全部完工，项目总投资为917.81万元，资金来源为辽源市西安区政府财政配套。建成后，增强了仙人河的防洪能力，改善了区域水环境条件，实现了水资源再生利用，并丰富了该区域的生物多样性，改善了区域生态景观。

2. 实施仙人河生态修复与治理，建设绿色滨河空间

为使仙人河河段实现"清水绿岸、鱼翔浅底"的目标，辽源市开展了仙人河生态修复工程与

图6-12 仙人河入城湿地鸟瞰图及场地建设前后对比图

生态治理工程。其中，仙人河生态修复工程包括4235m的岸坡修复工程、水生植物种植64586m²。生态治理工程包含建造滨河缓冲带58218m²、海绵城市设施工程94900m²（包含雨水花园及绿化面积71175m²、透水铺装23725m²）及其他配套服务设施。

为保障生态修复治理工程顺利实施，2020年1月17日，辽源市副市长主持召开仙人河征拆工作会议，标志着仙人河沿岸征拆工作正式启动。在市委、市政府的统一领导下，两区属地政府全力推进，公安、交警、住房和城乡建设、自然资源等部门协同配合，努力克服疫情影响，历时3个月，征拆工作持续稳步推进。从城市建设长远规划出发，将河道两侧5m的征拆范围扩大为红线范围内所有房屋，累计征拆123户、面积6.13万m²（其中，征收3.5万m²，拆除违建2.6万m²）（图6-13）。

仙人河生态修复与治理工程完工后，显著改善了河道的生态性及亲水性，并带动了两岸人居环境品质的显著提升（图6-14、图6-15）。

图6-13 仙人河花鸟鱼市场征拆前后对比图

图6-14 仙人河蒲公英地块生态修复治理前后对比图

图6-15 仙人河田家炳高中生态修复治理前后对比图

6.5 非工程措施

6.5.1 加强运营维护，保障水域环境

1. 建立地下管网台账，加强养护修复

辽源市已经建立了成熟的排水工程质量管理制度、排水管网清掏维护管理标准及考核办法、泵房巡视管理制度、雨污水泵站管理制度等，设定了专职维护人员队伍，并严格台账管理制度，一方面，市政府结合台账，针对管网淤积程度、管网配套设施维护情况，采用评分制来考核管网维护队伍；另一方面，规范日常维护的同时，有效积累了管网空间分布与运行数据，提高了维护效率。

2019~2020年，为强化排水设施运行监管，辽源市陆续出台了《辽源市排水设施运行和管理制度》《关于辽源市公共排水设施管理体制的工作意见》《关于辽源市水务集团排水设施监督管理绩效考评办法》等若干政策，充分发挥市水务集团队伍力量，强化对市水务集团和市污水厂的绩效考核，推进厂网一体化监管工作，不断完善排水设施监督管理体系。

2. 强化垃圾收集转运体系，加强水域保洁

辽源市充分发挥市场力量，建立健全垃圾收集转运体系。一方面，对于河道垃圾清理，辽源市采用招标的方式，由中标单位负责仙人河河道清淤保洁服务，从而确保仙人河流域内垃圾得到及时处理；对于城区垃圾，由城市环卫部门统一负责收集清运，农村垃圾收集、转运由专业保洁公司负责，要求村路两侧沿线垃圾日产日清，村屯内垃圾清理随叫随清、清运不留死角，收集后的垃圾统一进行减量化处理，垃圾处理费用由财政局统一出资。另一方面，强化对保洁公司的绩效考核，将河道保洁效果作为付费的重要依据。

此外，以河长制为抓手，加强水域保洁工作。辽源市严格落实河湖日常监管巡查制度，对河湖岸线垃圾、水面漂浮物等内容进行巡查。其中，除进行日常巡查外，还开展专项巡查，要求市级河长对负责的河湖每年巡查不少于2次；县区级河长对市级河长所负责的河湖及自身负责的河湖每年巡查不少于3次；乡镇（社区）级河长对市、县区级河长所负责的河湖及自身负责的河湖每年全线巡查次数不少于6次；村级河长对各自辖区内河段巡查次数每周不少于3次。对于巡查发现的问题要求做好记录，能现场解决的现场解决，不能解决的报上级河长或河长制办公室，各级河长要对职能部门处理问题的过程、结果进行跟踪监督，确保解决到位。

6.5.2 强化监督管理，推进联合执法

1. 因地制宜推进排水许可，加强源头监督

为加强对源头排水户的监管，依据《城镇排水与污水处理条例》和《城镇污水排入排水管网许可管理办法》，市政府结合辽源实际情况制定了《辽源市城市排水与污水处理管理办法》，考虑到辽源市普遍存在申报材料中隐蔽工程报告缺乏的情况，辽源市开拓创新，经多方研究，将隐蔽

工程报告合理设置为排水许可办理容缺项，有效地推进排水许可的发放。此外，为响应辽源市"只跑一次"政策要求，辽源市城市管理行政执法局率先在东北地区积极推进排水许可线上线下同时办理，设置排水许可线上办理平台。并通过"辽源吉D微风"微信公众号、城市管理行政执法局官网平台等渠道发布排水许可办理宣贯信息，推进排水许可管理工作。

2. 推进联合执法管理，杜绝私搭乱接

为有效促进排水、排污许可制度的试行，防治污水偷排私排以及管网乱接私搭，在现有事中事后监管体系的基础上，辽源市建立了排水管理的联合执法体系。2019年4月，辽源市城市管理行政执法局、生态环境局、市场监督管理局、卫生健康委员会联合颁发了城区排水联合执法行动方案，采取统一行动、严格执法、全面排查、严格治理的工作原则，将全市范围内的工业企业、个体工商排水户作为重点检查对象。辽源市多部门密切合作、上下联动，对仙人河流域重点涉水企业、生活污水处理、河道内及沿河两侧垃圾、畜禽养殖业户、农药化肥污染等情况进行全面检查，对环境违法行为依法查处和督促整改，全力解决仙人河水质污染突出问题。

为杜绝源头管网私搭乱接，2020年，辽源市确立了工业企业污水私搭乱接溯源执法工作制度，明确了市生态环境局、市城市管理行政执法局等相关部门针对工业企业污水私搭乱接行为溯源执法的职责分工，规定了执法依据及工程流程，指导全市范围内开展工业企业私搭乱接溯源执法工作。

3. 加强隐蔽工程监管，建立健全信用保障体系

目前，辽源市已经建立了完善的工程质量监管机制，市建筑工程质量监督站对排水管网制定了严格的工程质量控制措施。2018年5月，辽源市住房和城乡建设局颁发了《关于加强黑臭水体整治工程质量监督工作的通知》，加强了对建设责任主体质量行为的监督。此外，为全面打好黑臭水体治理攻坚战役，2018年12月25日，市住房和城乡建设局颁发了《关于加强城市排水与污水设施建设工程监管工作的通知》，明确提出了如房地产开发企业承建的建设项目未建设污水管网，将不再允许其承建新的项目，造成严重后果的，会吊销其房地产开发企业资质证书；要求物业服务企业在承接查验物业项目时，对项目的排水管网设计、施工、验收等各环节进行严格承接查验，如未按设计标准施工，不得承接该物业项目。

为在全市范围内建立城市黑臭水体治理信用保障体系，保障工程设计施工质量。2020年，辽源市制定了《辽源市城市黑臭水体治理"红黑名单"管理暂行办法（试行）》，针对辽源市境内从事城市黑臭水体治理工程建设项目的规划设计、咨询服务、施工、监理、运行维护的单位和个人开展信用评价，并在公开网站上公示了"红黑名单"名录。

6.6 治理成效

6.6.1 水环境显著改善

现阶段仙人河黑臭水体全面消除，2015年，仙人河黑臭水体超标核心指标为氨氮；2020年，

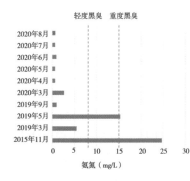

图6-16 河水氨氮指标治理前后对比分析及现状河道生态实景图

仙人河黑臭水体氨氮基本维持在1mg/L以下，相对2015年水体氨氮下降了96%，达到地表水环境质量Ⅲ类标准（图6-16），透明度、氧化还原电位、溶解氧等指标也至少连续6个月达到不黑不臭要求。数据显示，仙人河下游东辽河河清断面2020年1~2月份为五类水质，3月份为四类水质，这是自1986年设立河清断面并有监测记录以来，首次在一季度消除劣五类水体。

此外，仙人河河面及河岸垃圾全面消除，绿色空间显著增加，水生态显著改善，仙人河水体建立了完整的水生态系统，水景有明显提升，水体清澈见底，透明度在30cm以上；生物多样性增强，自净能力增强；河面及河岸景观得到显著提升。

6.6.2 人居环境显著提升

仙人河生态修复与治理项目是仙人河黑臭水体治理的核心项目之一，并与海绵城市、污水提质增效有效结合。该项目建成后，仙人河水清岸美、生机盎然，河道整休景观鱼跃鸟翔、生机盎然，生物多样性提高。仙人河河道岸线在满足防洪要求的基础上，按照生态理念进行设计，两岸被建设成为有色彩、有设计、有亮点、有美感、有活力的滨水岸带。沿河岸设置的慢性步行系统与城市水系统构成了空间骨架，为仙人河沿岸居民提供了优美的户外空间，滨河空间也成为辽源市民娱乐、健身、休闲一体的绿色生态空间（图6-17）。

仙人河生态系统、城市景观和空气质量的持续改善，使得水域与绿化走廊相融合，独特的自然景观得以实现。公共休憩空间面积的扩大和环境质量的提高，较好地满足了广大市民对休闲空间和环境的需求，提高了居民生活舒适度（图6-18）。

6.6.3 人民群众满意度持续改善

2020年度的仙人河黑臭水体公众满意度调查显示，90%以上的人民群众对仙人河的治理工作表示认可，其中，2020年8月开展的公众满意度调查有效数量为183份，100%的公众对整治效果答复非常满意或满意，公众评议结果认为本次整治对周边居民是有利的，且仙人河黑臭水体"长制久清"工作得到了群众的认可，人民群众获得感显著。

图6-17 黑臭水体治理后仙人河滨水休憩空间

图6-18 仙人河生态修复治理前后对比图

6.7 经验总结

6.7.1 强化高位推进

作为辽河流域源头，辽源市水污染治理工作对提升整个辽河流域水质有着积极作用，2018年，中共辽源市委、辽源市人民政府印发了《关于成立辽源市辽河流域水污染整治领导小组的通知》，成立了辽河流域水污染整治领导小组，系统统筹协调流域治理工作。同时，为确保领导小组工作得到有效落实，辽源市人民政府办公室印发了《关于成立辽源市辽河流域水污染专项整治办公室的通知》，使得流域整治工作持续推进。为全方位、全领域统筹黑臭水体整治工作，加强顶层设计，结合工作需要，辽源市人民政府办公室于2016年印发了《关于印发辽源市城市黑臭水体整治工作方案的通知》，对黑臭水体整治工作进行系统布置；2019年，鉴于黑臭水体领导小组成员变动的实际情况，辽源市对领导小组成员进行了调整，由市委书记与市长共同担任领导小组组长，市委副书记与副市长担任副组长，进一步加强了领导小组的统筹力度，体现了辽源市治理黑臭水体的决心。

此外，为推进仙人河黑臭水体治理工程，市级领导每日现场办公，多位市、区级领导亲自挂帅，高层推进，靠前指挥，深入研究征拆等工作，保障工程顺利实施。

6.7.2 突出规划引领

辽源市制定了《海绵城市专项规划》《雨水专项规划》《污水专项规划》《供水专项规划》《黑臭水体治理实施方案》等各类规划，不断提升治理工作的前瞻性、科学性、针对性，以高质量规划引领高质量建设，实现标准、质量、速度、规模、结构、效益、安全相统一。

6.7.3 强调系统治理

结合污水提质增效总体要求，按照标本兼治、统筹推进的工作思路，辽源市调查工业企业40多家，排查各类入河排口368个，对河道沿线水质、底泥污染、管网渗漏等进行监测，形成了全面详细的污染源数据。经系统分析，初步诊断识别外水入渗为仙人河污染的核心问题，在此基础上，依托专家团队，制定了以雨污分流和混错接改造为根本，截污干管迁建挤外水为重点，底泥清淤、生态修复等系列工程为治理方向的黑臭水体整治实施方案，确保了治理工作的操作性和可行性。

此外，为实现仙人河整治的系统性、统筹性和整体性，将城市黑臭水体治理与污水提质增效工作协同推进。开展了30m滨河缓冲带退耕、百万亩水源涵养林建设等工程。东辽河、渭津河、大梨树河截污干管迁建工程已完成18.5km，管网修复及混错接改造已完成检测239km，雨污分流改造工程已完成73.66km。通过一系列工程改造与建设，提高了全市污水系统收集处理效能，结合"三湖四河六山八岸"建设规划，统筹谋划实施了清淤、截污、道路、桥梁、水利、照明、绿化等综合改造工程，"治源、控岸、畅内、长维"的生态新格局正逐步形成。

6.7.4 落实绩效考核

辽源市严格落实黑臭水体治理绩效考核评价，并将其纳入干部评价考核工作要点。在全市层面，辽源市绩效管理工作领导小组将辽源市的生态环境保护工作列入了重点考核工作指标，考评的生态保护工作包括黑臭水体整治工作、畜禽养殖废弃物资源化利用等内容，考评结果作为干部考核、选拔任用的重要依据。

此外，辽源市河长办、黑臭水体整治工作领导小组、辽河办等部门也会进行专项考核，作为

年度绩效考核的重要组成部分。其中，辽源市黑臭水体整治工作领导小组办公室制定了黑臭水体
管理措施及考核机制，科学评价黑臭水体治理工作成效。

辽源市人民政府：柴伟　孙弘　吴波
辽源市城市管理行政执法局：李延辉　刘伟　段玲馨　刘翀　王蒙
中规院（北京）规划设计有限公司：栗玉鸿　郭紫波

7 青岛李村河

青岛作为海滨旅游城市，红瓦、绿树、碧海、蓝天是其特色之一，优良的生态环境一直都是青岛闪亮的名片。李村河是流经青岛主城区最长、支流最多的河流，流域总面积约占青岛城区的五分之一。随着城市化进程的加速，由于基础设施不完善、雨污混流现象突出、河道底泥淤积、生态基流缺乏等问题，河道水质恶化；加之拥有百年历史的李村大集横亘和占据河道中游河堤，由此带来的水体黑臭更成为"难治之症"，影响胶州湾水质。自2010年起，青岛逐段启动李村河流域各河道整治工作，治理周期约10年，总投资超过40亿元。

7.1 水体概况

7.1.1 城市基本情况

1. 区位条件

青岛地处山东半岛东南部，东经119°30′～121°00′、北纬35°35′～37°09′。青岛具有良好的山海架构、丰富的自然资源，东部、北部有崂山和大泽山作为屏障，海边有胶州湾、青岛湾等多处海湾，形成山海城一体的独特风貌。

李村河位于青岛东岸城区中北部，是青岛城区最大的过城河道，流域总面积为143km²，河道干流跨越李沧区、崂山区、市北区，向西汇入胶州湾。

2. 气候特征

青岛属温带季风大陆性气候，由于海洋环境的直接调节，又具有显著的海洋性气候特点，空气湿润，温度适中，四季分明。青岛多年平均蒸发量为1113mm，多年平均降雨量为648.80mm，降雨年际变化幅度加大，年际丰枯变化明显；降雨年内分布不均，6～9月集中了全年降水量的60%以上，其中，7～8月的降水量约占全年降水量的45%。

3. 地质水文

青岛地处半岛陆地边缘，河流流程短、径流量小，多为季节性河流。2019年，全市地表水资源量2.56亿m³，相应年径流深为24mm，地下水资源量为3.36亿m³；人均水资源占有量247m³，仅为全国平均值的11%，属于严重缺水地区；李村河流域内人口众多，城市建设发展迅速，水资源供需矛盾更加突出。

李村河流域土壤类型主要包括棕壤、砂姜黑土、潮土、盐土4类，以棕壤为主，其特点是持水性能好、抗旱能力强。根据地质勘查数据，李村河流域平均地下水埋深约为4.51m。

7.1.2 水体情况

李村河干流长度约17km，河面宽10~300m，下游入海口约1.50km为感潮河段。每年6~9月雨季时，李村河是市区内一条主要的泄洪河道；冬春季节枯水，河床底仅有少量水流。李村河流域内还有张村河、大村河、水清沟河等10条支流，流域内河道总长度约为60.34km（图7-1）。

治理前，李村河存在两处黑臭水体（图7-2），分别为：李村河中游君峰路东至青银高速段，长度为3km；李村河下游四流中路以东至入海口段，长度为0.50km。整治前，两处均为轻度黑臭（表7-1）。

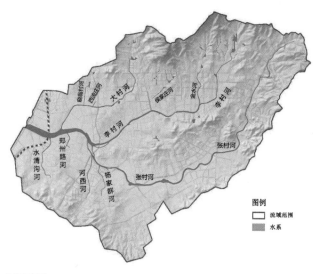

图7-1 李村河流域河道分布图

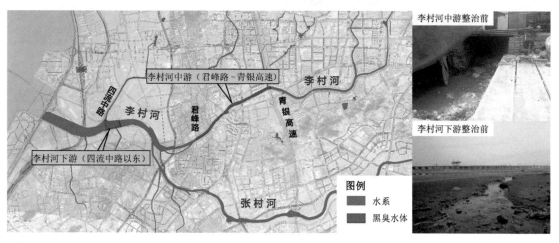

图7-2 李村河黑臭水体段分布图及整治前情况

李村河整治前黑臭水体段水质监测数据　　　　　　　　表7-1

黑臭水体名称	监测项目			
	氨氮（mg/L）	透明度（cm）	溶解氧（mg/L）	氧化还原电位（mV）
李村河中游（君峰路-青银高速）	11.23	11.60	1.81	−139.00
李村河下游（四流中路以东）	8.86	14.00	1.68	−164.67

7.2 存在问题

7.2.1 污水处理能力不足

根据人口测算，2017年，李村河流域的生活污水产生量约为26.21万m³/d，流域内共2座污水处理厂，总处理规模为25.60万m³/d，污水处理规模不足以处理现状生活污水处理需求。

该流域上游为世园会水质净化厂，处理能力为0.60万m³/d，2017年，日均进水量约179m³/d，最高日进水量4961m³/d，平均运行负荷率约为3%；下游为李村河污水处理厂，处理能力为25万m³/d，2017年，日均进水量25.45万m³/d，最高峰达到30.46万m³/d，处于超负荷运行状态。

7.2.2 污水直排污染严重

李村河流域共有9个生活污水直排口（图7-3），主要成因有三：一是部分区域污水主干管不完善，导致支管污水无下游出路直排入河道；二是沿河部分城中村、社区无排水管网，生活污水散排入明渠或盖板沟后排入河道；三是部分污水管道破损或冒溢导致污水直排。结合监测数据测算，生活污水直排量约为0.83万m³/d。

图7-3　整治前李村河沿线污水直排口

7.2.3 雨污混接问题突出

李村河流域整体为雨污分流制，但部分小区、社区管网混错接严重，沿街民房、商户、企业存在私搭乱接现象，加之中游受李村大集的影响，雨污混接问题突出。

（1）混接直排口污染

整治前，李村河流域内共73个雨污混接直排口（图7-4），根据监测数据测算，污水排放量约为1.47万m³/d。

（2）混接溢流口污染

整治前，李村河流域内共29个雨污混接溢流口（图7-5），主要是由下游李村河污水厂处理能力不足导致的溢流，还有大量临时截污措施带来的雨天溢流。根据监测数据测算，污水溢流排放量约为1.14万m³/d。

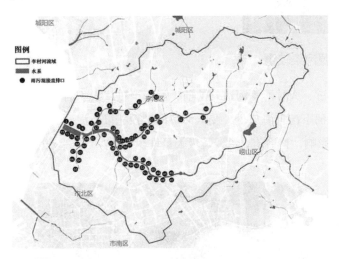

图7-4 整治前李村河流域雨污混接直排口分布图

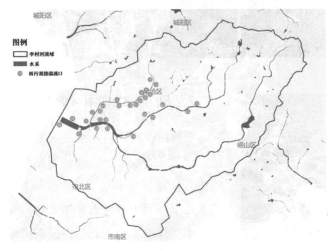

图7-5 整治前李村河流域雨污混接溢流口分布图

7.2.4 面源污染日趋严重

降雨经过淋洗大气，冲刷路面、屋顶等污染物进入河道，加重水环境污染，尤其是李村河周边城中村较多，面源污染更加突出（图7-6）。李村河流域建设用地面积约占流域总面积的82%，根据测算，面源污染排放量化学需氧量约为5.43t/d，氨氮约为0.083t/d，总磷约为0.013t/d。

图7-6 李村河沿河雨天雨水口及道路降雨径流采样情况

7.2.5 底泥内源污染较重

流域内李村河下游、大村河等河道整治前，淤积严重，淤积河段长度约22km，淤积深度为0.5~2m，尤其是李村河下游入海口处，受入海口海潮顶托以及泥砂影响，淤积深度可达2m。李村河中游受李村大集影响，整治前，沿线垃圾大量堆积（图7-7），造成水环境污染。

图7-7 整治前李村河淤积及沿河垃圾堆放情况

图7-8 整治前李村河中游情况

7.2.6 清洁水源补给缺失

李村河流域河道补给主要为降水和少量的地下水补给，季节性特点十分突出，冬春季节为枯水期，河道内的生态水量与丰水期相比大幅减少，水动力条件不佳，尤其是李村河中游河道常年无水，河底被李村大集、二手车市场侵占（图7-8）。根据调研情况，李村河流域内无水河段约占河道的42%。

7.2.7 河岸生态景观杂乱

整治前，李村河流域内的河道以硬质岸线为主，生态岸线长度约24.12km，占比40%，河道两岸缺少人行及活动空间等滨水景观。整治前，李村河下游岸边植物稀疏，黄土裸露，入海口感潮段受海水倒灌影响，岸边土壤盐碱化严重；李村河中游河底大量硬化，加之李村大集的影响，河道景观环境较差（图7-9）。

图7-9 整治前李村河河道岸线及景观情况

7.3 治理思路

7.3.1 治理目标

2018年，青岛市印发了《李村河流域水环境治理工作方案》，明确要求：提高河道环境容量，消除水体黑臭现象，实现李村河国控断面稳定达标，将李村河、张村河由功能单一的季节性行洪河道，打造成常年有水、清水绿岸，集休闲健身、生态调节等功能为一体的生态景观廊道。

通过防洪排涝、水质保护、亲水生态的综合整治，实现河畅堤固、清水绿岸、景美人和的城区水系治理目标，构建蓝绿交织、山海相连、清新明亮、水城共融的生态城市布局，使李村河成为展现城市风貌、增强城市活力的"青岛名片"。

具体目标如下：

（1）水环境质量：流域内黑臭水体全部消除，居民满意度不低于90%；水面无大面积漂浮物，无大面积翻泥。进一步完善区域控源截污治理体系、垃圾收集转运体系，定期开展水质监测，晴天或小雨（24h降雨量小于10mm）时水体水质必须达标，中雨（24h降雨量10~25mm）停止2天、大雨（24h降雨量25~50mm）停止3天后水质达标。

（2）生态景观建设：结合海绵城市建设要求，李村河流域内河道生态岸线率达到45%，李村河中下游3.5km河段实现"清水绿岸、鱼翔浅底"。

（3）再生水资源利用：再生水资源利用率达到50%以上。

7.3.2 技术路线

李村河流域是青岛市区典型流域，其特点可用"上游小水库、中游三面光、下游污水厂"概括。李村河干流和张村河、大村河等支流上有天水地池、上王埠水库等。中游多处断流，河道渠化、硬化严重。下游入海口李村河污水处理厂处理全流域污水，一方面，河道上游缺乏生态用水；另一方面，处理达标后的污水直接排入胶州湾。

李村河流域坚持全流域系统治理的理念，遵循岸上治污为本、岸下理水为标、岸上岸下统筹、更新管理模式、实现标本兼治的思路，首先，统筹谋划污水处理厂、配套泵站整体布局；其次，以环境容量为核心，以排口为重点，融合海绵城市理念，建设控源截污、内源治理、生态修复、活水保质综合工程体系；再者，建立"源-网-厂-汇"统一共享的在线监测平台；最后，逐步实现权责统一的运维体系（图7-10）。主要路径可以概括为：

（1）优化污水设施布局，提升污水处理能力；

（2）结合棚户改造实施，消灭直排污水排口；

（3）践行海绵城市理念，实施真正雨污分流；

（4）清运河道淤积污泥，完善垃圾清运体系；

（5）利用好再生水资源，恢复河道生态功能；

（6）完善长效管理机制，实现河道"长制久清"。

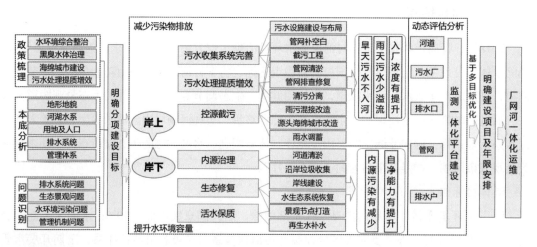

图7-10 青岛市李村河黑臭水体综合治理技术路线图

7.4 工程措施

7.4.1 控源截污

1.污水处理设施建设及布局优化

2017年，李村河污水厂年均运行负荷率为102%，而世园会水质净化厂年均运行负荷率仅有3%，上游"吃不饱"，下游"吃不了"。根据测算，随着区域发展及人口增长，2020年，李村河流域污水量约为31.20万 m^3/d。按照充分利用现有设施、切实可行、节约投资、近远期结合的原则，确定流域污水处理设施上中下三级布局。具体工程措施如下：

（1）世园会污水泵站新建工程

新建世园会污水泵站及配套污水管道，规模为0.50万 m^3/d，将下游污水提升至世园会水质净化厂处理，解决其进水量不足的问题。

（2）张村河水质净化厂新建工程

张村河中游北岸新建水质净化厂，一期（2020年）规模为4万m³/d，出水标准为类Ⅴ类地表水水质标准。

（3）李村河污水处理厂扩建及提标改造工程

李村河污水处理厂扩建至30万m³/d，主要出水水质指标提升至类Ⅳ类地表水水质标准。

2020年，李村河流域污水处理规模达到34.60万m³/d（图7-11），除满足流域内日常污水处理需求外，还可保有一定应对雨季水量增加、污水厂检修等带来的冲击负荷的能力。通过联合调度，既可减少污水全部集中于下游处理带来的再生水运行费用高的问题，又可缓解李村河两岸污水干线压力，降低溢流风险。

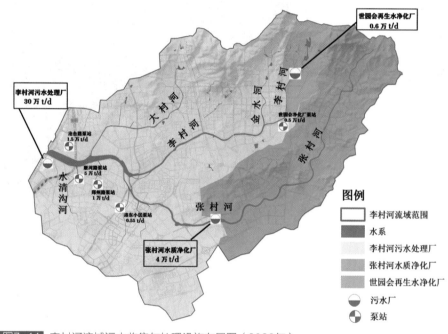

图7-11 李村河流域污水收集与处理设施布局图（2020年）

2. 管渠与排口系统排查

李村河治理把源头治理作为第一要务，引入专业单位对管网进行"体检"。采用CCTV、QV等手段溯源追查排口上游污染及管网问题，共划分为8个测区开展工作，完成排水口调查286处，源头信息调查4598宗，管网检测长度865.50km。检测成果全部纳入信息系统，为排口治理、管网改造、"小散乱"排污整治等工作提供基础。

3. 污水直排口治理

污水直排口治理采取的工程措施具体如下：

针对污水主干管不完善导致的污水直排，结合城市建设与改造过程，系统性地落实雨污分流，完善截污干管建设。如李村河中游结合城市改造对李村大集进行了拆除，同步敷设管径600mm的污水主管解决区域污水出路，并为未来城市发展预留了部分污水支管。

针对现状城中村无排水管网导致的污水直排，完成生活污水纳管建设，新建城中村污水管网，贯通至沿河截污主干管，如曲哥庄村、水清沟村、南龙口社区等改造工程（图7-12）。

针对污水管破损或冒溢导致的污水直排，采用翻建污水管、扩增管径等方式，如李村河下游舞阳路工程、大村河西流庄村工程等。

按照以上思路，流域新建截污干管11.96km；完善北龙口社区、南龙口社区等431.29ha城中村管网建设，建设污水管道245.64km；实施污水干管修复5.5km。

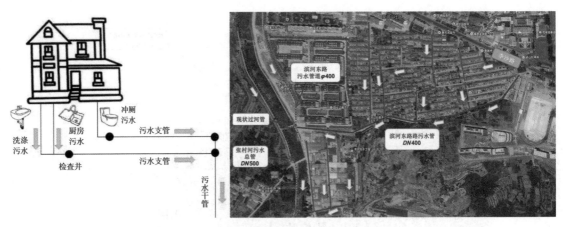

图7-12 城中村污水纳管及管网建设示意图（以南龙口社区为例）

4. 雨污混接治理

黑臭水体整治前，李村河流域共有102个雨污混接排水口（其中，雨污混接直排口73个，雨污混接溢流口29个），采取的工程治理措施具体如下：

针对雨污管网混错接情况，对混接排水口进行溯源，查明上游混接问题点，具备源头改造条件的，在混接点进行源头分流，彻底解决雨污混接问题，如青岛航空工程学院混接改造、百通馨苑小区混接改造等；不具备源头改造条件的，近期采用截污措施，远期采取彻底的分流改造，如河西村、刘家下庄等改造工程。

针对民房、商户及临时工地的私接乱排现象，采用新建污水管接入市政污水管道的措施，如李村河中游建安小区、李村河下游运通驾校等；并加强日常执法，严禁私接乱排。

针对污水管道容量不足或淤积破损导致污水溢流至雨水管道或暗渠等情况，采用翻建管道的措施，如青山路污水干管翻建等。

按照以上思路，李村河流域开展雨污混接改造地块71个，新建、翻建市政污水管道10.76km，雨水管道3.21km。

5. 加大"小散乱"违法排污整治

全面整治违法排污情况，流域内共排查"散乱污"企业230家，清理、取缔、关停整改106家。李村河中游整治前的李村大集区域，岸墙附近垃圾、货物、帐篷堆放，乱搭乱建和违章房屋较多。针对河道内违章设施、垃圾和货物、帐篷，进行彻底清理、拆除，共拆除约10万m²（图7-13）。

图7-13 李村河中游"水上漂"整治前后

6. 削减源头面源污染

（1）源头改造措施

落实海绵城市理念，通过源头控制，削减降雨径流污染。李村河流域内的大村河分区位于青岛海绵城市建设国家试点区内，面积9.50km²。李村河流域作为青岛海绵城市建设的重点流域，崂山区、市北区、李沧区均各自划定了2020年海绵城市建设先行示范区，面积共55.64km²。

鉴于李村河流域为建成区，源头改造项目主要采用"1+N"模式，统筹解决小区积水、雨污混流等涉水问题，并结合景观优化、停车位增加等百姓需求，对地块进行整体提升（图7-14）。李村河流域共实施115项源头改造项目，其中，建筑与小区81项，公园与绿地10项，道路与广场24项。

图7-14 李村河流域源头海绵城市改造项目（左为李沧文化公园，右为华泰社区）

（2）雨水调蓄工程

上王埠水库位于李村河流域北部大村河的源头，在水库东西两侧分别设置初雨调蓄净化处理设施2座，总容积为6300m³。初期雨水进入调蓄池后再进行净化处理，排入水库湿地系统进行深度处理，最终补充水库水源。

7.4.2 内源治理

1. 河道清淤

对李村河中下游、张村河、大村河及水清沟河等河道进行清淤，底泥清淤以有机物含量控制在5%以下为准，河道清淤长度22.72km，清淤量约为128.57万m³（表7-2）。

李村河流域清淤主要采用干式清淤法，通过密封式淤泥运输车，将淤泥输送至有防渗措施的淤泥堆场进行自然晾干处理后，再进行泥质检测，达标淤泥沿指定运输通道运至红岛和即墨的污泥集中处置场。

李村河清淤情况统计表 表7-2

河段	长度（km）	平均宽度（m）	清淤深度（cm）	清淤量（万m³）
李村河中游	3	60	50~80	10.44
李村河下游	4.02	215	100~150	89.85
张村河	5.52	45	40~70	10.41
大村河	7.4	24	80~120	16.07
水清沟河中下游	2.78	20	30~60	1.8
总计	22.72	—	—	128.57

2. 河面漂浮物及沿河垃圾清理

河道养护部门制定岸线垃圾清理和河道漂浮物打捞方案，定期清理岸线垃圾，打捞漂浮物及腐烂植物，确保河道两岸及河床内清洁、无垃圾。

李村河流域内已建立较为完备的城市垃圾收集转运处理体系，共有6个垃圾转运站（图7-15），对沿河岸线垃圾及河道漂浮物及时进行转运处理，最终送至青岛小涧西生活垃圾处置园区。

7.4.3 活水提质

青岛作为典型的北方缺水城市，河道枯水期缺少生态基流。采用污水处理厂再生水对李村河干流及主要支流张村河、大村河进行生态补水，增加河道水动力，改善河道水质，维持生态和景观功能。各河道补水工程措施如下：

（1）李村河生态补水

李村河上游以世园会再生水净化厂的再生水为补水水源，出水水质采用景观环境与杂用水再生水水质标准，出水直接补充李村河上游河道。李村河中下游以李村河污水处理厂的再生水为补水水源，共设置4处补水点，总补水量18万m³/d，配套建设再生水管网11.60km，建设补水泵站2座，1座位于李村河污水处理厂，规模20万m³/d；1座位于两河交汇口，规模5万m³/d（图7-16）。

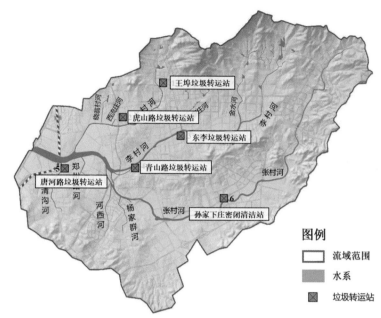

图7-15 李村河流域垃圾转运站分布图

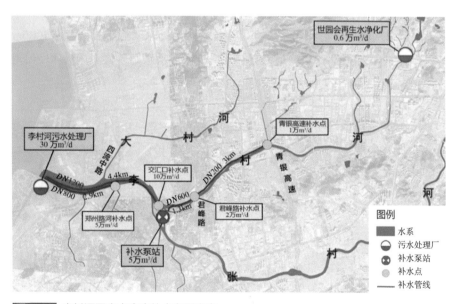

图7-16 李村河再生水生态补水布局方案

（2）张村河生态补水

张村河生态补水分别以张村河水质净化厂、李村河污水处理厂的再生水为补水水源。张村河中游的张村河水质净化厂，出水标准为类Ⅴ类地表水标准，再生水直接补充至中游河道形成景观水面；黑龙江路下游河段以李村河污水处理厂的再生水为补水水源，补水量为2万m³/d，配套建设再生水管线2.70km（图7-17）。

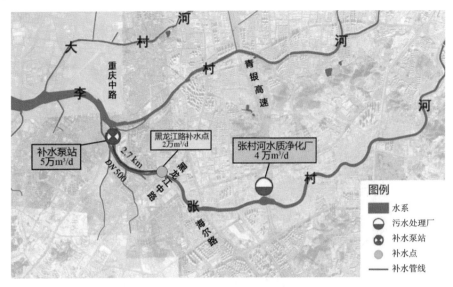

图7-17 张村河再生水生态补水布局方案

（3）大村河生态补水

大村河金水路以南段以李村河污水处理厂的再生水为补水水源，补水量为4000m³/d，设置2座中途加压泵站；金水路以北段以河道内蓄存水量为循环水水源，将下游水体经河道水处理设施处理后，通过循环水泵输送至上游河道（图7-18）。

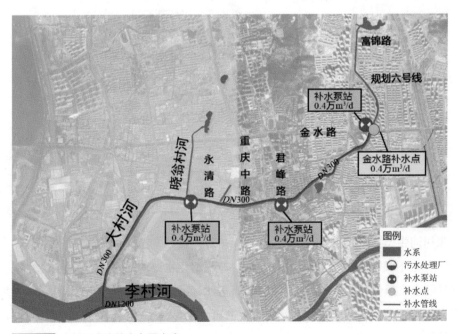

图7-18 大村河生态补水布局方案

7.4.4 生态修复

1. 生态蓄水工程

李村河中游设置9处子槽蓄水坝（图7-19），以自然降水、上游水库及再生水厂为水源，对河道进行生态蓄水，形成自然水面和跌落，增加水体含氧量，打造李村河中游河道连续景观水面。

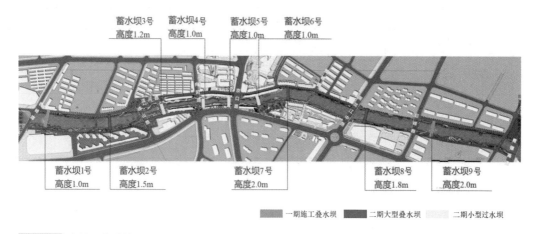

图7-19 李村河中游蓄水平面图

2. 驳岸生态改造

李村河流域生态护岸改造主要集中在李村河中游、张村河下游和大村河下游，生态改造总长度9.80km，景观提升总长度6.90km（表7-3）。改造后，李村河流域生态岸线率达到67%。各河道主要生态修复工程措施如下：

（1）李村河中游堤岸生态改造

整治前，河道驳岸生硬，道路界面与河道界面分离，植物品种单一。经过生态蓄水，李村河中游近岸设计水深约50cm，河道内选择能适应水位变化、有观赏价值、耐污力强的植物栽种，构成生态景观，如芦苇、花叶芦竹、荷花等；河岸边选择多品种乡土树种种植，形成植被缓冲带，如乔灌草、垂柳、红枫、玉兰等。

（2）李村河下游生态护岸改造

李村河下游硬质护岸改造为生态护岸，在浅水区种植黄菖蒲、千屈菜、菖蒲等；对岸边带状绿地进行提升，增加植物种类及数量；岸上设置透水材料漫步道、活动场地。李村河下游沿河岸贯通连续的植被缓冲带，促进雨水排河过程中的自然下渗与净化。

（3）张村河生态护岸改造

采用双重驳岸措施，在保留部分现状堤岸的情况下，对河道内和周边绿化进行整体提升。通过建立亲水台阶、湿地水道、海绵设施等，打造开放多元的蓝绿交织空间。

（4）大村河生态护岸改造

结合用地和景观需求，将部分护岸改造为悬挑式护岸，对河底进行生态化改造，换填土壤 4.37万m³，水生植物种植面积7.42ha，沿河恢复绿化3.80ha。

李村河流域生态护岸改造一览表　　　　　　　　　　　　　　　表7-3

河段	建设类型	建设长度（km）
李村河中游	生态改造	3.0
李村河下游	生态改造	0.8
	景观提升	3.6
张村河	生态改造	4.2
大村河	生态改造	1.8
	景观提升	3.3

7.5 非工程措施

7.5.1 坚持高位组织推动

一是顶格协调。青岛成立了由市政府主要领导任组长的黑臭水体治理工作领导小组，在市水务局下设办公室，组建工作专班，按照周例会、月通报制度，落实、协调城市黑臭水体治理日常工作。

二是齐抓共管。印发《青岛市黑臭水体治理实施方案》，明确了60项重点任务工作目标与责任部门；各部门密切配合、团结治污，多次召开联席工作会议，为治水一线提供最直接、最有力的支持。

三是重心下沉。各级河道责任人员坚持深入一线，加强日常动态巡查，针对现有城市黑臭水体，巡查频率为每半月1次；针对群众关注度高的河道，巡查频率为每周不少于1次，实现了城区河道全覆盖巡查和无盲区监控。

7.5.2 强化问责考核机制

一是强化督查问责机制。青岛市区建立了指导-协调-督查的工作机制，工作专班对巡河过程中发现的个别污水排放、漂浮物、淤泥等问题，进行督查通报。2020年，青岛市黑臭水体工作领导小组共下发督办函25份，建立问题台账，实行销号制度。

二是突出参建部门绩效考核。青岛市将黑臭水体治理纳入《青岛市经济社会发展综合考核实施细则》，考核结果与各区市、各部门的绩效评价挂钩。为进一步明确考核要点与方式，印发了《青岛市城市黑臭水体治理绩效考评办法》，明确采用汇报听取、资料查阅、现场检查等相结合的形式开展绩效考评工作。

7.5.3 加大排水执法力度

青岛市城市管理局、生态环境局、水务管理局联合印发了《青岛市黑臭水体治理排水执法工作标准》，定期检查洗车、施工工地、酒店等排水大户设施运行情况，市生态环境局将重点涉水排放工业企业纳入"双随机、一公开"执法范围。2020年，全市执法部门共检查排水单位2855家，整改123处，立案处罚84起。

7.5.4 完善地理信息系统

青岛市开展城市地下管线普查与信息化建设工作，基本摸清了市区主要市政道路范围内给水、排水、燃气等8类约9000km地下管线情况，及时开展管线补测补绘、管线竣工测量成果入库等工作，建立以5~10年为一个排查周期的长效机制，动态更新管线信息。搭建地上地下一体化三维场景，更加直观地表达地下管线的空间位置关系（图7-20）。

图7-20 青岛市区地下管线三维展示系统

7.5.5 建立在线监测体系

青岛市综合运用云计算、在线传感、"互联网+"等先进技术，形成涵盖"源-网-站-厂-河"的分层、分类精细化监测网络，在李村河流域内共布设液位、流量、水质等在线监测设备214台。搭建青岛市海绵城市及排水监测共享平台（图7-21），以能力建设管理、项目建设管理、监测管理、公众服务监督管理、绩效考核管理、预警管理为主功能模块，实现"排水一张图"，助推管理系统化、决策科学化、处理高效化。

7.5.6 开展专业技术培训

为提高本地区黑臭水体治理相关工作人员的专业水平，青岛市邀请国内水环境整治专家，采用"线上+线下"相结合的形式，对黑臭水体治理相关工作人员进行培训。与国内优秀高校、企

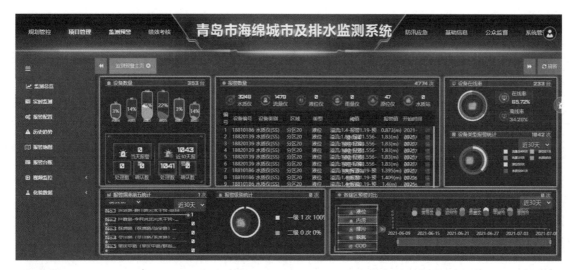

图7-21 青岛市海绵城市及排水监测一体化平台

业开展合作，完成李村河流域厂网河一体化研究、非常规水资源综合利用研究、李村河水环境模型研究3项课题研究。引入第三方全过程技术服务单位，从城市黑臭水体治理规划、建设、监测、制度等多方面、各环节、全过程提供专业技术支撑。

7.6 治理成效

7.6.1 河道水质有效改善

根据2020年的水质监测数据，李村河中游、下游水质持续好转，以氨氮为例，2020年，李村河中游、下游的平均值分别为1.54mg/L、0.67mg/L（图7-22）。

通过综合整治，李村河河道实现了无污水直排、沿线无垃圾、河面清洁，水体功能和景观方面均有良好的成效（图7-23、图7-24）。

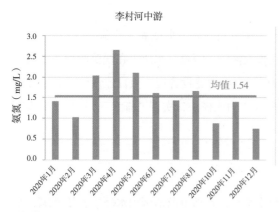

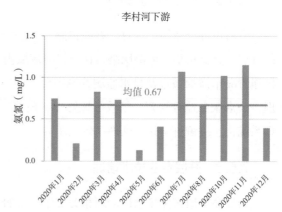

图7-22 李村河水质监测数据（2020年）

图7-23 李村河中游（君峰路-青银高速）整治前后对比图

图7-24 李村河下游（四流中路以东）整治前后对比图

7.6.2 生态产品供给增加

李村河整治前，作为城市河道无水可观，中游通过采用两端大水面蓄水、中断内部蓄水的方式，整治后，蓄水16万m³；中下游实现再生水生态补水18万m³；改造生态岸线16.7km，增加河道绿化面积170ha，形成蓝绿交织的生态空间（图7-25）；中下游3.5km河段实现"清水绿岸、鱼翔浅底"。流域内结合海绵城市建设，打造了李沧文化公园等一批高品质的绿地、公园，基本实现"300m见绿、500m见园"。

图7-25 李村河治理后沿河生态空间打造

7.6.3 城市形象品位提升

李村河治理考虑城市整体发展规划，以"水波再兴、水印绿廊、水韵雅市"为主题，明确河道定位。整治前，中游河底被"天天市"占用经营，乱搭乱建，卫生脏乱差，影响市容的同时，存在安全隐患。李村河治理统筹搬迁李村大集，拆除违章建筑约10万m²，结束了800余户"天天

图7-26 李村河中游李村大集整治前后对比图

市"、千余家临时赶集业户长期盘踞河道的历史；沿河设计雕塑、小品等传承大集文化，打造城市休闲旅游观光带（图7-26）。

7.6.4 百姓幸福指数增强

李村河治理始终坚持还市民以健康和充满活力的李村河的宗旨，沿河建设亲水平台、健康绿道系统、健身场所，为居民提供休闲娱乐的好去处。李村河绿道成功入选第一批"山东省最美绿道"，成为青岛市民全家亲子游玩、娱乐健身、亲近自然的好去处，同时，也是青岛市摄影爱好者的"网红"打卡地，百姓获得感、幸福感得到增强（图7-27）。

7.6.5 周边产业结构升级

李村河治理前，水质环境较差，开发前景较差，导致周边区域建设项目限批；治理后，住宅、商业开发项目增加，带动了周边地产行业的发展，沿河开发了一批高品质住宅小区（图7-28）。李村河由昔日"臭水沟"变身为城市景观河，成为青岛独具特色的生态、休闲、商务产业带，实现了城市发展和河流生态环境保护的同频共振。

图7-27 李村河周边百姓活动、摄影　　图7-28 李村河整治后沿河周边新小区建设情况

7.7 经验总结

7.7.1 流域系统治理，岸上岸下协同，实现由治"标"向治"本"转变

各区原多采用硬化、排口封堵、临时截污等措施，导致水体治理效果易反复。青岛李村河治理，转变传统的"头痛医头、脚痛医脚"的碎片化治理理念，逐步明确"全流域系统治理"的思路，加强顶层设计，编制印发了《李村河流域水环境治理系统化方案》《李村河水环境治理工作方案》，以流域为单元，查明问题底数，科学制定系统方案。统筹推进海绵城市建设、黑臭水体治理、污水处理提质增效等各项工作，提出了"控、拆、疏、建、补、修"六项方针，明确了"两提、两分、两清、两补、一体系"的技术体系，即提升污水处理能力和出水水质，推动城中村和支流暗渠雨污分流，清理河道淤泥清理和积存垃圾，实施生态补水和绿化补植，建立智能监测平台体系，一张蓝图干到底，实现标本兼治。

7.7.2 优化污水设施布局，提高出水标准，实现由"弃"向"用"转变

李村河流域污水处理设施建设改变了传统的末端集中处理、出水排入胶州湾的模式，形成了空间"上–中–下"、规模"小–中–大"结合的三级布局（图7-29）。上游世园会净水厂建设配套泵站，规模0.5万m³/d；中游新建张村河水质净化厂，规模4万m³/d，出水优于地表水V类水质标准，再生水作为河道生态补水、景观绿化等使用，形成水净化、水利用、水生态的区域水处理系统；下游李村河污水厂扩建至30万m³/d，提标后达到类Ⅳ类地表水标准，为张村河、李村河提供

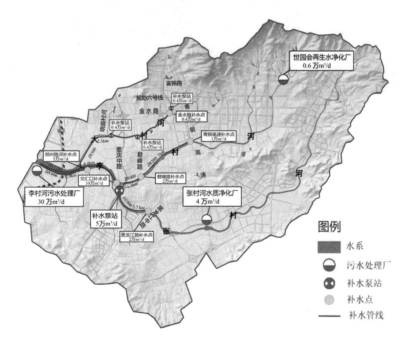

图7-29 李村河流域再生水生态补水总体布局

20万m³/d的补水水源。三级布局方案既保障了流域污水得到全覆盖、全收集、全处理，又充分结合河道生态补水需求，实现了再生水的生态耦联、梯级利用，为北方缺水城市水生态建设提供了经验。

7.7.3 深入推进雨污分流，取消临时截污，实现由"黑"向"清"转变

李村河流域整体为雨污分流制，但由于源头混错接、管网不健全等原因，存在大量雨污混接排水口，原治理过程中大量采用临时截污，一方面，增大了污水厂雨季的运行压力，影响污水厂运行效能；另一方面，雨天溢流严重，影响水体水质的稳定达标。随着对黑臭水体治理的深入认识，青岛市把"源头治理"作为第一要务，开展排水口溯源整治，通过CCTV检测、QV检测、流量监测、水质监测等手段，对排水口上游开展地毯式摸排（图7-30），全面排查管网破损、雨污混接、违法排污等问题，建立问题清单，"一口一策"明确整治方案。深入开展雨污分流工作，对沿岸的29个社区全部进行雨污分流改造；开展"散乱污"排查清理工作，以"不放过一家小作坊、不错失一条小支管"的决心，排查"散乱污"企业230家；同时，针对14处重点排水口，实施清污分流工程。由末端粗放式临时截污转变为源头雨污分流的精准截污，既可减少雨天溢流污染，又提高了污水系统的运行效率。

图7-30 李村河流域管网检测工作现场情况

7.7.4 推进水城共融建设，开展生态修复，实现由"差"向"美"转变

李村河河道治理摒弃"三面光"的做法，进行河道生态修复。李村河是连接崂山和胶州湾的天然长廊，实施李村河生态整治是优化城市布局的生态工程，更是造福子孙后代的民生工程。李村河综合整治后，流域内生态岸线比例由40%提升至67%；种植近13万m²的水生植物，形成了"清水绿岸"的生态景观；增设正规垃圾堆放点，加快垃圾转运频次。李村河整体环境的改善，带动了岸上人口结构变化和产业更迭，成为以休闲、健身、绿色、生态为主导功能，兼具地域文化特色的"山-海-河"绿色长廊，打造岛城"南滨海、北滨河"的靓丽风景线，推动"美丽河"向"幸福河"迭代升级（图7-31）。

图7-31 李村河河道治理效果实景

7.7.5 完善长效管理机制，提高管护水平，实现由"乱"向"序"转变

李村河黑臭水体治理转变传统依靠工程治水的模式，建管并重，做好管理文章。青岛市以河长制为抓手，制定《李村河流域水环境管理责任手册》，对李村河流域内的11条干支流河道，以社区为单元进行分段，共设置94位河段长。在河长制、排水许可、排污许可等制度较为完善的基础下，坚持问题导向，进一步完善长效机制，2020年，相继出台了《青岛市城市黑臭水体治理绩效考评办法》《青岛市黑臭水体治理相关企业信用管理办法》《青岛市黑臭水体治理排水执法工作标准》等10余项制度。加强黑臭水体日常巡查及监测，聘请第三方对城市黑臭水体每月开展固定监测，对问题严重的河段进行加密监测，及时处置发现的问题，真正做到"发现一处、整治一处"，全面消除水体污染隐患，确保青岛市黑臭水体治理的"常治长净、长制久清"。

7.7.6 倡导社会广泛参与，尊重百姓意愿，实现由"闭门造车"向"开门治水"转变

"良好的生态环境是最普惠的民生福祉"，在李村河整治过程中，青岛市坚持开门治水，坚持众人的事由众人商量，大家的事情大家办。以李村河中游百年李村大集的治理为典型河段，开展河道治理、李村大集整体搬迁工作，既改善了环境，也满足了居民的生活需求。李村河流域水清沟河整治过程中，辖区政府先后三次同开发商磋商，并集中征求业主意见，最终由开发商投资2300万对河岸景观进行绿化提升，政府投资约3300万进行河道黑臭水体治理，真正实现了政府主导、社会参与的共建共享局面（图7-32）。

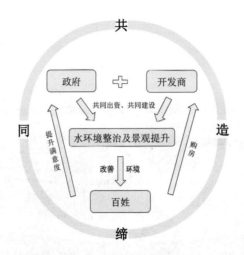

图7-32 青岛市水环境治理共同缔造模式

中国市政工程华北设计研究总院水务规划咨询研究院：国小伟　王腾旭　王磊　涂楠楠
马伟青　曹玉烛

青岛市水务管理局工程建设和安全监督处：孙振水

青岛市水务事业发展服务中心：高书连　张英杰　张晓峰　韩斌

李沧区城市管理局河道管理服务中心：高展

8 吴忠清水沟

吴忠因黄河而生、依黄河而建、伴黄河而兴，保护黄河"母亲河"是吴忠市义不容辞的责任。作为吴忠市的主要入黄排水沟，清水沟却曾经一度呈现轻度黑臭，使吴忠这座"水韵之城"减色几分。近年来，吴忠市委政府高度重视黑臭水体治理工作，坚持把黑臭水体治理融入黄河流域生态保护和高质量发展先行区建设重大国家战略，坚持把黑臭水体治理作为保护黄河"母亲河"的重大举措，紧密围绕清水沟枯水期生态基流量小、入黄口水质要求高（地表水Ⅳ类）、流域上中下游污染源三区各异等典型特征，在控源截污、生态修复、再生补水、长效维护等方面着重发力，因地制宜，精准施策，确保实现黑臭水体的标本兼治和系统治理。

8.1 水体概况

8.1.1 城市基本情况

1. 城市区位

吴忠市位于宁夏回族自治区中部，市域面积2.07万km²，下辖5个县（市、区）（图8-1）。利通区是吴忠市政府所在地，位于市域西北部，北距自治区首府银川市58km，城市建成区面积51.32km²。

2. 地形地貌

吴忠市地处黄河上游、贺兰山东麓，地势南高北低，北部为黄河冲积平原，南部为牛首山及罗山余脉汇合而成的黄土丘陵地带。市辖区及周边属于银川平原，地势较为平坦，地形整体趋势为西南高、东北低（图8-2）。

3. 气候特征

吴忠市地处西北内陆，属中温带干旱气候区，具有明显的大陆性气候特征：四季分明，气候干燥，蒸发强烈，降水集中。多年平均气温9.4℃，极端最高气温41.4℃，极端最低气温-28.0℃，多年平均蒸发量2067mm，多年平均降雨量194mm（图8-3），雨季（5~9月）平均降雨量156mm，占全年的80%。

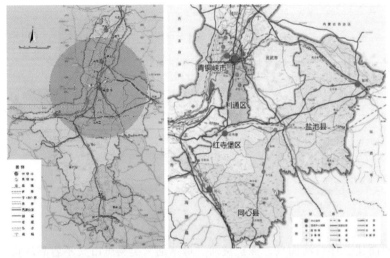

图8-1 吴忠市区位图

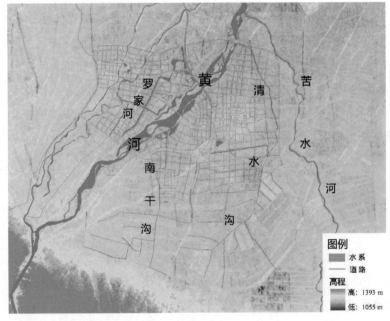

图8-2 吴忠市辖区及周边地形
地貌示意图

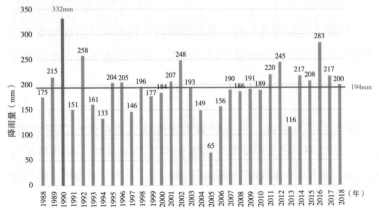

图8-3 吴忠市年降雨量分布图
（1988~2018年）

4．河流水系

吴忠市位于宁夏平原河东灌区，自然水系和人工灌渠较为密集。黄河是吴忠市最大自然水体，流经市域69km，市区段长度6km。市内其他自然水体主要有南干沟、清水沟、苦水河等，均为黄河一级支流（图8-4）。

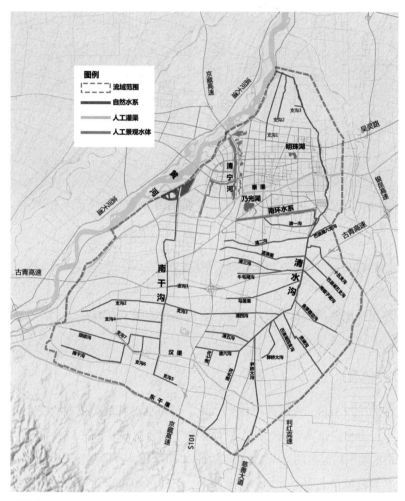

图8-4 吴忠市水系分布图

5．排水系统

（1）排水体制

吴忠市区现有两种排水体制：老城区为雨污合流制，占比为88%；高铁新区为雨污分流制，占比为12%（图8-5）。

（2）污水厂站

吴忠市区现有3座污水处理厂和7座排水泵站（图8-6）。其中，第一污水处理厂规模6万m³/d，

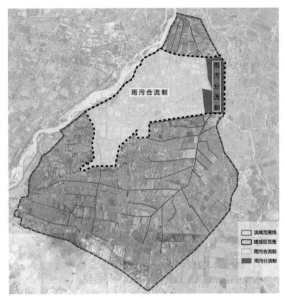 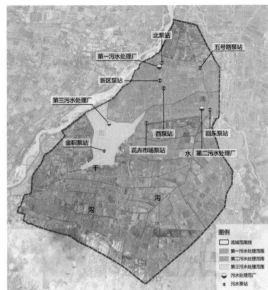

图8-5 吴忠市排水体制示意图　　图8-6 吴忠市污水厂站示意图

第二污水处理厂规模2万m³/d，第三污水处理厂规模5万m³/d。

（3）管网设施

吴忠市区现有排水管网236.5km，其中，合流制排水管190.4km，污水管24.5km，雨水管21.6km。

8.1.2　水体情况

清水沟干流全长27.3km，流域面积183.72km²。流域典型特征可概况为三个方面：一是枯水期生态基流量小。清水沟是典型的西北干旱地区季节河流，枯水期（12月~次年4月）流量明显减小，不足非枯水期平均流量的1/17，水体自净能力和水环境容量明显下降。二是流域上中下游三区各异。清水沟流域自上而下分别为工业园区、村镇区和城市建成区，接纳沿岸全部生产废水、生活污水和农田退水，排水系统和污染源特征三区各异。三是入黄口水质要求高。清水沟是吴忠市主要入黄排水沟，根据黄河大保护国家战略及自治区水污染防治相关要求，清水沟入黄口水质应达到地表水Ⅳ类水质标准。

2018年以前，清水沟下游（涝河桥-古城湾新村）曾呈现轻度黑臭，黑臭长度10.4km（图8-7）。同时，入黄口断面水质全年达标率仅20%，总氮、总磷等指标不达标，水质综合评价为劣Ⅴ类（表8-1）。

图8-7 清水沟黑臭水体示意图

清水沟整治前水质监测统计表

表8-1

黑臭水体名称	透明度（cm）	氨氮（mg/L）	溶解氧（mg/L）	氧化还原电位（mV）
清水沟（涝河桥–古城湾新村）	20	11.3	3.2	-117

8.2 存在问题

黑臭水体治理前，清水沟存在的问题主要有三个方面：一是流域内工业企业、农村生活、城市生活等污染源多，排放量大，污染严重；二是流域内河道淤积和被侵占问题突出，导致河道生态功能退化；三是清水沟枯水期生态基流量小，水体自净能力严重不足。

8.2.1 工业园区管网不完善，污水厂排放标准低

金积工业园区（牛首山园）位于清水沟流域上游，规划面积为24.38km²，园区内有企业40余家，以造纸、包装印刷、化工等企业为主。

图8-8 昊盛纸业污水厂不达标排放示意图

黑臭水体治理前，园区污水收集、处理缺乏统一规划。一方面，集污管网建设滞后，导致金泽源木业、源盛纸业、宁宝源骨粒等企业的生产、生活污水无法接管和集中处理；另一方面，昊盛纸业污水处理厂（处理能力为1万m³/d）作为园区唯一的污水集中处理厂，设计排放标准为一级B，受设备老化、进水水量水质不稳定等影响，时常出现超标排放情况（图8-8）。

8.2.2 村镇生活污水处理设施薄弱，大量污水直排

清水沟沿线接纳着高闸镇、马莲渠乡、巴浪湖农场、金银滩镇、上桥镇、郭家桥乡、东塔寺乡、古城镇8个乡镇约10万农村居民的生活污水。

黑臭水体治理前，清水沟流域只有高闸镇、金银滩镇、古城镇等镇区建有生活污水处理站，其他乡镇及沿河村庄的生活污水基本无收集和处理，大量农村生活污水以散排为主（图8-9）。据统计，清水沟沿线农村生活、旱厕等直排口788个，直排污水量约1400m³/d。

沿河旱厕散排口　　沿河农户散排口

图8-9 清水沟沿线农村散排口示意图

8.2.3 城市生活污水处理厂排放标准低

吴忠市区位于清水沟流域下游，现有城市生活污水处理厂共三座，其中，两座位于清水沟流域，分别是第一污水处理厂和第二污水处理厂。黑臭水体治理前，第一污水处理厂规模为6万m³/d，日均处理量3.7万m³/d，执行二级排放标准。第二污水处理厂规模为2万m³/d，日均处理量1万m³/d，执行一级B排放标准。两座污水处理厂的出水标准均未达到《宁夏重点流域水污染防治

"十三五"规划》要求的一级A排放标准（表8-2）。

清水沟流域城市生活污水处理厂统计表　　　　　　　　　　表8-2

序号	名称	设计规模（m³/d）	日均处理量（m³/d）	执行排放标准
1	吴忠市第一污水处理厂	60000	36780	二级
2	吴忠市第二污水处理厂	20000	10300	一级B

8.2.4　河道淤积和被侵占严重，生态功能退化

黑臭水体治理前，清水沟流域多年未经集中整治，周边居民沿河违法建房、占地等情况较为突出，河道水土流失严重，导致河道断面和生态空间逐渐被压缩侵占，最窄处不足10m，河道防洪和生态功能严重退化（图8-10）。

同时，由于河道淤积和垃圾堆放情况比较严重（图8-11），污染物长期在河床中累积形成黑臭底泥，平均厚度为20～100cm。

图8-10 清水沟被侵占情况图

图8-11 清水沟淤积和垃圾堆放情况图

8.2.5　枯水期生态基流量小，自净能力不足

清水沟属于典型的西北干旱地区季节性河流，径流量年际变化较大，年内分布不均匀。除雨季（5~9月）和春冬灌期（5月、11月）外，枯水期河道生态基流量较小，不足非枯水期平均水平的1/17，水体自净能力和水环境质量较差（表8-3、图8-12）。

据测算，枯水期清水沟流域污染物总排放量（以氨氮计）是水环境容量的5.1倍，枯水期水体自净能力严重不足（图8-13）。

清水沟多年月平均径流量统计表　　　　　　　　　　　　表8-3

月份	1	2	3	4	5	6
月平均径流量（万m³）	150.9	121.5	135.8	372.5	3947.7	5053.1
月份	7	8	9	10	11	12
月平均径流量（万m³）	5673.9	5444.3	2594.7	443.4	2739	249.5

图8-12 清水沟枯水期情况图

图8-13 枯水期清水沟流域污染物总排放量与水环境容量对比示意图

8.3 治理思路

8.3.1 治理目标

根据《吴忠市城市黑臭水体治理两年攻坚行动计划》，清水沟黑臭水体治理的目标为"四达标、三提升、两实现、一满意"。

"四达标"：透明度、溶解氧、氧化还原电位、氨氮四项指标平均值均达到不黑不臭的标准要求，全面消除黑臭水体。

"三提升"：河道沿线垃圾清理率有效提升，水面无大面积漂浮物、翻泥；进入污水处理厂的生化需氧量浓度较2018年提升10%；清水沟入黄口水质全面提升，达到地表水Ⅳ类标准。

"两实现"：清水沟45%以上的河段实现"清水绿岸、鱼翔浅底"的要求；建立完善的黑臭水体长效机制，实现清水沟"长制久清"。

"一满意"：居民满意度在90%以上。

8.3.2　技术路线

吴忠市坚持把黑臭水体治理融入黄河流域生态保护和高质量发展先行区建设重大国家战略，坚持把黑臭水体治理作为保护黄河"母亲河"的重要举措，紧密围绕清水沟流域的典型特征、存在问题和治理目标，在控源截污、生态修复、再生补水、长效维护等方面着重发力，确保实现黑臭水体的标本兼治和系统治理，高标准完成黄河流域生态保护和高质量发展先行区建设。具体技术路线可总结为（图8-14）：

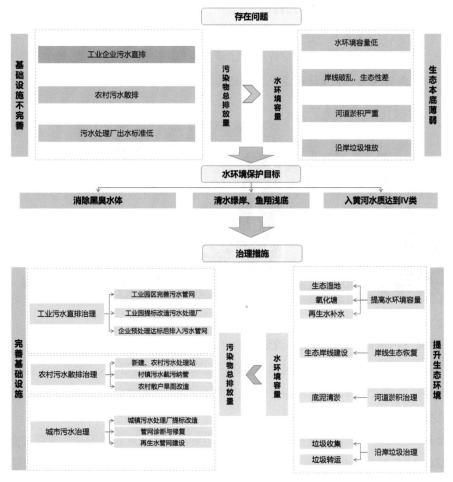

图8-14　清水沟治理技术路线图

（1）排口调查，追踪溯源；定量分析，识别问题；

（2）治理黑臭，保护黄河；目标明确，分类施策；

（3）完善管网，强化收集；提高标准，减少排放；

（4）清淤拆违，拓宽河道；垃圾收集，长效养护；

（5）再生补水，增加基流；末端湿地，最终屏障；

（6）生态修复，环境提升；清水绿岸，鱼翔浅底。

8.4 工程措施

8.4.1 控源截污

吴忠市紧扣"黑臭在水里、根源在岸上"的理念，开展了全流域排污口调查和溯源，并对工业园区、村镇、城市建成区等存在的问题分别提出针对性的治理措施。

1. 全流域污染源调查溯源和排口封堵

吴忠市对清水沟干流及支流沿岸的排污口进行了全面摸查和梳理，查清排污口位置，并开展溯源调查，通过排污口封堵执法专项行动，取缔企业非法排污口12座，封堵农村散排口788个，有效截断了清水沟沿线的污水直排现象（图8-15）。

图8-15 排污口调查和执法封堵

2. 工业园区污水管网建设和提标改造

金积工业园区污染治理措施主要包括完善园区排水管网，建设污水预处理设施及污水厂提标改造等，最终确保园区污水管网全覆盖，污水全收集、全处理和达标排放。

（1）完善园区排水管网

针对金积工业园区排水管网设施不完善、部分企业污水无法纳管的问题，金积工业园区新建集污管网46km，将企业污水全部接入昊盛纸业污水处理厂进行集中处理，有效降低了企业偷排对清水沟的污染风险（图8-16）。

（2）建设污水预处理设施

宁夏鑫浩源生物科技股份有限公司排放的污水中，化学需氧量、氨氮、总磷、无机盐等浓度较高，由于缺少预处理设施，直接排入园区管网后，对下游昊盛纸业污水处理厂的稳定运作造成较大影响。园区通过配套新建1座预处理设施，规模为3000m³/d，对鑫浩源及周边企业的高浓度废水进行预处理，达到标准后，输送至昊盛纸业污水厂进行深度处理和达标排放（图8-17）。

图8-16 金积工业园区集污管网示意图　　图8-17 鑫浩源污水预处理工程示意图

（3）污水厂提标改造

昊盛纸业污水处理厂承担清水沟上游金积工业园区内企业生产、生活污水的处理功能，由于运行不稳定、设计排放标准低（一级B）等原因，对清水沟造成一定的污染。园区通过对污水处理厂进行设备更换和提标改造，将昊盛纸业污水处理厂排放标准提高到一级A标准，处理规模为1万m³/d，有效削减了金积工业园区的污染物排放总量。

3. 农村生活污水收集和处理设施建设

在解决清水沟沿线农村居民生活污水排放问题时，吴忠市根据实际情况采取了两种治理措施：对于城区周边的村镇，通过新建集污管网和提升泵站，将污水统一纳入城市生活污水厂进行处理；对于距离城区较远的村镇，通过改造和新建一体化污水处理设施、完善集污管网、农村旱厕改造等措施，将生活污水收集处理后，达标（一级A）排放清水沟。

目前，清水沟流域累计新建一体化污水处理站1座、污水提升泵站11座、集污管网69.46km，解决了清水沟沿线5323户2.3万农村居民的生活污水排放问题，保障了农村生活污水的有效收集和处理（表8-4、图8-18）。

利通区清水沟流域农村污水处理方式统计表   表8-4

序号	位置	工程措施	处理方式
1	高闸镇	铺设污水管1.43km，新建污水处理站1座，规模500m³/d	新建污水处理站
2	金银滩镇	团庄村铺设污水管19.4km，建设集中化粪池3座、污水提升泵站3座	接入原金银滩镇污水处理厂
3	马莲渠乡	新建污水提升泵站1座	接入第二污水处理厂
4	巴浪湖农场	铺设排水管2.4km，建设污水提升泵1座	接入原金银滩镇污水处理厂
5	上桥镇	牛家坊村、罗渠村、解放村、花寺村等建设排水管道共计30.85km，建设污水提升泵站2座	接入第二污水处理厂
6	郭家桥乡	涝河桥村新建污水管1.3km、污水提升泵站1座	接入新建第五污水处理厂
7	东塔寺乡	铺设污水管道13.36km，新建集中化粪池3座、污水提升泵站3座	接入第一污水处理厂
8	古城镇	古城湾新村新建排水管0.72km	接入原古城湾污水处理站

图8-18 古城湾农村生活污水处理设施

4. 城市生活污水厂提标改造和管网修复

吴忠市城区的污染治理，主要包括污水厂提标改造和管网修复改造等内容。其中，第一污水处理厂处理设计规模（6万m³/d）保持不变，污水处理工艺由原设计的卡鲁塞尔氧化沟工艺改造为流动床生物膜（MBBR）工艺，排放标准由原设计的二级标准提高到一级A标准。第二污水处理厂设计规模（2万m³/d）保持不变，污水处理工艺由原设计的悬挂链曝气倒置AAO工艺改造为流动床生物膜（MBBR）工艺，排放标准由原设计的一级B标准提高到一级A标准。两座污水厂提标改造后，有效降低了污水厂尾水的污染物排放总量（图8-19）。

在污水厂提标改造的基础上，吴忠市持续开展城区老旧管网问题诊断和修复改造。一是对城区老旧排水管网开展了全面问题诊断。采用CCTV、QV等内窥检测技术检测排水管网100km，全面评估管道运行情况和破损情况，为持续开展问题管网改造和修复提供技术支撑。二是根据管网诊断结果，重点对老旧排水管网进行了修复和改造。采用紫外线固化技术修复老旧管网777m，采用开挖修复方式改造老旧管网14.1km。项目实施后，有效修复解决了城区老旧排水管网的突出问题和运行风险（图8-20）。

图8-19 第一、第二污水处理厂提标改造后实景

图8-20 吴忠市排水管网紫外线固化法修复前、后对比

8.4.2 生态修复

清水沟作为黄河的一级支流,不仅要达到水体不黑不臭,同时,要满足入黄口水质达到地表水Ⅳ类的要求,因此,在控源截污的基础上,生态修复也是吴忠市开展清水沟治理的重要措施。一方面,对河道进行清淤拆违,拓宽河道的生态空间;另一方面,全面进行河道生态岸线建设和生态恢复;同时,积极利用清水沟沿线地形条件,建设氧化塘、人工湿地,进一步构建起保护黄河生态安全的缓冲区和屏障。

1.清淤拆违,拓宽河道

在开展清水沟治理之初,吴忠市首先对清水沟沿线侵占河道的建筑物和农田进行了依法拆除和整治,累计清运垃圾约8万m³,拆除违建17.6万m²,为清水沟的生态修复腾出了空间。同时,吴忠市对河道进行清淤疏浚,采用干化填埋等方式对黑臭底泥进行处置,整治清水沟干流长度共15.65km,并对清二沟、清三沟、清四沟、清五沟、清六沟、清七沟、牛毛湖沟、金廖路边沟等15条主要支沟进行了清淤疏浚和塌坡加固处理(图8-21)。

图8-21 清水沟沿线违建拆除和清淤拓宽

2. 生态修复，改善环境

在清淤拆违的基础上，吴忠市对清水沟沿线驳岸进行了生态化改造和修复，下游城区段主要采用生态草坡、多级杉木桩等措施，中上游非城区段及支沟主要采用格宾石笼、植草砖砌护等措施，将原有硬质砌护驳岸及原始地貌的坍塌岸线全部改造为生态岸线，有效恢复了河道的生态功能和水土保持能力，同时，结合地形地貌营造了多处滨水空间（图8-22）。项目实施后，清水沟完成干流27.3km的生态治理，打造城市生态碧道10.4km（图8-23），岸线绿化面积达76ha，城区段生态岸线比例达100%，成为吴忠市新的城市生态景观示范带。

图8-22 清水沟城市生态景观河道

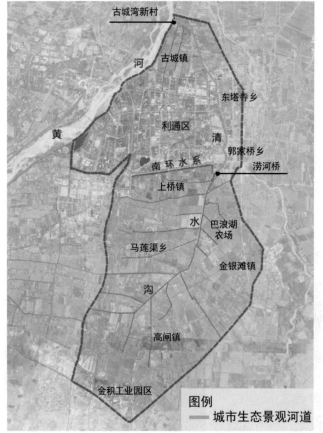

图例
—— 城市生态景观河道

图8-23 清水沟城市生态景观河道示意图

3. 湿地建设，构建屏障

在清水沟入城前，吴忠市利用原有坑塘，建设生态氧化塘1座，形成水面4.14万 m² （图8-24），对清水沟上游来水进行净化，氧化塘处理后，出水水质达到Ⅳ类水质要求，主要用于城区景观水体补水以及清水沟下游河道的生态补水，进一步改善了清水沟城市段的水环境质量。

为提升第一污水处理厂出水水质，进一步削减向环境排放的污染物量，吴忠市在第一污水处理厂末端新建1座人工湿地（古城湾人工湿地），占地面积14.4万 m²（图8-25），采用生态滞留塘+潜流湿地+表流湿地的组合工艺，搭配种植黄菖蒲、水葱、千屈菜、芦苇、菖蒲等水生植物，对污水处理厂尾水进行深度处理，出水水质指标达到地表水Ⅳ类标准。

在清水沟末端入黄口处，依托张家滩湖，吴忠市新建了清水沟人工湿地（图8-26），采用磁分离混凝沉淀+曝气浮动湿地的工艺，对清水沟入黄前水质进行深度处理，设计处理规模为9万 m³/d。项目实施后，可确保清水沟入黄水质稳定达到Ⅳ类水质标准，为保护黄河构筑了最后一片缓冲区和生态屏障。

图8-24 清水沟入城前的氧化塘

图8-25 第一污水处理厂尾水湿地

图8-26 清水沟末端人工湿地

8.4.3 再生补水

依托现有的第一污水处理厂再生水系统（日处理规模3万m³），吴忠市新建清水池和送水泵房各1座，改造再生水管网30.2km，新建再生水管网14km，进一步完善了再生水保障系统，提高了管网覆盖率（图8-27）。在满足工业冷却用水补水需求的同时，还在清水沟城区段与金积大道、世纪大道、朔方路等道路交汇处预留了3处再生水补水口，日均补水量可达2万m³，有效提高了清水沟枯水期的生态基流量和水环境容量（图8-28）。

图8-27 清水沟流域再生水管网示意图

图8-28 枯水期清水沟再生水补水前后对比

8.5 非工程措施

非工程措施方面，吴忠市对标"长制久清"的要求，重点围绕排口监管、河道维护、水质监测等方面，强化清水沟长效管控机制建设。

8.5.1 紧盯责任落实，加强组织领导和考核监督

一是强化组织领导。吴忠市成立了黑臭水体治理示范城市推进工作领导小组，由分管副市长担任清水沟河长，实行领导干部包抓环境保护工作制度。

二是强化责任落实。吴忠市出台了《黑臭水体治理两年攻坚行动计划》，提出了"四达标、三提升、两实现、一满意"的工作目标，明确了加强控源截污、突出内源治理、注重生态修复、推进活水提质4个方面共13项重点任务。同时，吴忠市还出台了《领导小组办公室工作制度》《中央奖补资金使用管理办法》《中央奖补资金使用计划》《黑臭水体治理绩效考核制度》《2020年黑臭水体治理示范城市建设任务分工方案》《2020年黑臭水体治理工作细则》等系列文件，从项目建设、资金使用、资金监管、制度落实、资料报送、巡查通报、工作例会、绩效考核等多个方面加强责任落实，确保各项工作落到实处。

三是强化考核监督。吴忠市按照《领导小组办公室工作制度》相关要求，制定了《黑臭水体整治工作考核细则》，工程和管理两手抓，过程和效果全覆盖，每年度对各成员单位黑臭水体治理工作开展考核；同时，强化考核结果运用，相关考核结果抄报领导小组，对成绩突出的单位给予通报表扬，对责任落实不力的单位严肃问责。

8.5.2 紧盯排口监管，建立健全联合溯源执法机制

吴忠市紧盯入河排口监管，对入河排口实行统一编码（图8-29），覆盖全部污水口和雨水口，每月开展排口巡查和水质检测。严格落实排污许可、排水许可制度，市政、城市管理、生态环境、综合执法等部门各司其职，联合行动，严肃查处餐饮、宾馆、个体工商户偷排行为和市政污水管网私搭乱接等现象，排口整治效果持续巩固。

图8-29 清水沟排口标识牌

8.5.3 紧盯河道维护，建立健全巡河及垃圾收集转运制度

吴忠市严格落实河（湖）长制，紧盯河道巡查监督及垃圾收集转运等制度落实。市河长办负责巡查监督和绩效考核，区河长办负责属地管理和资金统筹，各乡镇河长办负责河道保洁方案编制和组织实施，每周开展河岸、水体保洁，定期开展水生植物、沿岸植物季节性收割，及时清除

季节性落叶、水面漂浮物，坚决防止水体"二次污染"。

    河道巡查和保洁工作具体由各乡镇专职人员负责，配发工作服、保洁车、保洁船、雨裤、安全绳、救生衣等设备，有效提高了河道保洁的工作效率和保洁员的人身安全，并建立了完整的河道保洁工作台账，作为人员工资结算和区财政专项资金拨付凭证。同时，利通区还聘请了专业环卫公司负责城市和农村生活垃圾、河岸垃圾的收集和转运（图8-30）。

图8-30 开展河岸垃圾
清理和河道保洁

8.5.4 紧盯水质监测，常态开展黑臭水体监测工作

    吴忠市不断完善清水沟水质监测工作，共设置水质采样点50余处，全面覆盖主沟、支沟、入黄口及主要排污口，实现了清水沟水质监测的网格化管理。检测指标包括：温度、pH、透明度、溶解氧、氧化还原电位、氨氮、总氮、总磷、化学需氧量共9项指标，既满足城市黑臭水体监测相关要求，又满足地表水环境质量主要指标的监测要求。每月定期开展水质检测，及时掌握水质变化趋势和水质异常分区（排口），提高了水污染执法的时效性和精确性，对巩固黑臭水体治理效果提供了重要的技术支撑。

    2019年12月，领导小组办公室联合市生态环境局环境监测站共同开展清水沟巡查和水质检测，根据水质检测结果发现，清水沟局部河段水质恶化（劣Ⅴ类），并呈现明显规律（自下游向上游逐渐恶化），初步判断，清水沟上游存在较严重污染物入河现象，领导小组办公室立即组织对清水沟上游开展重点巡查，发现某企业排口存在明显排污痕迹后，立即通报市生态环境局和金积工业园区管委会，最终由生态环境部门对违法排污企业依法做出处罚并责令整改。

8.6 治理成效

8.6.1 全面消除黑臭，入黄口水质稳定达到地表水Ⅳ类

    根据水质检测数据分析，清水沟流域2020年水质情况良好，满足《城市黑臭水体整治工作指南》明确的不黑不臭标准。清水沟末端人工湿地入黄口处水质稳定达到地表水Ⅳ类标准（图8-31）。

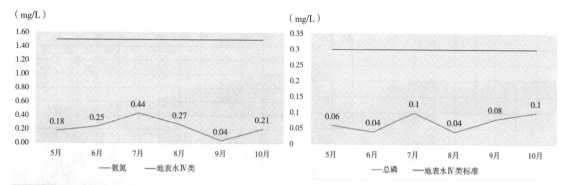

图8-31 清水沟末端湿地入黄口处水质检测结果

8.6.2 生态功能明显恢复，环境质量大幅提升

吴忠市通过依法拆除侵占河道的建筑物，为清水沟生态修复腾出了空间，通过生态岸线和滨河碧道建设，进一步修复提高了清水沟的生态功能和水土保持能力。通过河道保洁，有效解决了清水沟河岸垃圾堆积及河面漂浮垃圾的问题，河道水体感官明显提升。项目实施后，清水沟建成生态岸线长度10.4km，岸线绿化面积76ha，清水沟城区段生态岸线比例达100%，河道生态功能明显恢复，环境质量也得到大幅提升，成为吴忠市新的城市生态景观示范带（图8-32~图8-34）。

图8-32 清水沟治理前后对比（城区段）

图8-33 清水沟治理前后对比（非城区段）

图8-34 清水沟治理后效果（下游入黄口处）

8.6.3 城市公共空间大幅拓展，群众获得感显著提高

在清水沟的治理过程中，吴忠市将生态修复与景观营造相结合，紧密结合地形特点，为清水沟增加了多处滨水活动空间，打造沿河健身步道23km，极大地提升了清水沟周边的人居环境和公共空间，成为吴忠市新的生态长廊、绿色长廊和休闲文化长廊。

清水沟由过去远近闻名的"臭水沟"重新恢复了生机，呈现河畅、水清、岸绿、景美的新面貌，成为居民健身休闲的新去处和户外运动的打卡地（图8-35、图8-36）。2020年的两次公众评议调查显示，清水沟治理的公众满意度达到100%。

家门前那条河又变美了

吴忠日报 2020-09-21

9月18日上午，秋日暖阳令人备感舒适。吴忠市利通区清水沟（**新更名：新宁河**）氧化塘处，今年65岁的房自泉悠闲地推着自行车漫步。不远处，还有一些钓鱼爱好者在这里垂钓……路上的车水马龙，丝毫没有打扰到他们的雅兴。

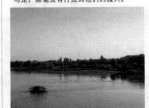

宁夏吴忠：水清了 景美了 人乐了

光明日报客户端 王建宏 杨周宸乐
2020-08-16 16:26

8月14日，微风阵阵，细雨绵绵，在宁夏吴忠市古城湾人工湿地，黄菖蒲、千屈菜、芦苇等水生植物生机勃勃、随风摇曳。

古城湾人工湿地。杨周宸乐 摄

图8-35 清水沟治理后两岸城市公共空间实景

图8-36 清水沟治理登上多家新闻媒体

8.7 经验总结

8.7.1 流域统筹，分类施策，夯实控源截污基础

西北干旱地区的河道的生态自净能力和环境基础承载能力较低，因此，在黑臭水体治理过程中，必须首先夯实控源截污的基础，确保把污水收集在岸上，把干净的水留在河中。

吴忠市在清水沟治理过程中，从全流域统筹治理出发，将清水沟污染源按上、中、下游划分为工业园区污染源、村镇区生活污染源和城区生活污染源，率先开展全流域排污口和溯源调查工作，摸清本底。针对不同类型污染源，精确识别问题和原因，分类施策，工业园区和城市建成区确保污水管网全覆盖，污水全收集、全处理，污水厂全达标排放；农村污水因地制宜采用集中收集处理和分散处理相结合的方式，确保污水零直排。

8.7.2 生态修复，再生补水，提高河道自净能力

西北干旱缺水城市的河道的枯水期长，生态基流量小，水体自净能力不足，因此，必须重视河道生态功能的构建及生态基流的补给，进一步提高河道的生态功能。

吴忠市在清水沟治理过程中，一方面，积极开展河道生态保护和修复工作，对河道全线进行生态修复和改造，拓宽河道生态空间，恢复河道生境，减少水土流失；另一方面，充分利用地形条件，建设生态氧化塘和人工湿地，进一步增加河道的调蓄和净化功能；同时，吴忠市依托现有再生水厂，进行设备改造和泵房建设，提高再生水的供水能力，建设再生水管网，提高管网覆盖率，实现工业冷却水、河道生态补水、城市杂用水（绿化和道路浇洒）的全覆盖，大幅提高了枯水期河道的生态补水能力，有效拓展了再生水利用途径，提高了河道生态功能。

8.7.3 灰绿结合，湿地兜底，构建保护黄河生态安全屏障

吴忠因黄河而生、依黄河而建、伴黄河而兴，因此，保护黄河"母亲河"是吴忠市义不容辞的责任。

在清水沟治理过程中，吴忠市坚持把治理黑臭水体作为保护"母亲河"的重要举措，严格按照入黄水质不低于地表水Ⅳ类的高标准要求，采用灰绿结合理念，着重开展控源截污、生态修复等工作，不断完善污水管网和处理设施建设，补齐灰色设施短板，同时，积极开展河道生态保护和修复工作，打造生态岸线，恢复河道生境，建设人工湿地，构建生态屏障，将吴忠市打造成西北干旱地区黑臭水体治理的先行市和践行黄河流域生态保护、高质量发展的示范市。

8.7.4 建章立制，建管并重，确保河道"长制久清"

黑臭水体的治理，一方面，依托工程措施的实施效果；另一方面，更加需要管理制度的持续跟进。

　　吴忠市在黑臭水体治理过程中，一方面，以水质达标、环境提升、群众满意为中心，下大力气推进工程建设；另一方面，以"长制久清"为目标，重点围绕排口监管、河道维护、水质监测等方面，强化长效机制建设。一是紧盯排口监管，建立健全联合溯源执法机制。加大入河排口监管，实行统一编码，严格落实排水许可、排污许可制度，严肃查处沿岸餐饮、宾馆、个体工商户偷排等非持证排水（污）行为和超标排放、市政污水管网私搭乱接等现象，排口整治效果持续巩固。二是紧盯河道维护，建立健全巡河及垃圾收集转运等机制。定期开展河岸、水体保洁和水生植物、沿岸植物季节性收割，及时清除季节性落叶、水面漂浮物，坚决防止水体"二次污染"。三是紧盯水质监测，常态开展黑臭水体监测工作。按照黑臭水体整治和入黄水质达标的标准要求，设置水质检测点50余处，全面覆盖主沟、支沟、入黄口及主要排污口，每月定期开展水质检测，及时掌握水质变化趋势，为水污染防治和溯源执法提供技术支撑。

　　吴忠市住房和城乡建设局：侯永林　宋喜　金岳普　马全国　杨俊　范若华　王彦明马英华　丁生俊　贾春楠　王丽
　　中国市政工程华北设计研究总院水务规划咨询研究院：许慧星　李智奇　张伟　潘芳王翔　张海行

Ⅳ 源山入湖型

9 九江十里河

九江市全面贯彻落实习近平总书记"共抓大保护、不搞大开发"的重要指示，充分利用黑臭水体治理示范城市建设契机，全面开展中心城区水环境系统综合治理工程。经近三年的努力，目前，中心城区"一湖两河"三个黑臭水体已全部消除黑臭，并实现"长制久清"，水环境质量得到显著提升。

9.1 水体概况

9.1.1 城市基本情况

1. 区位

九江，简称"浔"，是一座有着2200多年历史的江南文化名城，也是首批长江经济带绿色发展示范区城市之一，位于江西省最北部、长江南岸、鄱阳湖北畔，赣、鄂、皖三省交界处（图9-1）。九江全境东西长270km，南北宽140km，坐拥江西省152km长江岸线及鄱阳湖三分之二的水面和湖岸线，承担着长江大保护"一城清水入江、一江清水东流"的天然使命，号称"三江之口、七省通衢""天下眉目之地"，有"江西北大门"之称。

2. 气候、降雨

九江地处中亚热带向北亚热带过渡区，气候温和，四季分明，年平均气温16~17℃；雨量充沛，年降雨量1300~1600mm，其中，

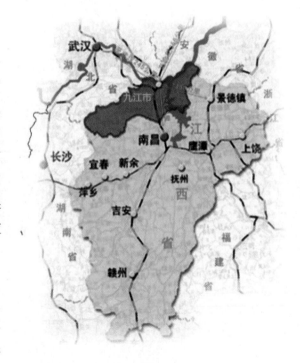

图9-1 九江市区域位置图

40%~50%集中在第二季度，雨量分配不均匀。全年日照充足，太阳辐射年总量102.3~114.1kcal/cm^2，年平均日照百分率为38%~47%。年无霜期为239~266天，年平均雾日在16天以下，年平均湿度达75%~80%。

3. 地形、地貌

九江境内地貌较为复杂，地形变化大，地势东西高，中部低，南部略高，向北倾斜，平均海拔32m，市区平均海拔20m。修水九岭山海拔1794m，为九江最高峰；星子县蛤蟆石附近的鄱阳湖底，海拔−9.37m，为全市最低处。全市山地占总面积的16.4%，丘陵占44.5%，湖泊占18%，耕地365.22万亩，俗称"六山二水分半田，半分道路和庄园"。

4. 水文、水系

九江市中心城区北靠长江，东临鄱阳湖，共有河流21条，湖泊20个，是典型的长江中下游水网密集型城市（图9-2）。中心城区主要河道多通过沿江湖泊再汇入长江，属长江一级小支流。每年约有40天时间长江水位高于中心城区河湖水位，在此期间，赛城湖、八里湖、甘棠湖等河湖水体需要加压提升排入长江。

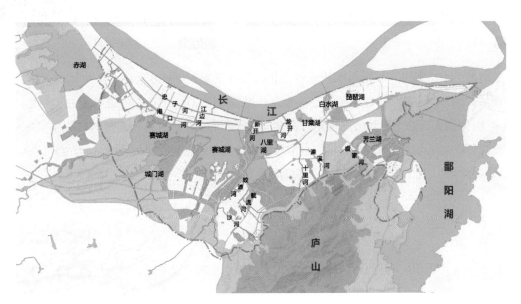

图9-2 九江市中心城区水系图

9.1.2 水体情况

十里河发源于庐山北麓，河流自南向北流经濂溪区和八里湖新区，流域面积43.9km^2，主河道长12.9km，平均坡降29.34‰。十里河具有山区河道和平原河道的双重特征，上游为典型的山区河道，坡降大，流速急；下游具有平原河网特征，河道宽，水流缓。十里河沿线共有3条支流汇入，分别为小杨河、濂溪河和龙门沟，支流长度分别为7.2km、10.2km和2.5km（图9-3）。

图9-3 十里河流域水系分布图

图9-4 整治前的十里河

　　整治前，十里河进入城区后水质逐步恶化，至八里湖入口处变为劣 V 类水体。根据环境监测和评估数据，将十里河（莲花镇中心小学至八里湖入湖口段）7.2km河道确定为轻度黑臭水体（图9-4）。为彻底消除十里河黑臭现象，提升流域水环境质量，九江市政府与三峡集团采用PPP合作模式开展九江市中心城区水环境综合治理项目，其中包含了十里河流域综合治理工程。十里河流域综合治理工程总投资36.70亿元，建设周期为3年。

9.2　存在问题

　　近些年，十里河中下游居住区面积不断扩大，排水设施建设不足，存在生活污水直排和雨天溢流污染，造成十里河城区段河道水质污染较为严重。很多九江市民用这样的一句话形容十里河水质的变化："60年代为饮用水，70年代成了浑水，80年代后变成污水。"十里河水质污染不仅影响了城区沿河百姓生活，也损害了九江整体城市形象。

9.2.1　河道沿线污水直排

　　十里河及支流沿线共存在699个沿河排口，有353个存在生活污水直排，其中，分流制污水排口294个，分流制雨污混接雨水排口16个，合流制直排口43个（表9-1），入河污水直排总量约1万m³/d（图9-5）。

十里河及支流排口统计表　　　　　　　　表9-1

序号	排口分类	数量
1	分流制污水排口	294
2	分流制雨水排口	335
3	分流制雨污混接雨水排口	16
4	合流制直排口	43
5	合流制截流溢流水排口	11
合计		699

图9-5 整治前十里河污水直排口

9.2.2 排水设施短板较多

1. 污水处理能力不足

采用人均综合用水量指标法对鹤问湖流域污水量进行测算，流域综合生活用水量14.2万m^3/d，排污系数以0.85计，生活污水产生量约为12.1万m^3/d。整治前，流域内仅有1座污水处理厂——鹤问湖污水处理厂，设计规模为10万m^3/d。2017~2018年，平均日进水量为10.3万m^3，最高日进水量为13.72万m^3，超过10万m^3/d的天数达到64%，污水厂处于满负荷运行状态，流域污水处理能力不足。因流域内存在合流制区域、雨污混错接等，整治前，

图9-6 整治前十里河流域雨天厂前溢流

污水系统汛期收集的水量超过污水厂处理能力，部分溢流至护池河，对护池河水质造成较大影响（图9-6）。

2. 沿河截污干管存在短板，上游河段干管缺失，下游河段干管破损

十里河学府二路上游约5.0km河段缺少沿河截污干管，沿河小区污水没有出路直排河道；中游学府二路至濂溪大道约1.2km河段，现状两条DN600截污干管敷设在河底两侧，部分管道和检查井存在破损；下游段鹤问湖污水厂前约8.5km长度，现状DN800~DN2200截污干管存在破损，

河水与污水双向渗漏（图9-7）。

3. 市政排水管网存在短板，存在合流制和混错接

十里河流域范围内，十里大道、长虹大道、上海路、前进西路、前进东路等约20%的道路的排水管道为合流制。根据管网普查和CCTV检测情况，十里河流域内，市政排水管网存在功能性缺陷137处，结构性缺陷939处，混错接49处，其中，污水管道错接雨水管道30处，雨水管道错接污水管道19处（图9-8）。

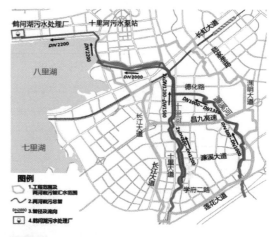

图9-7 十里河沿河截污干管分布图

图9-8 十里河流域市政排水管道混错接点分布图

4. 小区排水管网存在短板，合流制小区与分流制小区并存

十里河流域范围内共有146个小区，其中，55个小区排水体制为分流制，72个为合流制，剩余19个为已拆迁及待拆迁小区（图9-9）。合流制小区总面积5.13km²，占流域总建设面积的40%。汛期合流制管道溢流污染严重，全年溢流量约267万m³。分流制小区雨污水管道混错接情况较为普遍。

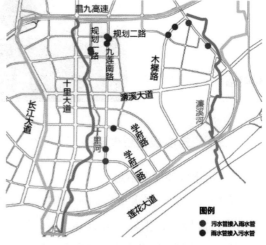

图9-9 十里河流域地块排水体制分布图

9.2.3 面源污染影响较大

十里河入八里湖处，化学需氧量、总磷等水质指标均为6月份（汛期）最差（图9-10），峰值化学需氧量浓度91mg/L，氨氮10.66mg/L，总磷0.97mg/L，总氮14.4mg/L。6月各项污染物浓度是其他月份浓度值的1.5~4.0倍，为劣Ⅴ类水质。扣除合流制区域溢流污染影响因素，汛期雨水径流产生的面源污染也是十里河污染的主要原因之一。

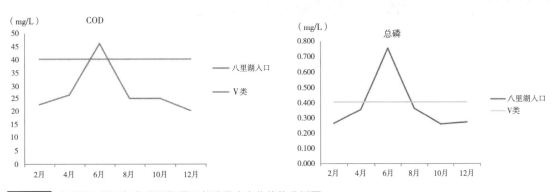

图9-10 十里河入湖口处化学需氧量及总磷月度变化趋势分析图

9.2.4 下游河道淤积严重

十里河长虹大道至八里湖段河面变宽、纵坡较小，淤积较为严重，最大淤积厚度超过1.5m，部分淤积严重的河段底泥高出河道常水位。经检测，底泥总氮含量≥0.1627%，总磷含量≥625mg/kg，污染物浓度较高，内源污染较为严重。此外，十里河整治前，下游两侧未改造绿地较多，堆积了大量的生活垃圾和建筑垃圾（图9-11）。

图9-11 整治前十里河下游河道淤积及岸线垃圾

9.2.5 缺少稳定水源补给

十里河流域河道补给主要为上游庐山降水和少量的地下水补给，季节性特点比较突出。汛期降雨流量集中，上游段流量大，流速快，冬春季节枯水期河道内的水量大幅减少，枯水年会有断

图9-12 整治前十里河上游及下游河道情况

流现象出现，缺少河道生态基流。十里河下游段河道断面较宽，流速较小，受八里湖水位顶托，水动力条件较差，高温季节水体易富营养化，暴发蓝藻（图9-12）。

9.2.6 河岸生态景观杂乱

十里河主河道城区段长约9km，其中，硬质护岸段长约6km，占比67%，主要为莲花大道至长虹大道段。部分小区围墙直接建在护岸上，此外，还有建筑物侵占河道空间的现象（图9-13）。河道内缺少水生植物群落、浅滩湿地和动物栖息地，河道两岸景观绿化单一，缺少市民活动亲水空间。

图9-13 整治前十里河护岸情况

9.3 治理思路

9.3.1 治理目标

1. 水环境目标

全面消除十里河黑臭现象；昌九高速上游段水质达到地表水Ⅳ类水质标准，昌九高速至八里湖段水质达到准Ⅳ类水质标准，主要指标溶解氧≥3mg/L，化学需氧量≤30mg/L，昌九高速上游段氨氮≤1.5mg/L，昌九高速下游段氨氮≤2mg/L，总氮≤1.5mg/L，总磷≤0.3mg/L。

2. 水生态目标

构建滨水生态系统和河道生态系统，丰富岸际植被和底栖生态系统。

3. 水资源目标

通过双溪地下污水处理厂建设，实现污水的再生利用，回用规模达到3万m³/d；结合小区雨污分流改造及海绵城市建设，实现雨水的源头截流和利用。

4. 水安全目标

十里河、濂溪河城区段防洪标准达到50年一遇，莲花大道上游段达到20年一遇，堤防等级为3级；十里河其他支流防洪标准达到20年一遇，堤防等级为4级。

5. 长效管理目标

整合十里河流域范围的污水厂、管网、泵站、河道、岸线、污染源等要素，实现流域"厂-网-站-河-岸-源"一体化运维管理。

9.3.2 技术路线

按照全流域统筹、全目标考核、全方位合作、全过程控制的原则，制定了涵盖水环境、水资源、水生态、水景观四个方面的技术路线，通过控源截污、内源治理、生态修复、活水保质等工程措施，实现污染物源头减排、过程控制、末端治理，构建一个"以水为脉"的城市韧性生态综合体（图9-14）。

按照"四步走"的路线实施十里河的综合治理：

第一步：控源截污，解决流域内污水处理设施能力不足、沿河截污干管缺失、市政排水管道混错接等导致的沿河污水直排问题。

第二步：源头治理，划分排水单元，实施小区的源头改造，包括建筑立管改造、小区排水管网改造、海绵化改造，

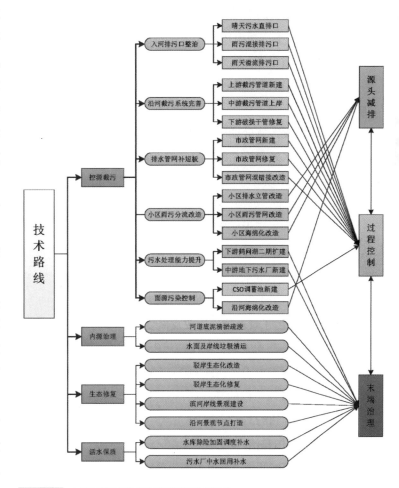

图9-14 十里河流域综合治理工程技术路线

结合调蓄池建设，实现污水的源头治理和面源污染控制。

第三步：内源治理、生态修复和活水补给，包括河道底泥清淤、岸线垃圾清理、河道生态化改造及修复、滨河岸线景观建设、景观节点打造、引上游水库活水、再生水利用等，实现"清水绿岸、鱼翔浅底"。

第四步："长制久清"，统筹十里河流域内的污水厂、管网、泵站、河道、岸线、污染源等要素，实现"厂-网-站-河-岸-源"一体化运维管理，实施绩效考核和按效付费，实现十里河黑臭水体治理的"长制久清"。

9.4　工程措施

9.4.1　控源截污

1．提高污水处理能力，优化污水处理设施布局

采用地均综合用水量指标法对流域污水量进行预测，至2025年，鹤问湖污水系统污水量将达到18.5万m^3/d。本次新增污水处理能力10万m^3/d，将流域污水处理能力扩建至20万m^3/d。为减少十里河下游截污干管、污水提升泵站运行压力，提高污水处理再生利用率，增加河道补水水源，降低再生水利用成本，在原有规划基础上优化了流域污水处理设施布局，在十里河中游建设双溪地下污水处理厂。

（1）鹤问湖污水处理厂二期工程

鹤问湖污水处理厂二期工程，位于现状鹤问湖污水处理厂西侧，占地面积8.36ha，设计规模为7万m^3/d，采用预处理+二级生物处理+高密度沉淀+滤布滤池+二氧化氯消毒处理工艺，出水水质达到一级A标准，处理达标后排放长江。

（2）双溪地下污水处理厂

双溪地下污水处理厂，位于十里河中游九柴社区规划绿地处，占地面积2.21ha，设计规模为3万m^3/d，全地下式建设，采用预处理+二级生物处理+高密沉淀池+深床滤池处理工艺，出水水质为准Ⅳ类水，用于十里河及濂溪河生态补水。

2．沿河截污干管新建、迁改及修复

在十里河及其支流缺少沿河截污干管的河段新建DN400~DN600截污干管，总长度约34km；对十里河及其支流敷设在河底的DN600~DN1350截污干管实施迁改上岸，迁改总长度约10.2km；对十里河下游沿河敷设的现状DN800~DN2200截污干管进行全面体检，分段对破损干管进行修复，修复总长度约8.5km（图9-15）。

3．沿河排口整治

针对不同类型的排口分类施策，采用不同方式进行整治。针对294个分流制污水排口，采取排口封堵、截流污水纳管的方式，将污水全部接入沿河截污干管。针对16个分流制雨污混接雨水排口，

图9-15 十里河上游截污
干管新建及下游干管修复

图9-16 排口整治前后
十里河河道水质对比

近期对污水实施末端截流，避免污水直排河道，同步开展污水溯源，结合市政排水混错接和小区雨污分流改造，实施源头截污，污水溯源和源头改造完成后再取消末端临时截污措施。针对43个合流制直排口，一方面，提高截污干管的截流倍数（$n \geq 2$），采用智能截流井实施精准截流，减少雨天溢流污染量；另一方面，对流域范围内的合流制小区实施雨污分流改造，个别不能实施分流制改造且溢流污染较为严重的区域，设置溢流污染控制调蓄池，控制全年溢流频次（图9-16）。

4. 市政排水管网新建、修复及混错接改造

结合十里河流域污水处理提质增效工作，对十里河流域内排水管网进行摸底排查，共排查250km市政排水管网。十里河流域新建污水管道77km，雨水管道84km，修复排水管道总长度18km（图9-17）。对49处混错接点全部实施改造，雨水、污水各行其道，既避免了污水通过雨水

图9-17 市政污水管道
新建及修复

管道入河，又避免了雨水进入污水管网，提升了污水厂进厂生化需氧量浓度。

5．小区雨污分流改造

对十里河流域内56个小区进行雨污分流改造及混错接改造，实施污水的源头治理，其中，19个合流制小区改分流制，37个分流制小区实施混错接改造。具体改造措施包括：

（1）建筑排水立管改造

对阳台立管进行分流改造，现状合流立管作为污水立管，沿建筑外墙新建雨水立管（图9-18），结合小区海绵城市改造，雨水立管散排至小区绿地。

（2）小区排水管网改造

小区排水管网改造分为三种类型：第一类为合流制小区，现状合流制管道改造为雨水管道，对不满足雨水排水要求和存在缺陷的管道进行改建、修复和清理，新建污水排水管网系统；第二类为分流制小区，重点对混错接点进行改造，对破损段进行修复，对淤积堵塞段进行清淤和疏通，对不满足排水要求的雨水管道进行原位翻建（图9-19）；第三类为项目拆迁小区，十里河流域范围内待拆迁小区共19个，拆迁前实施小区污水末端截流，拆迁后采用分流制新建雨水及污水管网。

（3）小区海绵设施建设和老旧小区改造

在实施小区雨污分流改造时，融入海绵城市理念，对雨水立管进行断接，改造路沿石、雨水口，建设下凹式绿地、雨水花园等海绵设施，对小区道路、广场和地面停车位进行透水化改造，实现雨水总量减排和径流污染控制，提高雨水利用率。

图9-18 建筑立管改造　　图9-19 小区雨污分流改造

为减少多次进场施工对居民生活的影响，市城市管理局协调九江市城镇老旧小区改造工作领导小组，将小区雨污分流改造与老旧小区改造同步开展，根据百姓实际需求增加停车位数量，对小区道路、绿化、设施、室外亮化、建筑外立面以及小区智能化、弱电规整、强电下埋等配套项目基础设施进行同步改造（图9-20）。

图9-20 改造后的居民小区

6. 面源污染控制

（1）调蓄池工程

根据面源污染及合流制区域溢流污染风险控制模型分析，十里河流域共新建4座调蓄池，2座为CSO调蓄池，1座CSO+初雨调蓄池，1座初雨调蓄池，总容积约3.2万m³（表9-2）。通过调蓄池建设，削减其汇水范围内分流制系统的面源污染量和合流制系统的溢流污染量。调蓄池截污的初期雨水和混合污水，通过污水管网送至下游污水处理厂处理达标后排放。

十里河流域调蓄池一览表　　　　　　　　　　　　表9-2

编号	调蓄池类型	排水体制	服务面积（ha）	调蓄容量（m³）	位置
1	CSO调蓄池	合流区	74.3	5900	长虹西大道以西，龙开河路以北现状绿地
2	CSO调蓄池	合流区	135.9	10800	十里大道以东，德化路以南公交修理厂
3	CSO+初雨调蓄池	合、分流并存区	139.7	9300	南山路以北，十里大道以西现状绿地
4	初雨调蓄池	分流区	184.7	6158	濂溪大道以南，濂溪河以西现状绿地

（2）地块海绵化改造

对有改造条件的沿河公园、广场和道路进行海绵化改造，通过建设下凹式绿地、雨水花园、植草沟、透水铺装等海绵设施，增加雨水就地消纳和利用程度，降低面源污染（图9-21）。

图9-21 十里河沿河公园及绿化海绵化改造

9.4.2　内源治理

1. 河道清淤

十里河清淤总量共13.93万m³，其中，下游清淤量为7.40万m³，八里湖湖口清淤量为5.90万m³，中游4座钢坝闸蓄水区清淤量约0.63万m³。清淤污泥经过机械干化脱水后，采用垃圾运输车外运填埋，进行无害化处置（图9-22）。

2. 垃圾清理

十里河及支流共清除垃圾约7200t，清理的垃圾外运至垃圾填埋场进行填埋。

图9-22 十里河河道清淤

9.4.3　生态修复

1. 生态化改造及修复

将十里河水系从上游至下游分为自然生态段、生态亲水段、生态柔化段、生态净化段及生态修复段5类功能区段，将河道水生态修复、护岸结构工程及景观提升工程有机融合，全面打造水美岸绿、亲水宜人的生态河道（图9-23）。新建条带状湿地面积1.5万m²，一体化浮动式生态湿地+微流循环系统6300m²，湖滨缓冲带6200m²，两处再生水缓冲砾石床。

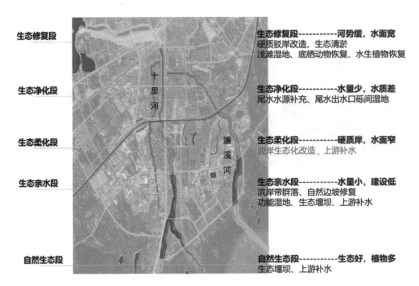

图9-23 十里河生态化改造功能分区图

生态修复段 —— 河势缓，水面宽
硬质驳岸改造、生态清淤
浅滩湿地、底栖动物恢复、水生植物恢复

生态净化段 —— 水量少，水质差
尾水水源补充、尾水出水口砾间湿地

生态柔化段 —— 硬质岸，水面窄
驳岸生态化改造、上游补水

生态亲水段 —— 水量小，建设低
滨岸带群落、自然边坡修复
功能湿地、生态堰坝、上游补水

自然生态段 —— 生态好，植物多
生态堰坝、上游补水

2．滨河岸线景观建设

开展河道风貌和公共空间系统建设，改造现有景观，提升滨水景观层次，构建滨河亲水设施和慢行系统（图9-24）。共设置硬质道路铺装约7万m²，陆生绿化面积约17.74万m²，水生绿化面积约4.29万m²，设置栈道、木平台约0.48万m²。

图9-24 十里河岸线整治前后对比

3．生态示范节点打造

十里河沿线重点打造三个生态示范节点，上游建设怡溪苑海绵社区与河道改造节点，面积约6.95万m²；中游建设九柴社区城市更新节点，面积约2万m²；下游建设河道综合治理显示节点，面积约11.56万m²（图9-25）。根据每个节点特点设置集散广场、亲水平台、健身步道、小游园、湿地公园、足球场、篮球场等运动场地，增强市民参与性、亲水性，增加市民户外活动空间，展示九江文化与特色。

图9-25 十里河下游河道综合治理节点

9.4.4　活水补给

河道补水水源分两部分：一部分为十里河上游水库补水，另一部分为双溪地下污水处理厂再生水补水。十里河上游梅山水库、刘家坳水库和殷家坳水库3个水库平水年、枯水年全年可补水量分别为177.2万m³和142.6万m³。双溪地下污水处理厂可用再生水补水量为3万m³/d（图9-26）。

图9-26 十里河活水补给

9.5　非工程措施

为破解黑臭水体治理碎片化、反复治的难题，九江市按照建管并重、双轮驱动的工作思路，在注重工程措施的基础上，通过建立健全相关管理机制，确保十里河黑臭水体治理"长制久清"。

9.5.1　推广实施"厂-网-站-河-岸-源"一体化模式

为破解流域水环境治理和管理过程中管理主体多元化、建设统筹不一致、协调运行不同步三大问题，在中心城区范围内，全力推广"厂-网-站-河-岸-源"一体化建设、运维、考核的模式，强化项目建设质量和运维质量。

（1）以流域为单位分期推广"厂-网-站-河-岸-源"一体化模式。九江市印发实施了《九江市厂-网-河（湖）一体化运营维护实施方案》，按照统筹建设、协调运行的理念，制定近中远期实施计划。依托中心城区水环境综合治理PPP项目，近期打造十里河流域一体化运维示范区，中期落实主城区范围内项目所在流域的排水设施一体化，远期通过统筹区域排水防涝、海绵城市建设、污水处理提质增效等工作逐渐拓展到城郊及辖区内市县等区域。

（2）回收存量、优化增量、转变余量，实现分属不同主体排水设施的一体化和市场化运维管理。存量雨污管网以委托运营的方式移交，存量污水厂采取股权合作的方式移交；新建的增量项目、拟建的余量项目全部纳入中心城区水环境综合治理PPP项目包内，实现建设、运维一体化，推进排水设施一体化、市场化建设运维。

（3）将绩效考核评估与建设成本、运维成本"双挂钩"，转变传统"工程付费、建完就走"的建设模式。按照政府监管、市场运作、绩效考核、按效付费的运行机制，由市政府成立中心城区水环境治理PPP项目绩效考核领导小组，组长由分管副市长担任，采用第三方专业机构考核、行业行政主管部门审核、领导小组办公室复核、领导小组最终确定的四级把关形式，在项目建设期、运营期内实施分年度绩效考核，根据PPP绩效考核结果对可用性服务费和运营维护服务费实施按效付费。

9.5.2　加强对排水设施工程建设质量全过程管控

九江市把提高排水设施工程质量作为改善水环境质量的关键环节，印发实施了《关于进一步加强中心城区市政排水工程建设质量管理的通知》，成立市政排水工程质量联合监督领导小组，组建专班负责排水工程建设"事前""事中""事后"全过程监督管理，构建了"过三关"的质量监管体系。

第一关：严把地下管网工程方案审核关，借助工程建设项目审批制度改革契机，将管网质量建设监管、排水接入许可管理等项目建设要求前置化、系统化、流程化、电子化，在建设条件设置和规划方案文本审批时，由监管部门提前介入，并对排水方案进行前期把关。

第二关：严把施工过程管网材质监督关，严格落实进场材料和隐蔽工程检验和复检制度，推行市政排水工程建设首段试验制，排水管网试验长度为50m或3个连续检查井，试验段完工后，重点检查槽底质量、回填质量、管网高程及坡度等是否严格按照图纸施工，试验段验收合格后，方可进行后续施工。

第三关：严把排水设施竣工验收管理关，由市城市管理局会同市住房和城乡建设局组成市政排水工程质量联合监督小组，严格实施竣工验收监督、竣工验收质量半年复检、质保期满后质量重检，且均要求采用CCTV检测和水质检测等辅助手段。

同时，九江市强化信用管理和责任追究，建立黑名单制度，对抽检质量不合格或CCTV检测、主要污染物浓度不达标的项目下达整改通知，逾期未整改的，整改不合格、不到位的，对建设单位、勘察单位、设计单位、施工单位、监理单位予以通报。按照黑名单制度规定，予以相应处罚，情节严重的依法追究法律责任。

9.5.3 落实排水设施周期性排查和维护养护制度

自2013年起，九江市对全市各类管线进行普查，建立了地下管线信息管理（GIS）系统，并将建立污水管网排查和周期性检测制度作为主要任务，列入《九江市城镇生活污水处理提质增效三年行动实施方案（2019~2021年）》。2020年3月，九江市完成了涵盖中心城区254条主次干道雨污管网的CCTV检测工作，完成雨污管网错混接、淤泥淤积、破损渗漏等问题的排查和统计。同时，按照属地管理原则，完成各辖区范围内支路雨污水管道、居民小区、城中村、背街小巷等内部雨污水支管的调查。目前已分批、分期完成地下排水管网权属普查和登记造册，包括无主污水管道的调查、移交和确权工作，并对管网信息管理系统进行了更新完善。九江市按照设施权属及运行维护职责分工，制定了市本级和各辖区的排水设施维护养护制度及工作方案，建立以5年为一个周期的排水管网周期性检测评估制度，并明确财政部门对排水管网周期性检测费用予以保障。

九江市根据排水设施特点、规模、服务范围等因素合理确定人员配置。各管养片区配备4~5名片区管理人员，通过购买服务的方式，确定4支排水养护劳务队伍负责日常养护，要求从事日常养护、维修人员不得少于5人，汛期不少于8人，每10km管网（含泵站、闸门）不少于1人。目前已完成环卫一体化改革，推进机械化清扫，逐步减少道路冲洗污水排入雨水管网。同时，要求定期做好管网的清掏工作，并妥善处理清理出的淤泥，减少降雨期间污染物入河。鼓励在明晰责权和费用分担机制的基础上，将排水管网管理延伸到建筑小区内部。

9.5.4 健全排水许可管理和污水溯源联合执法机制

为规范排水户用水行为，消除排水乱象，巩固提升城市水环境质量，九江市印发实施了《九江市关于进一步加强中心城区排水许可管理工作的实施意见》《中心城区排水联合执法行动方案》，成立了由城市管理、住房和城乡建设、生态环境、市场监管、水务公司等部门分管领导及业务人员组建的排水联合执法联席会议制度和联合执法队。结合路长制、河（湖）长制等工作机制，联合执法队对建筑工地、工业企业、服务行业等排水户偷排、乱排、直排等行为进行排查，督促排水户办理排水许可备案手续和排水许可证。

九江市建立了独具本地特色的部门间转办流程，中央、省环保督查移交的案件、市黑臭水体治理示范办公室日常检查交办的案件，均上报联席会议讨论，明确分工和责任，由联合执法队伍落实整改。针对执法取证困难，有些当事人避而不见、不予理睬、拒绝调查签字等问题，九江市通过排水普法宣传，利用电梯广告、电视台、微信公众号等新闻媒体广泛宣传执法检查工作，积极引导排水法规入脑入心，规范排水户排水行为。

2020年，九江市针对城市主要河湖开展排水联合专项执法检查工作，4个联合执法队共开展执法183次，出动人数911人次，摸底排查排水户244户，下发整改通知书84份，自行整改79处，立案调查9处。

9.6 治理成效

十里河流域综合治理适应了九江城市建设"山、水、城"的总体思路，将"源山–穿城–入湖–通江"的十里河打造成了一条贯穿山、水、城的城市生态长廊，承载了生态廊道、地域文化、市民休憩、商业服务等多种功能，成为不可或缺的城市滨水空间。

9.6.1 穿城河段水质全面提升，已达到入湖通江水体水质要求

经过近二年的流域综合治理，如今的十里河成为贯穿九江中心城区的"生态河"。上游水质可稳定达到地表水Ⅱ类标准，流经建成区后，水体水质普遍优于地表水Ⅳ类标准，入湖通江的主要断面水体水质达到地表水Ⅳ类标准（图9-27）。

图9-27 十里河上游段、下游段河道水质

9.6.2 滨河亲水空间不断扩展，延伸"清水绿岸、鱼翔浅底"的内涵

按照习近平总书记"人民城市人民建、人民城市为人民"的理念，在黑臭水体治理过程中，坚持"治理一段、提升一段、美化一段"的思路，从控源截污、内源治理做起，扩展到沿河生态化建设、亲水步道路网串联、水岸绿化景观提升、科普娱乐功能完善等全方位的系统整治和提升。在原滨河绿地基础上，进行重点改造和局部提升，合理布局生产、生活、生态空间，扩大公共滨水、亲水空间，使老百姓有休闲、健身、娱乐的地方（图9-28），使滨河空间成为老百姓宜业宜居的乐园。

图9-28 十里河下游亲水空间

9.6.3 贯穿山、水、城的河流生态系统质量和生态性显著增强

九江市将十里河水系从上游至下游分为自然生态段、生态亲水段、生态柔化段、生态净化段及生态修复段5类功能区段，针对性地进行水生态系统建设，河段生态性显著增强。同时，为满足生态景观用水需求，制定了上游水库补水和中游污水厂再生水补水的配置方案。对上游梅山水库、刘家坳水库和殷家坳水库进行除险加固和改造利用，通过合理调蓄和调度，有效缓解了雨季山洪对城区河段的冲击，稳定了旱季河道生态补水来源。同时，借助中游双溪地下污水厂和地表湿地公园的布局优势，将处理达标后的再生水用作河道稳定清洁生态补水，既化解了污水厂的"邻避效应"，也增强了河流生态系统质量和稳定性，久违的鱼虾、候鸟再现十里河（图9-29）。

图9-29 十里河沿线的候鸟和钓鱼人

9.6.4 建成十里河流域"厂-网-站-河-岸-源"一体化运维示范区

通过委托运营和股权合作的方式获得片区内存量雨污管网和污水厂的经营权，与十里河流域综合治理PPP项目内建设的污水厂、管网、泵站等排水设施，及河湖水体及岸线、污染源等纳入一体化运维，依托PPP框架协议和运营绩效考核运行机制，对建设期治理成效和运维期运行情况进行考核评估和按效付费。具体考核指标包括：源头改造小区出水化学需氧量浓度≥260mg/L，污水处理厂进水化学需氧量浓度≥132mg/L；水体水质要求不得低于地表水准Ⅳ类水质标准等。

依托水务智能调度及运营管理平台，将十里河流域范围内"厂-网-站-河-岸-源"各类涉水要素，排水系统监测数据、水面、岸线保洁及居民小区、沿街商铺、工业企业排水户等内容纳入一体化运维管理。系统平台已为十里河水质巩固提升、突发污染处置、管网浓度在线监测、污水处理提质增效等工作提供服务支持，助力十里河黑臭水体治理长治久清，提升城市水环境治理和运维效率，为全市"厂-网-站-河-岸-源"一体化、智慧化管理积累了宝贵经验。

9.6.5 共享黑臭水体治理成果，美化小区环境，温暖百姓人心

在十里河流域小区管网改造过程中，九江市落实基层协商议事小区改造"五步工作法"，广泛听取居民意见，优先解决长时间困扰小区业主的管道堵塞问题，利用海绵城市理念，因地制

图9-30 小区改造前后
对比

宜实施管网雨污分流改造、铺装透水化改造、停车位生态化改造等，着力改善小区居住环境（图9-30），解决了出户管经常性堵塞的难题，减小了物业后期管养维护工作压力。2020年7月特大暴雨期间，怡溪苑项目建设单位组织人员冒着暴雨解决小区道路积水、居民出行困难、污水冒溢抽排等问题，获得居民一致认可，收到了小区物业公司的感谢信，为其他小区进场改造打下了坚实的群众基础。怡溪苑小区改造仅是九江市上百个小区实施源头截污改造的缩影。九江市通过黑臭水体治理示范城市建设，带给人民群众生态优美、人水和谐的惠民成果。水生态环境的全面改善正成为人民群众共享的生态红利。

9.7 经验总结

9.7.1 通过市场化运作引才引智，树立政企合作典范

借助长江大保护的历史机遇，引入三峡集团和第三方技术力量，把专业的事情交给专业的人来做，树立政企合作的典范，开展水环境综合治理全面合作，落地了长江大保护第一个PPP项目。具体如下：一是借助三峡平台优势，通过PPP模式，引入社会资本超150亿元，用于城市水环境综合治理和运维管理。二是转变政府角色，强调专业人做专业事，完成政府从运动员向裁判员的转变，督促三峡集团加强勘察、设计、监理、施工、运维等各环节力量。同时，政府聘请第三方技术服务团队对黑臭水体治理进行全过程技术咨询、指导和监督。三是强调绩效考核、按效付费，买服务不买工程，建立清晰可操作的绩效考核方案，并切实实施。四是倡导政企良性合作关系，合理平衡政府与企业间不同的利益诉求，优化责任与风险分担，避免恶性博弈，倡导互利共赢。

9.7.2 遵循流域统筹、系统治理的黑臭水体治理思路

十里河作为典型"源山-穿城-入湖-通江"支流众多的长江一级小支流，为避免黑臭水体治理陷入"头痛医头、脚痛医脚"的怪圈，以黑臭水体治理为突破口，始终坚持流域统筹、区域协调、系统治理、标本兼治的原则，推进流域治理管理工作。首先，通过控源截污、内源治理、生态修复及活水保质等工程措施，优先解决河道黑臭问题，改善水环境质量。其次，以十里河

7.2km长度的黑臭水体治理带动全流域的水环境综合治理，按照"黑臭在水里、根源在岸上、关键在排口、核心在管网"，实施全流域统筹、全系统治理，不仅做足了岸下清淤、生态化改造等工作，还实施了污水处理设施扩建、市政排水管网改造、调蓄池建设、小区雨污分流改造、海绵化改造、阳台落水管改造、沿河景观提升等一系列治理措施，统筹解决城市水系水量、水质、水生态、水景观等问题，协调处理各种治理措施之间的关系，以水环境保护和水资源统筹为重点，兼顾其他。在满足城市供排水和水环境保护、水生态改善的前提下，充分考虑水安全、水景观、水文化及水经济发展等方面的需求。

9.7.3 健全河湖治理管理长效机制，实现"长制久清"

在工程治理的基础上，通过建立健全长效管理机制，做好"三个保障"。一是职责明确有人管，颁布实施了《九江市黑臭水体治理示范城市三年攻坚行动方案》和《中心城区黑臭水体治理长治久清实施细则》，明确了黑臭水体治理各方主体，形成了层层压实责任、级级抓好落实的治水合力，做到了高位推动有领导、沟通协调有专办、责任压实有主体、项目联络有专人、技术支持有团队、多元共治有伙伴。二是养护经费有保障，将排水管网养护经费纳入财政预算，明确了市政排水设施全年固定维修管养承包费用实行绩效考核付费制；将河湖岸线保洁工作纳入全市环卫一体化，环卫服务费用通过包干制实行月考核付费方式；污水处理费按照污染付费、公平负担、补偿成本、合理盈利的原则已调整到位。三是"长制久清"有机制，建立健全并切实执行了河长制、排水工程质量监管、排水设施定期排查养护、排水和排污许可管理、市政管网私搭乱接溯源联合执法、厂–网–河（湖）一体化运维机制、"长制久清"实施细则等10余项长效管理机制，确保河湖管理见长效。

9.7.4 将治水与城市治理相结合，助力城市高质量发展

将黑臭水体治理示范城市创建和城市功能与品质提升相结合，一是结合老旧小区改造，整体解决老旧小区的住房、公共服务、治安、教育医疗等问题，打造了百余个以湖滨小区为代表的具备"完整社区"属性的老旧小区。二是利用黑臭水体及河湖沿线滨河绿地公园等，建设了10余个共计48.6万 m^2 的小游园、公园、街头球场等公共场所，优化了公共供给。三是与创建国家历史文化名城相结合，在保护和修缮九江动力机厂、庾亮南路老街、行署大院等一批历史文化街区过程中，挖掘城市水文化，塑造了城市风貌，焕发了老城活力，保留了城市记忆。四是实施"三退出一升级"行动，即对黑臭水体周边1km以内存在问题的"小散乱污"工业企业以及停产的化工企业全部关闭退出，清退关停了100余家，并对留存化工企业安全、环保、工艺、技改实施升级。五是聚力创新引领，精心培育新材料、新能源、电子电器、生物医药、绿色食品五大新兴产业，构建新工业主导的现代产业体系，推动产业迈向中高端建设。

9.7.5 排水基本单元达标改造，实现源头的精准治理

居民小区雨污分流和混错接改造是控源截污工作的重点和难点。一是结合市区两级老旧小区改造、城市功能与品质提升以及旧城更新等城建计划，依据前期管网排查和排水户调查结果，制定"一区一策"，统筹实施辖区范围内排水基本单元改造。二是按照社区（居委）街道行政管辖区域，以相对独立排水系统和道路河流等现状分界线为边界，进行排水单元网格划分，形成十里河流域34个一级排水单元、56个二级小区单元的分级排水单元体系，实施排水单元达标改造行动。三是严格基本单元达标改造主要污染物化学需氧量浓度验收标准，一级单元不得低于200mg/L，二级单元出水浓度不得低于260mg/L，随着提质增效工作的深入推进，改造要求和验收标准随之提高。四是为解决排水单元改造中勘察设计不准确、施工进展缓慢、组织协调较混乱、居民投诉多等问题，全面推行小区改造"五步工作法"。

9.7.6 群策群力，基层协商议事小区改造"五步工作法"

积极推进基层协商议事"五步工作法"，汇聚协商民主合力，把小区改造这件民生实事办好。"五步工作法"即按照确定议题、专题调研、协商议事、组织回复、成果转化五个步骤开展基本协商议事活动。九江市将市、区两级261名政协委员按就近就便原则包挂到79个社区（村）和园区办，每个社区包挂3~4名委员，委员按照"五步工作法"参与基层协商。召开协商议事会，组织政协委员、政府部门、项目施工方、设计方和居民坐在一起商议解决办法，凝聚力量，借助基层协商议事，助力小区改造。在十里河流域范围内的老旧小区改造协商议事中，"五步工作法"以问题为导向，传递了群众的真实声音。停车位不够、公共文化设施缺乏、外墙破损、雨水渗漏等问题得到了切实解决。同时，协商议事广泛调动了城市管理、公安、住房和城乡建设、消防等多个职能部门力量，设计、施工单位也参与进来，各方力量的凝聚使群众满意，画出了源头小区改造最大同心圆。

中国市政工程华北设计研究总院水务规划咨询研究院：张玉政　王英　王梦迪
长江生态环保集团有限公司江西省区域公司：王丰　裴康越

10 昆明老运粮河

10.1 水体概况

10.1.1 城市基本情况

1. 区位条件

昆明位于云南省中部，东经102°10′~103°41′，北纬24°24′~26°22′。东与曲靖市接壤，西与楚雄州相连，南与玉溪市、红河州毗邻，北临金沙江，与四川省隔江相望。南北长218km，东西宽151km，总面积约21011km²。

2. 气候水文

昆明属低纬高原山地季风气候，具有冬暖夏凉的显著特点，年均气温14.5℃，极端最高气温（2002年）为29.6℃，极端最低气温（2002年）为1.0℃，最热月（7月）平均气温19.7℃，最冷月（1月）平均气温7.5℃，年温差12~13℃。昆明多年平均降雨量为1035mm，多年平均蒸发量约2000mm。降雨具有强降雨空间分布不均匀、单点暴雨等特征。

3. 河湖水系

昆明地处长江、珠江、红河三江水系的分水岭地带，河流众多，全市水域面积350km²，有大小河流百余条。昆明市主城区主要位于滇池流域，河流水系数十条，呈网状发育，从北、东、南三面呈向心状注入滇池。具有常流水的河流有35条，由西向东主要有新运粮河、老运粮河、大观河、西坝河、盘龙江、东白沙河（海河）、六甲宝象河、广普大沟等。其中，盘龙江、宝象河、金汁河、银汁河、马料河、海源河称为昆明"古六河"。

10.1.2 黑臭水体情况

老运粮河发源于东方红水库，自北向南沿昆沙路西侧向南，过二环西路、学府路南段，沿二环西路南流，于兴苑路口与七亩沟汇合，向南流经第三污水处理厂、积中村附近入草海东风坝，河水通过围堰导流进入西园隧道，外排进入螳螂川。全长4.2km，流域面积为21.1km²。

老运粮河黑臭段起于人民西路西苑立交，止于成昆铁路箱涵，黑臭长度2.39km，面积0.021km^2（图10-1）。根据第三方检测，老运粮河整治前氨氮浓度约10mg/L，溶解氧约1.1mg/L，能见度约0.2m，参考城市黑臭水体污染程度分级标准为轻度黑臭。

10.2　存在问题

10.2.1　老运粮河存在的问题

1. 截污整治不全面，存在污水直排

根据排口及管线探测结果，老运粮河主河道两岸共分布有排口56个，其中，5个为雨水排放口，48个为合流制排水口，2个为生态补水口，1个为昆明市第三污水处理厂尾水排口。

根据现场调查，老运粮河西苑立交桥下存在1个污水排口，直排原因为污水管网破损，该直排口日均排水量为660m^3/d。该直排口所处河段受下游湖体水位顶托影响，水体

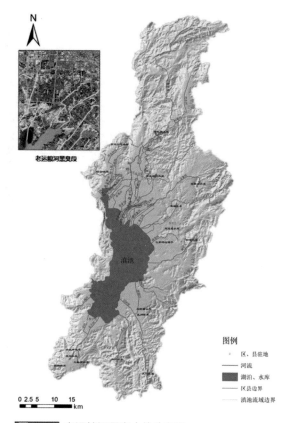

图10-1 老运粮河黑臭水体分布图

流动性较差，加之上游无天然补水，人工补水水量也较小（仅1万m^3/d），且存在补水量波动或断流情况，河道水环境容量极不稳定，因此，该直排口对河道水环境造成的影响较为严重。

参考该片区二环西路污水主干水质监测结果，经核算，西苑立交桥直排口年污染负荷入河量为化学需氧量27.58t、氨氮5.13t、总磷0.60t（表10-1）。

老运粮河直排污染负荷入河量　　　　　　　　表10-1

河道	直排及渗漏流水量（万m³/a）	化学需氧量（t/a）	氨氮（t/a）	总磷（t/a）
老运粮河	24.09	27.58	5.13	0.60

2. 合流制排水系统占比大，溢流污染严重

老运粮河流域合流制区域占比大，约为74.8%，流域内市政排水系统建设覆盖完善情况总体较差。由于片区合流制系统比重大，雨季时，老运粮河流域内的土堆泵站等节点会有大量合流污水溢流，对河道造成污染。目前，老运粮河沿线共分布有小路沟合流制溢流口、黄土坡北村支沟截污系统溢流口、麻园河合流制溢流口、七亩沟合流制溢流口及土堆泵站污水转输系统溢流

口5个合流制溢流排口（图10-2）。

（1）小路沟合流制溢流口

小路沟普吉路以上渠段周边还未完成片区整治，范家营、林家院、王家桥村及片区企事业单位排水系统均为雨污合流制，该合流制系统在普吉路下游西侧实施了末端截污，将现状合流污水接入普吉路污水系统，最终进入昆明市第九水质净化厂处理。但雨季随着上游来水的增加，合流系统溢流严重，对老运粮河造成污染。

（2）黄土坡北村支沟截污系统溢流口

黄土坡北村支沟为黄土坡片区城中村雨污合流污水排放暗渠，旱季片区城中村合流污水接入滇缅大道污水系统，输送至昆明市第九水质净化厂处理。但雨季随着片区汇水量的增大，设置于老运粮河上的村庄防洪泵站排口会向河道排放雨污合流污水。

（3）麻园河合流制溢流口

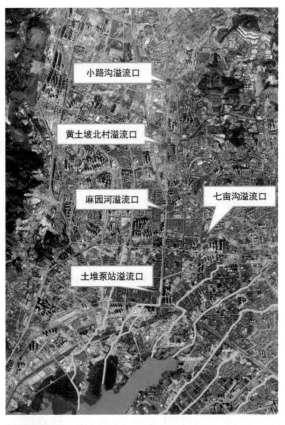

图10-2 老运粮河直排口、溢流口位置图

麻园河起于麻园综合市场，于二环西路汇入主河道，现状河道周边麻园村及片区企事业单位排水系统仍为雨污合流制，该合流制系统在二环西路位置实施了末端截污，截流污水接入二环西路污水系统，进入昆明市第三水质净化厂处理。但雨季随着上游来水的增加，合流系统溢流严重，对老运粮河造成污染。

（4）七亩沟合流制溢流口

七亩沟总体处于二环路内侧的昆明老城区，汇水区排水系统为雨污合流制，该合流制系统在菱角塘小区实施了末端截污，截流污水进入人民西路污水系统，输送至昆明市第三水质净化厂处理。但雨季随着上游来水的增加，合流系统溢流严重，对七亩沟及老运粮河造成污染。

（5）土堆泵站污水转输系统溢流口

土堆泵站为昆明市第三水质净化厂主要的进厂污水转输泵站，其为第三水质净化厂服务区东北部污水系统汇流泵站，旱季能够将服务区的污水全部输送至第三水质净化厂处理。但进入雨季后，因服务区水量增大，加之第三水质净化厂超负荷运行，为保障城市防洪需要，土堆泵站合流污水转输系统会有大量合流污水溢流进入老运粮河，对河道造成污染（图10-3）。

结合Infoworks模型构建的排水系统模型，2018年，老运粮河汇水区溢流污水量为2392.79万 m^3，溢流污染负荷总量为化学需氧量1811.88t、氨氮520.07t、总磷52.52t。各溢流口的溢流频次、溢流

图10-3 老运粮河沿线
强排口、溢流口

量及污染负荷详见表10-2。

老运粮河合流污水溢流污染负荷入河量估算表 (2018年)   表10-2

溢流点	平均溢流雨强（mm/d）	2018年溢流次数	溢流量（万m³/a）	溢流污染负荷（t/a）		
				化学需氧量	氨氮	总磷
小路沟溢流口	9	37	325.92	241.18	50.45	3.62
麻园河溢流口	12	27	10.60	8.05	2.41	0.25
黄土坡北村支沟溢流口	13	25	6.15	4.55	0.95	0.07
七亩沟溢流口	10	32	395.38	300.49	89.92	9.37
土堆泵站溢流口	根据泵站运行数据统计		1654.74	1257.60	376.34	39.22
合计			2392.79	1811.88	520.07	52.52

3．城市下垫面硬化占比大，初期径流污染未有效控制

老运粮河现状汇水区内硬化建成区占比大，结合降雨径流监测所得的不同下垫面各污染物降雨径流事件平均质量浓度（EMC）以及卫星遥感影像解译，对汇水区分流制城市区面源污染和山洪区面源污染进行了核算。2018年，老运粮河流域面源污染物入河量为化学需氧量84.60t、氨氮3.00t、总磷0.36t（表10-3）。

老运粮河2018年面源污染负荷入河量   表10-3

污染源	化学需氧量（t/a）	氨氮（t/a）	总磷（t/a）
城市面源	84.60	3.00	0.36

4．河道存在淤积，内源污染严重

进入雨季后，各条河道沿线进入的溢流污水及地表径流会携带大量泥沙进入河道，并沉积于

图10-4 老运粮河淤积段情况

河道顶托段及缓坡段，河道内源污染释放，进一步加重河道水体环境恶化。经初步勘测，老运粮河淤积段为人民西路至入湖口段（图10-4），淤积段长4350m（含七亩沟），该段河道平均河宽8.5m，淤泥厚度0.20~0.80m，平均泥厚0.30m，采用断面面积法计算河道淤泥总量约为1.11万m³。

根据底泥成分检测结果，底泥中总有机质含量平均值为5.98%，范围为1.48%~10.94%；总氮含量平均值为9436.91mg/kg，范围为573~22910mg/kg；总磷平均含量为392.44mg/kg，范围为51.76~999.23mg/kg。河道内源污染严重。

经核算，老运粮河内源污染负荷年释放量化学需氧量为4.53t，氨氮为0.77t，总磷为0.98t（表10-4）。

老运粮河内源污染负荷入河量　　　　　　　　　　　　　表10-4

河道	淤泥量（万m³）	内源污染释放量（t/a）		
		化学需氧量	氨氮	总磷
老运粮河	1.11	4.53	0.77	0.98

5. 自然生态基流缺失，河道水环境容量不稳定

昆明市为全国14个严重缺水城市之一，由于水资源的缺乏，绝大部分水库旱季无下泄流量，区域内的河道普遍存在自然生态基流缺失问题，河道补水基本依靠水质净化厂尾水补给，现状老运粮河补给水源主要依靠城市水质净化厂尾水，黑臭段上游设有尾水补水点1个，日均补水1万m³，但由于上游片区补水需求大，补给水源分配并不稳定，部分时段河道存在断流情况，对河道水环境容量造成影响（图10-5）。

图10-5 老运粮河上游小路沟断流段情况

6. 滇池水位顶托，部分河段水体流动性差

昆明市主城地处滇池外海及草海湖滨区，大部分入湖河道均不同程度地受到滇池及草海水位顶托影响。老运粮河人民西路以上河段河床相对位置较高，河道水体流动条件较好，但人民西路至入湖口段河段总体处于滇池围海造田区，河床位置低，受滇池高水位顶托影响十分严重，老运粮河顶托段长4.55km（图10-6）。虽然河道上游均有尾水补入，但顶托段河道内水体仍无明显流动，水体交换流动条件较差，一定程度上制约了河道水生态环境的提升改善。

图10-6 老运粮河下游顶托段情况

7. 河道硬质岸线较长，水体自净能力差

目前，昆明市大部分河道构筑形式以"三面光"的硬质岸线为主，老运粮河主河道起点东方红水库至碧鸡路段9.23km的河道均为硬质河道，且有多段河道被覆盖，暗渠段总长4.08km（图10-7）。

图10-7 老运粮河岸线建设情况

10.2.2 老运粮河入河污染物分析

根据上述分析，老运粮河入河污染源主要是直排污、合流制溢流污染以及雨水径流带来的面源污染，老运粮河入河污染源分布如图10-8所示。

根据老运粮河流域污染负荷排放入河量核实结果（表10-5），老运粮河流域来自城镇生活污水直排的化学需氧量、氨氮、总磷分别占总入河量的1.43%、0.97%和1.10%；来自合流制溢流污染的化学需氧量、氨氮、总磷分别占总入河量的93.95%、98.32%和96.44%；来自城市面源的化学需氧量、氨氮、总磷分别占总入河量的4.39%、0.57%和0.66%；来自河道内源污染的化学需氧量、氨氮、总磷分别占总入河量的0.23%、0.15%和1.80%（图10-9）。

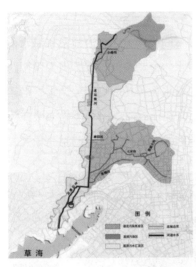

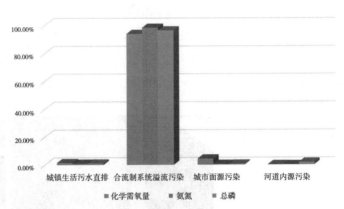

图例
■化学需氧量　■氨氮　■总磷

图10-8 老运粮河入河污染源分布图

图10-9 老运粮河流域污染负荷入河量分布图

2018年老运粮河污染负荷入河总量   表10-5

污染源	化学需氧量（t/a）	氨氮（t/a）	总磷（t/a）
城镇生活污水直排	27.58	5.13	0.6
合流制系统溢流污染	1811.88	520.07	52.52
城市面源污染	84.6	3	0.36
河道内源污染	4.53	0.77	0.98
合计	1928.59	528.97	54.46

10.3 治理思路

10.3.1 治理目标

1. 消除河道黑臭，完成污染物削减及水质改善达标

围绕河道减排和扩容，开展河道综合治理，消除河道黑臭，并兼顾下游滇池湖体治理要求，完成《滇池保护治理三年攻坚行动实施方案（2018~2020年）》确定的双目标考核任务（污染负荷新增削减目标任务、水质达标任务），即老运粮河水质稳定达到Ⅳ类，新增化学需氧量削减149t/a、新增总氮削减138t/a、新增总磷削减3.57t/a。

2. 推动流域生态环境品质提升

结合流域范围内的城市更新改造，从水环境、水生态、水安全、水资源等方面开展工程措施，保障沿岸景观环境得到进一步恢复及改善提升。

3. 建立起"长制久清"的长效体制和机制

即政府有完善的体制，市场有整套科学的维护运营管理机制体系，确保河道水生态环境能够得到持续有效的管理维护。

10.3.2 技术路线

1. 总体思路

昆明市老运粮河黑臭水体治理坚持减排和扩容两手抓，贯彻科学治滇、系统治滇、集约治滇、依法治滇的治理思路，实现"六个转变"：工作内涵由单纯治河治水向整体优化生产生活方式转变；工作理念由管理向治理升华；工作范围由河道单线作战向区域联合作战拓展；工作方式由事后末端处理向事前源头控制延伸；工作监督由单一监督向多重监督改进；保护治理由政府为主向社会共治转化。以老运粮河沿线污水直排、合流制系统雨季翻坝溢流、内源污染释放、沿线排水系统"跑冒滴漏"、水环境容量不稳定为问题导向，以统筹下游滇池湖体水质目标及老运粮水质目标管理为目标导向，采取封堵排污口、控制雨季合流污染、完善流域截污治污系统、建立清淤常态化机制、优化流域健康水循环、提升湿地生态环境效能等一系列措施，消除河道黑臭，完成《滇池保护治理三年攻坚行动实施方案（2018~2020年）》确定的双目标考核任务（污染负荷新增削减目标任务、水质达标任务），实现滇水融城、清水入滇，消除黑臭水体，改善水生态环境。

2. 技术路线（图10-10）

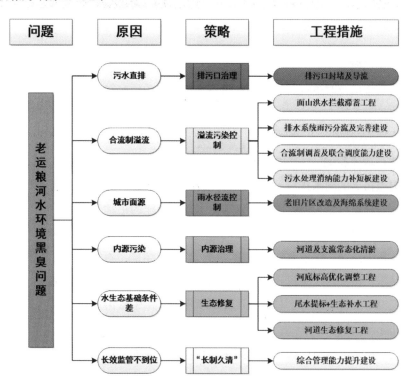

图10-10 老运粮河黑臭水体治理技术路线

10.4 工程措施

10.4.1 控源截污

围绕入河污染减排，在老运粮河流域开展污水直排治理、合流制溢流污染控制、城市面源控制等措施。

1. 污水直排治理

通过定期开展河道雨水排口、合流制溢流风险排口及暗涵的监管督查，落实专项巡查机制（图10-11）。按照统筹规划、综合治理、区别对待、分步实施的原则，有序推进排污口全过程监督管理。

图10-11 老运粮河排污口整治情况

（1）污水直排口整治

对河道沿线直排口及时进行封堵导流，将污水接入市政污水管网后，进入第三水质净化厂进行处理，对沿河排水系统存在的"跑冒滴漏"及时进行修复封堵，实现河道旱季全线截污，杜绝直排污染对河道造成污染。

（2）雨水排口混流整治

针对存在混流污染的雨水排口，开展溯源调查，明确污染源后，结合排水管网节点改造，及时剥离混流污水，杜绝污水入河；同时，保障雨水系统功能的正常发挥。

（3）暗涵排查及整治

针对暗涵河段，结合上下游水质、流量加密监测分析结果，不定期开展专项排查；针对暗涵内存在的排污情况，按照污水直排口和混流雨水口处置方式开展治理；同时，定期对暗涵沿线商户开展排污情况调查及警示教育，杜绝沿线商户通过雨水篦子排污。

2. 合流制溢流污染控制

按照"上拦、中疏、下泄"的治理思路（图10-12），全面开展合流制溢流污染控制，削弱合流制溢流对河道的污染。

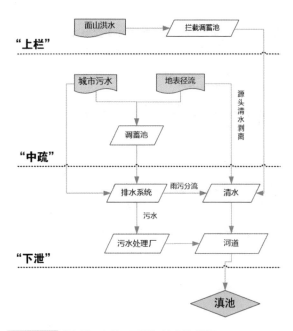

图10-12 "上拦-中疏-下泄"技术路线图

图10-13 面山滞蓄防洪工程示意图

（1）"上拦"工程

实施石盆寺面山滞蓄防洪工程（图10-13），建成13座雨洪拦截调蓄池，结合截洪沟渠系统建设，达到11.13万 m^3/d的雨洪拦截滞蓄规模，大大降低汛期城市上游面山洪水对下游城市排水系统的冲击（尤其是合流制系统），削减水土流失污染；同时，减少排水系统过载溢流发生的风险。

（2）"中疏"工程

针对排水系统，进行全过程梳理完善，提升系统雨污分流率，提高合流制系统汛期抗冲击能力和调蓄消纳能力，提升排水系统运行效能，削减合流制溢流污染对河道的影响。

针对排水系统源头端的排水单元（小区、单位），开展清水入滇微改工程（图10-14），完成沿线区域0.54 km^2老旧小区清水入滇改造，通过屋面雨水及庭院雨水收集系统建设、清水通道建设（图10-15），导流清洁雨水直接入河，提升片区雨污分流率，从源头端降低汛期污水系统产流量。

针对排水系统过程端的市政排水管网，结合主城西片区、南片区管网完善工程（二环外）建设，进一步完善老运粮河流域雨污水管网覆盖建设，并完成老运粮河调蓄池、七亩沟调蓄池、昆一中调蓄池、小路沟调蓄池、三厂调蓄池、郑河路沟调蓄池、乌龙河调蓄池7座主城西片区市政调蓄池建设，达到9.4万 m^3 的合流制系统调蓄规模（图10-16）。同时，在二环路内的老旧城区率先实施"双层河道"建设，探索水环境治理新途径，完成老运粮河支流麻园河、七亩沟双层河道及调蓄池建设，改善老旧合流制沟渠景观环境质量的同时，达到6200 m^3 的合流制系统调蓄规模。

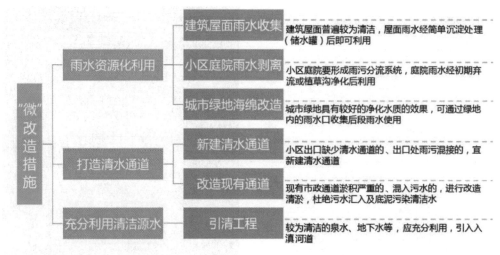

图10-14 清水入滇微改工程主要手段

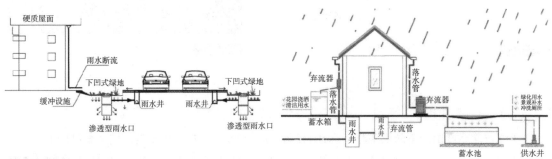

图10-15 清水入滇微改工程方案示意图

图10-16 排水管网完善工程

通过"中疏"工程的实施，老运粮河流域排水系统进一步得到提升完善，汛期抗冲击能力进一步大大增强。

针对排水系统末端的污水处理及调度系统，开展补短板建设。完成第十三污水处理厂建设，为片区新增6万m³/d的污水处理能力，进一步降低第三污水处理厂运行负荷率，并配套完成土堆泵站和张峰泵站的联合调度能力建设。通过联合调度体系的完善，形成第三水质净化厂与第十三水质净化厂的联合运转体系（图10-17），提升污水处理系统汛期抗冲击能力和污水消纳能力。

（3）"下泄"工程

依托面山洪水拦截滞蓄工程和排水系统雨污分流的实施，将经过泥沙沉积处理的面山洪水、清洁雨水、处理厂尾水等相对清洁的水源"错峰"后，有序排入河道，保障河道生态需水，提升下游河道生态系统活力。

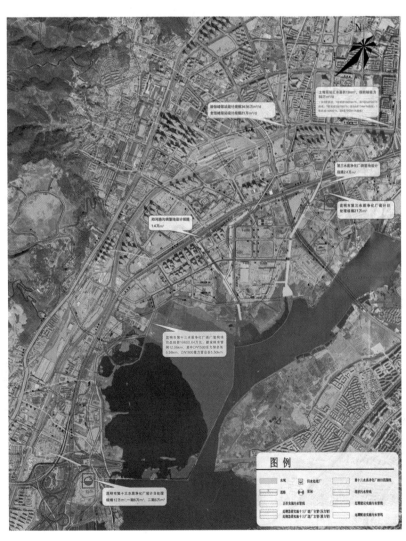

图10-17 污水处理及联合调度系统示意图

3. 雨水径流污染控制

结合西山区3号片区拆迁改造工作，推动海绵城市建设（图10-18），拆除上栗村、下栗村、红莲新村三个合流制城中村，拆除面积46万km²，并按照海绵城市建设要求开展片区建设，推行低影响开发建设模式，工程措施和生态措施相结合，建设渗、滞、蓄、净、用、排相结合的雨水收集利用设施，提高城市雨水径流积存、渗透和净化能力，加强道路两侧及新建城区硬化地面初期雨水截留净化能力，加强对雨洪水的调蓄及综合利用，通过源头削减蓄滞和末端治理进行径流控制，有效削减城市面源化学需氧量负荷，控制城市面源污染。

新开发地块和老旧小区更新改造项目结合海绵城市建设，充分利用公共绿地的滞留和截污作用，结合透水硬化地面和调蓄池等措施，在源头进行地表径流污染控制。老运粮河片区源头减排海绵城市改造主要从以下几个方面采取措施：

（1）建筑小区：在建和规划建设的建筑小区，严格按照分区的年径流总量控制率目标进行审批、建设和验收。建筑屋面优先采用绿色屋顶，有条件的可将屋面雨水集蓄净化回用；建筑场地内充分利用场地竖向及地形，建设生物滞留设施、渗井、湿塘、雨水湿地，小区道路采用透水铺装，绿化植物优先选用耐盐、耐淹、耐污等能力较强的乡土植物，以达到净化初期雨水的目的。

（2）城市道路：区域内年径流总量控制率控制在50%~85%；峰值径流控制目标（径流系数）控制在0.5~0.6。根据《昆明市城市雨水收集利用的规定》要求，城市道路及高架桥等市政工程项目同期配套建设雨水收集利用设施。

（3）城市绿地与广场：城市绿地与广场通过有组织地汇流与转输，经截污等预处理后，引入城市绿地内以雨水渗透、储存、调节等为主要功能的低影响开发设施，消纳自身及周边区域径流雨水，并衔接区域内的雨水管渠系统和超标雨水径流排放系统，提高区域内涝防治能力。

图10-18 海绵城市建设项目

10.4.2 内源治理

1．环保清淤工程

老运粮河及其支流边沟沿线合流溢流严重，污染物在河床沉淀，并形成一定厚度的淤泥质，且厚度变化大，性质不均，填塞在河道中，二次污染河水且影响河流的行洪功能。为缓解河道内源污染，通过专项清淤和常态清淤相结合，及时清理老运粮河淤积底泥，削减内源释放污染对河道的影响；同时，改善河道基底条件，为河道水生态恢复改善提供条件（图10-19）。

（1）依托西山区老运粮河相关整治工程和2018年常态化清淤工程，老运粮河共计清理淤泥3万m³。

（2）开展汇水区域排水管网、河道、支流沟渠清淤除障。一是积极配合市排水公司开展汇水区域市政管网清淤工作；二是针对市政管网混接漏接问题，配合市排水公司逐步开展节点改造工作；三是将河道清淤工作纳入常态化清淤管理，开展了老运粮河东支（西苑浦路至第三水质净化厂段）清淤除障工作，实际清淤量共计6935.8m³。

（3）依托草海文化旅游项目市政及公共配套基础设施（河道生态化改造）工程，共计清除河道淤泥6500m³。

目前，西山区河道及支流沟渠常态清淤及管理机制已建立，结合以上实施的专项清淤治理成果，雨季河道内淤积的底泥在次年旱季可得到清除，河道内源污染释放得到较好控制。

图10-19 河道清淤疏浚

2．岸线垃圾、河道漂浮物治理

昆明市对沿线垃圾、河面漂浮物及河道杂草进行了专项清理。根据西山区推出的《关于滇池流域入湖河道周边市容环境卫生综合整治实施方案》，西山区马街街道办事处与昆明顺达园林绿化公司签订了《马街街道办事处入湖河道及支流沟渠保洁管护承包协议》，西苑街道办事处与昆明英杰环境清洁有限公司签订了《西苑街道办事处辖区范围入滇河道2018年度保洁承包合同》，棕树营街道办事处与昆明市西山区永志家政服务部签订了《老运粮河棕树营段河道及沿岸绿化、道路保洁承包协议》，对老运粮河沿河及水面漂浮物进行常态化清理。

10.4.3 活水提质

针对老运粮河黑臭河段上游补水量小、水环境容量不稳定的问题，开展补给水源优化建设工程，完成6个老运粮河及其支流补水系统建设，黑臭河段上游日均补水3万m³。在满足河道防洪排水的基础上，通过对河道底部高程进行局部调整，增加河道水体的流动性，进一步提升了河道水环境容量，避免河道水体长期不流动导致水质恶化。

1. 河底标高调整

通过调整老运粮河七亩沟（人民西路–二环西路）段、老运粮河（云山路–西苑辅路）段河底标高各段箱涵间河道的底坡（图10-20），尽可能改善河道过水条件，促进河道水动力条件改善。

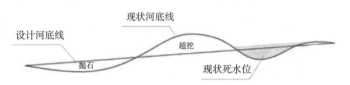

图10-20 河道底部标高调整示意图

2. 补给水源提标改造

老运粮河治理前无天然补给水源，生态补水主要依靠昆明市第三、第九污水处理厂尾水补给，结合下游滇池湖体治理需求，实施一、三、九水质净化厂超级限除磷提标改造实验示范工程，提标指标为总磷，提标后，补给水源总磷浓度不超过0.05mg/L。在总氮指标不参与水质评价的前提下（滇池流域不考核总氮），补水水源水质类别总体为Ⅲ~Ⅳ类水，该措施的实施确保了河道水质本底条件的根本性提升改观，助力老运粮河水质目标的实现。

3. 补水工程优化调整

从老运粮河西支补水点处新建1根长2290m的河道再生水补水管（DN450型）（图10-21），沿老运粮河、七亩沟延伸至五华区，设计补水量为2.0万m³/d。

对庄房泵站进行提升改造，按照水泵"用二备二"的原则，对老旧的4台水泵进行更换，同时，在西山区人民西路与七亩沟交叉点新增1座消能井，设置永久补水口，在西二环靠近小路沟段增设1个备用补水出口，对河道进行生态补水（图10-22），增加河道水体流动性，促进河道水质改善。

10.4.4 生态修复

老运粮河流域内小路沟、翠湖大沟、七亩沟、火柴厂沟、七亩沟、麻园河、鱼翅沟等部分河段为自然河堤或浆砌石堤，河道过流通道狭窄，河堤防洪能力高低不一，岸线硬化，割裂了水体与周边空间的生态联系（图10-23）。结合海绵城市建设项目，新建及改造驳岸均采用生态软驳

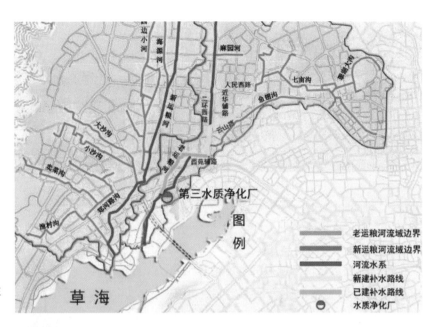

图10-21 老运粮河再生水补水路线

图10-22 老运粮河补水点照片

图10-23 老运粮河主河道部分河段岸线情况

岸，使河岸藏得住鱼虾、长得住水草。同时，结合河道沿岸景观设计，对现状硬化河底进行生态改造，根据不同水深搭配种植沉水植物，增加河道生态净化能力。植物搭配类型有刺苦草、轮叶黑藻、伊乐藻和金鱼藻等。西山区积极推进老运粮河入湖口湿地建设，完成老运粮河入湖口湿地面积20.32万㎡。结合片区开发建设万达城范围的河道迁改，完成草海文化旅游项目段河道河底片石填筑16270m³，进一步修复河内生态岸线，削减入河污染，提升岸线环境品质（图10-24）。

图10-24 老运粮河治理后生态岸线效果

10.5 非工程措施

为保证老运粮河流域黑臭水体治理工作成效，需持续实施水环境、水生态、水安全、水资源等方面的治理措施，持续恢复生态环境，有效提升城市生态景观环境，即要逐步建立完善的"长制久清"体制机制（图10-25），巩固和强化黑臭水体治理工作阶段性成果，在确保黑臭水体消除的基础上，不断提升水体水质，实现"长制久清"，提升人居生态环境。

图10-25 黑臭水体"长制久清"工作机制

10.5.1 智慧河道管理

结合昆明市智慧城市建设，全市基本建成河（渠）湖库湿地管理大数据信息平台，并逐步实现信息上传、任务派遣、督办考核、应急指挥数字化管理。在老运粮河12个重点部位如排水口、箱涵和流经的主要人口密集区等安装智能监测探头，利用物联网技术，对老运粮河水位、老运粮河河岸环境变化进行感应监测，实现智慧河道管理。

10.5.2 强化河长制工作机制

1．联席会议机制

各级总河长、副总河长、河长负责召集联席会议，听取全区或各街道河长制工作情况汇报，研究解决涉及全区或责任区域河（渠）湖库湿地保护治理管理中的重点难点问题。河长联席会议根据需要适时召开，原则上每半年不少于1次。

2．协调会办制度

加强区域内环境问题会商会办，每个季度由总河长召开一次现场会办会，针对涉河（渠）湖库湿地管理保护过程中的重点难点问题,召集相关成员单位研究会办。各级河长通过现场会办会、专题研究会议等形式,定期或不定期进行协调会办,及时解决责任区域河(渠)湖库湿地保护治理涉及的突出问题。强化流域相关、地理相连的跨区域河道之间的协作,加强流域河(渠)湖库湿地保护治理联动,实现共治共管。

3. 日常巡查制度

完善区级河长日常巡查制度,明确河长日常巡查要求,区级河长日常巡查每两月不少于1次,街道级河长每月不少于1次,村(社区)级河长每半月不少于1次。通过各级河长对责任区域河(渠)湖库湿地开展现场巡查(图10-26),及时发现问题,一线督促落实。

图10-26 河长日常巡河

4. 动态监测机制

建立区级考核断面的水质水量监测网络,制定河(渠)湖库湿地、重要水源地及跨界水域水质、水量监测方案,确定监测断面(点),完成考核断面监测能力建设。按照统一的标准规范开展水质水量监测和评价,按规定及时发布有关监测成果。建立水质恶化倒查机制。

5. 考核评价机制

根据河(渠)湖库湿地不同的情况和问题,实行差异化绩效评价考核,将领导干部自然资源资产离任审计结果及整改情况作为考核的重要参考。上级党委、政府负责组织对下级党委、政府落实河长制情况进行考核,上级河长负责组织对相应河(渠)湖库湿地下一级河长进行考核。考核结果作为地方党政领导干部综合考核评价的重要依据。实行生态环境损害责任追究制,对造成生态环境损害的,严格按照有关规定追究责任。

6. 激励问责机制

将河长制工作情况纳入区委、区政府对各街道及区级相关部门年度目标考核内容。对年度工作任务完成、成绩突出、成效明显的，在年度目标管理绩效考核中兑现；对年度工作任务未完成的，按照考核办法进行处理；对工作不力、不作为、失职失责的，按照相关规定进行问责。

10.5.3　市场化运营机制

按照政府主导、社会参与、市场运作、多元投入的原则，推进水环境治理专业化、市场化。建立治污排污设施运行维护、河道保洁清淤、河道保护管理、生态景观修复等创新机制，积极探索引入第三方专业运行维护管理模式，在水环境治理、水资源保护、河（渠）湖库整治工程中，积极吸引社会资本参与，采用PPP、BOT等模式。

针对治污设施、河道治理、生态修复等运行与维护，建立相应考核机制，全面落实各项考核目标责任，推行全面合同管理与全成本控制。通过与运营单位签订《年度经营业绩考核目标责任书》，对运营单位进行绩效评估。检查考核严格按照《服务质量标准和考核办法》，以定量化指标对存在问题及严重程度进行计分，以年为考核周期进行评分考核，并根据评分进行奖惩。考核成绩与服务经费挂钩，西山区政府按照考核结果拨付服务经费，坚持检查监督考核的常态化、制度化、规范化，强化运行维护的监督管理，促进水生态环境质量持续提升。

10.5.4　统筹推进工作机制

城市黑臭水体治理工作是一项庞大的系统工程，要严格落实河长制工作制度，各级河长要切实履行责任，按照治理时限要求，加强统筹谋划，调动各方密切配合，协调联动。随着黑臭水体治理工作主体工程基本完工，西山区黑臭水体治理工作内容由单纯治河治水向整体优化生产生活方式转变，工作范围由河道单线作战向区域联合作战拓展，工作方式由事后末端处理向事前源头控制延伸，工作监督由单一监督向多重监督改进，保护治理由政府为主向社会共治转化。西山区黑臭水体治理工作迈入第二阶段，应统筹考虑辖区内黑臭水体治理、海绵城市建设、生活垃圾分类等区域人居生态环境提升措施，打破部门壁垒，及时调整工作思路和方法，整合各种资源，切实解决实际问题，实现源头消减，解决过程污染，改善城市生态系统，提升人居环境。

10.5.5　社会监督机制

建立健全河（渠）湖库湿地保护治理公众监督、举报、受理、公示机制和平台，通过信息化方式，畅通公众参与渠道，接受群众监督和举报。加大新闻宣传和舆论引导力度，突出深化河长制工作亮点宣传，通过设立"市民河长"、聘请社会监督员、招募志愿者等多种形式，引导群众关心爱护河（渠）湖库湿地，在不断增强人民群众获得感的同时，提高社会公众对河（渠）湖库湿地保护工作的责任意识和参与意识。

10.6 治理成效

10.6.1 河道黑臭消除，实现"长制久清"

通过一系列水环境综合治理措施的实施，老运粮河直排污染源已全部切断，内源污染得到及时清除，溢流污染和城市面源污染也得到进一步控制。结合生态补水优化、生态修复等扩容措施，整治后，定期监测结果稳定达到目标要求，河道黑臭已消除。在消除河道黑臭的基础上，2018~2020年，老运粮河综合水质类别稳定达到或好于地表水Ⅳ类标准（图10-27），黑臭现象未出现反复情况，目前已实现长治久清。

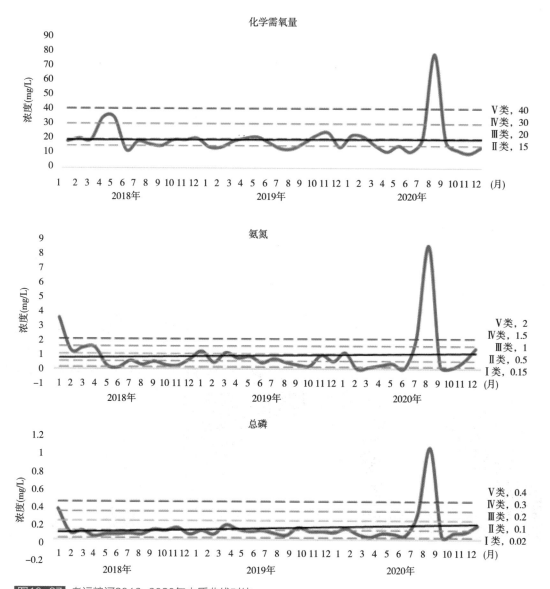

图10-27 老运粮河2018~2020年水质曲线对比

从近3年积下村（积中村）断面水质变化看，化学需氧量、氨氮、总磷基本持平，水体近3年基本保持在Ⅳ类或Ⅲ类水标准内，偶有月份出现超标现象。

10.6.2 污染负荷削减进一步提升，滇池治理减排任务得到落实

依托老运粮河一系列整治工程的实施，经昆明市滇池保护治理三年攻坚行动办公室考核认定，2020年，老运粮河新增污染负荷削减量化学需氧量286.95t/a、氨氮58.46t/a、总磷4.22t/a，超额完成《滇池保护治理三年攻坚行动实施方案（2018~2020年）》确定的污染负荷新增削减任务，进一步减少入滇污染负荷量，对滇池治理目标的达成有重要贡献。

10.6.3 推动沿河片区生态环境质量品质提升

昆明市本着以实现老百姓身边"看得见、摸得着"的水环境改善为原则，使居民切实体会到黑臭水体治理带来的福利，有效提升了老百姓的幸福感和满意度。西山区从老运粮河黑臭水体治理的"初见成效"和"长制久清"两阶段入手，已采取多项工程措施和管理机制，改善了城市水环境，显著提升了居民的幸福感。截止至2020年6月，老运粮河黑臭水体治理公众评议满意度达到了97.6%。河道的一系列治理项目不仅提高了水体自净能力，也改善了周边的生态环境，景观效果焕然一新（图10-28），提高了周边居住品质，有效提升了周边居民的幸福感和获得感。

目前，老运粮河（成昆铁路–滇池入湖口，3.7km）河段恢复了下游营养传输、污染物运移转化和水生生物迁移等生态功能，河段功能和景观均有良好成效，达到"清水绿岸、鱼翔浅底"的要求（图10-29）。

图10-28 老运粮河黑臭段治理前中后

图10-29 老运粮河治理后生态岸线效果

10.7 经验总结

10.7.1 以滇池为核心，确立流域统筹协调机制

滇池是云南省九大高原湖泊和长江上游生态安全格局的重要组成部分。昆明市始终将滇池保护治理作为"一把手"工程，坚持问题导向，充分考虑滇池自身特点及治理难点，水陆同治，河湖共治，强力推动以滇池为重点的市域水环境综合治理。

一是严格落实河长制。昆明市建立了河长制工作领导小组、四级河长五级治理体系、三级督察督导制度。结合黑臭水体整治，出台了强化河（湖）长履职尽责的一系列政策文件，将黑臭水体整治与河长制落实有机结合，进一步推动河（湖）长制从"有名"向"有实"转变，依托市河（湖）长制督查工作机制，将城市黑臭水体督查作为河长常态化巡查督查行动工作重点。

二是建立黑臭水体整治"一票否决"的考核制度。昆明市出台了《城市黑臭水体整治考核办法（试行）》，对认定为未按期消除黑臭水体的责任单位，在滇池流域水环境保护治理年终考核中实行"一票否决"，评定为不合格单位，扣减河长、责任领导和相关责任人50%的年度目标绩效奖。

三是实施滇池流域河道生态补偿机制。按照"谁达标、谁受益；谁超标、谁补偿"的原则，出台了《昆明市滇池流域河道生态补偿办法（试行）》等文件。完成滇池流域34条河道、58个水质、水量监测断面的勘定，建设完成63个河道生态补偿水质、水量自动监测站，统筹责任单位缴纳的生态补偿金专项用于滇池流域河道水环境保护治理，有效促进了入湖河道水质提升和地方责任落实。

10.7.2 以水质目标管理为导向，实施"双目标"考核

以滇池水质目标和入湖河道水质目标管理为导向，从落实滇池水质达标总量削减控制出发，

兼顾各入湖河道水质达标，通过入湖、入河污染负荷精准调查核算、水环境容量研究核算，确定河道水质目标及污染负荷削减目标，实施水质目标与污染负荷削减目标双控制的水环境治理成效考核机制。2018年，昆明市制定了《滇池保护治理三年攻坚行动实施方案（2018~2020年）》，针对全市主要入滇河道，明确了河道治理目标，并实施水质目标与污染负荷削减目标双控制考核水环境治理成效，不仅要水质达标，同时要实现污染负荷削减目标，采取"双目标"控制，倒逼河道水质提升责任落实，系统开展滇池及入滇河道综合治理。通过"双目标"任务的提出，倒逼区县落实河道扩容及污染减排，为河湖水环境质量改善及水质目标达标奠定基础。

10.7.3 围绕合流制溢流控制攻坚，建立"上拦、中疏、下泄"治理体系

昆明市现状城市内域河道上游大多分布有山区，下游排水系统多以合流制排水体制为主，雨天上游山区山洪的汇入，对下游排水系统的冲击较大，合流制溢流污染严重。在此背景下，昆明市创新性地提出了"上拦、中疏、下泄"的城市溢流污染控制思路。"上拦"主要指对上游面山洪水的拦截，主要通过截洪沟以及多级面山洪水拦截调蓄池等设施的建设，减少面山洪水对下游城市排水系统的水量冲击，通过在截洪沟内安装挡泥板、建设沉砂池等手段，减少进入下游排水系统的泥沙量，同时，配套下游泄洪通道的清污分流工程，实现清洁山洪水的剥离。"中疏"主要指城市排水系统疏导及完善建设，通过雨污分流疏导建设、合流制区域调蓄能力及联合调度能力建设、污水处理设施运行负荷调配，提升排水系统抗冲击能力和运行效能，从而控制削减合流制溢流污染。"下泄"主要指清水的剥离和拦截调蓄的山洪水导流入河，实现清水入河。

10.7.4 围绕老旧城区清污分流"攻坚"，率先开展"双层河道"建设

为深入实施滇池保护治理三年攻坚行动，推动滇池流域主要河道水质持续改善，按照科学治滇、系统治滇、集约治滇、依法治滇的工作思路，西山区在学习借鉴国内外先进治水经验基础上，率先在老运粮河流域实施"双层河道"建设，探索水环境治理新途径。"双层河道"主要是利用有限的河道空间，将下层河道作为合流水通道扩大调蓄空间，缓解市政污水管网压力，做到污水全收集；将上层河道作为清水通道，恢复河道岸线自然净化功能，在河道综合治理中打造良好的城市亲水空间。"双层河道"建设具有征地拆迁少、工程造价低、实施难度小、社会效益易体现等特点，可应用于老旧城区及城中村区域的黑臭河道（沟渠）攻坚整治。通过在麻园河等有条件地段建设"双层河道"约1734m，西山区努力破解老旧城区的行洪排涝、水质净化、雨污分流难题。工程实施示范成效明显，为老旧城区水环境治理提供了参照案例。

10.7.5 "三水"统筹，注重系统治理

昆明市执行减排和扩容两种手段并行的治理思路，统筹河道水环境治理、水资源保障建设、水生态修复，老运粮河水环境治理成效明显。通过流域控源截污、内源治理措施，控制削减入河

污染负荷，完成河道污染负荷削减任务目标；同时，因地制宜，结合昆明市生态缺水的基本特征，充分利用水质净化厂尾水等再生水作为河道生态基流的补给水源，结合多点补水等优化补给措施，积极开展河道水资源保障建设；恢复及优化河道生态基流，促进水动力条件的提升，结合河道生态修复等手段提升水环境容量，依托系统治理效应的发挥，持续改善河道水环境质量，保障河道黑臭消除的同时，助力河道水质持续提升。老运粮河综合治理工作实践证明，"三水"统筹的治理技术体系，系统效应明显，可作为下一阶段水生态环境提升的基本技术体系。

中规院（北京）规划设计有限公司：于德森　白静　张奕雯
昆明市生态环境科学研究院：何佳　邵智　杨艳　吴雪

11 宜春雷河

宜春市位于江西省西北部，是长江中游城市群重要成员，自建城至今已有2200多年的历史，自古是"江南佳丽之地、文物昌盛之邦"。随着国家长江经济带、鄱阳湖生态经济区战略的推进，宜春市城市建设快速发展，先后荣获"中国宜居城市""国家卫生城市""国家森林城市""中国优秀旅游城市"等10多张国家级名片。

2018年以来，宜春举全市之力"治水"，认真贯彻落实习近平总书记生态文明理念和视察江西提出的建设"美丽中国"江西样板的殷切希望，以创建全国黑臭水体治理示范城市为契机，坚持生态优先、绿色发展，坚持问题导向、系统治理，扎实推进城市水环境治理。目前，樟树湖、松江园湖、雷河3处黑臭水体已全部消除黑臭并实现"长制久清"，中心城区主要河道国考、省考断面水质优良比例均为100%，水环境质量得到显著提升，市民获得感、幸福感不断增强，进一步凸显了宜春山清水秀的生态优势。

11.1 水体概况

11.1.1 城市基本情况

1. 区位条件

宜春市地处东经113°54′~116°27′、北纬27°33′~29°06′之间，总面积2532.36km²。宜春市东境与南昌市接界，西北与湖南省长沙市交界，是环鄱阳湖城市群与长株潭城市群以及长沙与南昌之间重要节点地区。

2. 地形地貌

宜春市境内东部为赣抚平原，中部丘陵延绵起伏。整体地形由北向南、自西向东倾斜。中心城区坐落在袁河中上游两岸的低丘陵地区，沿河两岸地势较平坦。

3. 气候特征

宜春市属中亚热带季风气候区，四季分明，全市年平均气温16.2~17.7℃。中心城区雨量丰富，多年平均降雨量1585.9mm，降雨量年内分配极不均匀，主要集中在4~6月，约占年降雨量的44.45%。

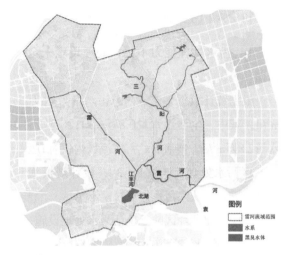

4. 河流水系

宜春市水资源较丰富，全市多年平均水资源量为179.23亿m³。中心城区主要河流为袁河，流域面积6486km²，河道全长273km，其中，雷河是袁河的一级支流。

11.1.2 水体情况

雷河位于宜春市中心城区北部边缘、袁河北岸，流域面积70.3km²。雷河发源于台立

图11-1 雷河黑臭水体分布示意图

上水塘，上游流经工业园区，沿途接纳江丰河、三阳河等支流，末端汇入袁河，常年有水。

整治前，雷河黑臭水体长度12.6km（图11-1、图11-2），包括雷河（蕉溪村-袁河，11.8km）及其支流江丰河（0.8km），为轻度黑臭（表11-1）。

图11-2 雷河整治前水体黑臭情况

雷河整治前水质情况 　　　　　　　　　　　　　　　表11-1

透明度（cm）	氨氮（mg/L）	溶解氧（mg/L）	氧化还原电位（mV）	水质情况
20.7	7.61	4.1	145	轻度黑臭

11.2 存在问题

雷河流域位于城市建成区边缘，流域内排水设施建设滞后，污水直排水体问题突出，加之管理养护不到位，农业面源污染、底泥淤积及垃圾无序堆放等问题，导致河道水质恶化。其中，排水设施建设滞后导致的污水直排是水体黑臭的最主要原因。

11.2.1 污水处理能力不足

1. 污水处理能力不足，处理设施未全覆盖

根据统计数据，流域内总污水量为3.6万m³/d，其中，生活污水量0.8万m³/d，工业污水量2.8万m³/d。整治前，雷河流域内仅有1座经开区污水处理厂（图11-3），设计规模为3.0万m³/d，流域内污水处理规模不足。

其中，北湖片区缺乏生活污水处理设施，片区内生活污水经管道收集后，直接排入江丰河。片区面积约8km²，污水排放量约0.5万m³/d。

图11-3 雷河流域污水处理厂服务范围

2. 经开区污水处理厂一期出水水质不达标

经开区污水处理厂分两期建设，其中，一期1万m³/d、一级B排放标准，二期2万m³/d、一级A排放标准，尾水排入雷河。经开区污水处理厂一期工程主体构筑物池体完整，但设备、管道老化腐蚀严重，除磷效果差，出水水质不稳定，超标现象时有发生。

11.2.2 污水直排问题突出

整治前，雷河流域排水设施建设滞后、污水直排问题突出，沿线共有32处污水排水口，污水直排量为14714m³/d。

1. 排水管网建设缺口大

雷河流域内分流制、合流制排水体制共存。分流制区域主要分布在北湖片区及宜春大道东侧区域，面积为49.68km²。合流制区域主要分布在宜春大道西侧，面积为12.39km²。此外，部分城中村区域（面积为8.23km²）排水管网缺失严重，污水散排入河（图11-4）。

（1）分流制管网不健全

朝霞路、锦绣大道等4条市政污水管网未贯通，下游污水无出路，存在4处分流制污水直排口（图11-5），污水排放量为5850m³/d。

图11-4 雷河流域排水体制分布示意图

图11-5 整治前雷河沿线排口分布示意图

图11-6 整治前农村污水直排口

（2）合流制管网无末端截污干管

雷河流域内26条市政道路、7个源头小区均为合流管网，末端缺少截污干管，污水通过4处合流直排口排入河道，污水排放量为7385m³/d。

（3）农村生活污水散排

雷河流域61个村组、10个安置地排水管网缺失严重，生活污水直排入河或散排汇入屋后排水渠进入雷河水系，雷河沿线共有22处居民污水直排口（图11-6），排水量为136m³/d。

2. 排水管网运行状况差

（1）管道混错接严重。分流制区域内锦绣大道、宜阳大道等道路市政排水管存在82处雨污水管道混错接点（图11-7），污水排放量约为1343m³/d。

（2）管道病害严重。部分管网建设年限较久，存在坍塌、错口、淤堵等病害情况。根据管网排查检测情况，雷河流域内排水管网共存在3、4级结构性缺陷849处（图11-8、图11-9），3、4级功能性缺陷14.84km（图11-10、图11-11），管网运行状态差。

图11-7 雨污水管道混错接点分布示意图

图11-8 雷河流域排水管道3、4级结构性缺陷分布图

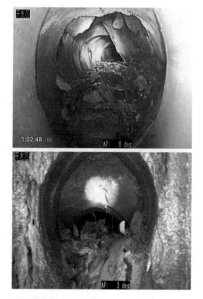

图11-9 排水管道3、4级结构性缺陷

图11-10 雷河流域排水管道3、4级功能性缺陷分布图

图11-11 排水管道3、4级功能性缺陷

11.2.3 雨天面源污染入河

1. 农业面源污染

雷河流域内农田约261ha（图11-12）。由于农业生产活动中肥料的使用，氮素、磷素等营养物质及其他有机、无机污染物，雨天随径流入河污染水体。经计算，雷河流域农业面源污染物化

图11-12 雷河流域内农田

学需氧量排放量约为15.7t/a，氨氮排放量约为4.7t/a，总磷排放量约为1.4t/a。

2．雨水径流污染

雷河流域建设用地以工业用地、居住用地为主，下垫面以屋顶、道路广场、绿地为主（表11-2），雨季径流污染也会对河道污染带来一定负荷。

雷河流域底泥统计表 表11-2

类型	建筑屋顶（km²）	道路广场（km²）	绿地（km²）	未利用土地（km²）
面积	7.79	12.09	20.33	5.64

11.2.4 底泥内源污染释放

1．河底淤积

整治前，雷河淤积严重，污染物长期在河床中累积，形成黑臭底泥，淤积长度为6.48km，平均淤积深度约为0.5~0.7m（图11-13）。

图11-13 雷河整治前河底淤积

2．沿线垃圾堆积

整治前，雷河管理缺位，垃圾收集转运系统不完善，大量生活垃圾、建筑垃圾沿河岸无序堆放。经统计，雷河上游堆积垃圾量约1000m³，下游河岸堆积垃圾约11000m³，江丰河沿线堆积垃圾约3000m³（图11-14）。

图11-14 雷河整治前沿岸建筑垃圾堆积

11.2.5 生态脆弱水体流失

1. 下游生态脆弱

整治前，雷河下游为自然岸线，沿河无亲水步道等休闲活动空间；植物以自然生长的杂草乱树为主，水体内鱼虾少见，生物多样性不足，生态环境脆弱；上游河段部分护岸剥落、塌陷、被垦殖，总体景观较差（图11-15）。

2. 水土流失风险较大

整治前，雷河下游局部护坡、山体土壤裸露，水土流失风险严重，雨后河道浊度急剧升高，水体呈红壤色，透明度降低明显（图11-16）。

图11-15 雷河整治前的环境

图11-16 雷河整治前护坡裸露及水土流失

11.3 治理思路

11.3.1 治理目标

根据《宜春市中心城区黑臭水体治理三年攻坚实施方案》《宜春市城市黑臭水体治理工作方案》等要求，明确雷河城市黑臭水体治理目标：

（1）全面消除雷河黑臭水体。居民满意度不低于90%，水面无大面积漂浮物，无大面积翻泥；透明度、溶解氧、氧化还原电位、氨氮4项指标的平均值达到不黑不臭的要求。

（2）建立完善的污水收集处理体系，消除城中村、城乡接合部等污水收集处理空白区，消除污水直排口。

（3）形成设施全覆盖、功能完善的生活垃圾处理处置体系，建立完善的河面保洁及打捞体系，确保水面无漂浮物，两侧无垃圾。

（4）生态修复城市水体，水体功能和景观均达到良好效果，雷河治理后5.1km河段达到"清水绿岸、鱼翔浅底"的要求。

（5）建立完善的黑臭水体治理机制体制，确保水体治理效果的"长制久清"。

11.3.2 技术路线

鉴于雷河位于建成区边缘，雷河城市黑臭水体治理按照从主到次、从易到难、兼顾区域开发建设时序的原则，找准关键问题，针对性提出雷河黑臭水体治理"三步走"战略（图11-17），实现河道水环境质量的长效稳定提升。

第一步：补齐基础设施短板，消除旱天污水入河。优先完善污水收集处理设施，实现生活污水、工业废水的分别集中处理；针对分流制区域、合流制区域、城中村散排区域，因地制宜开展污水直排口治理工程措施，注重工程实效，消除污水散排区，消除生活污水直排口，保证旱天污水不入河。同时，加强基础卫生设施建设，强化河道环卫管理，清理河底淤泥，减少内源污染。

第二步：控制雨天面源污染，恢复河道生态系统。落实海绵城市建设理念，建设生态滞留设施、湿地，控制雨天径流污染，保障雨天河道水质达标。开展河道环境综合提升改造，恢复和重建河道水生态系统，提高水体自净能力。复绿裸露山体护坡，控制水土流失。

第三步：优化长效管理机制，带动区域建设发展。健全、落实长效机制，加强排水户全方面管理，落实联合执法，项目建设全过程监督，全社会严格监督考评。进一步挖掘雷河生态价值，打通绿水青山与金山银山的双向转化通道，带动区域健康发展。

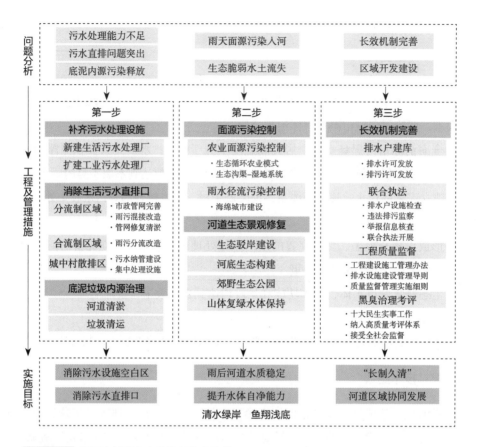

图11-17 雷河流域黑臭水体治理技术路线

11.4 工程措施

11.4.1 污水处理设施补全

完善雷河流域污水处理系统,合理确定污水收集处理设施总体规模和布局(图11-18),新建城北污水处理厂,建设规模为2.0万m³/d,处理北湖片区生活污水;扩建经开区污水处理厂,由3.0万m³/d扩建至5.0m³/d,处理雷河流域内工业污水。

建成后,雷河流域污水处理规模由3.0万m³/d提升至7.0万m³/d,一方面,实现了雷河流域污水的全处理,为未来区域建设发展预留一定空间;另一方面,实现了流域内生活

图11-18 雷河流域2020年污水处理设施布局示意图

污水、工业废水的分开集中处理，提升污水处理运行效能。

1．新建城北污水处理厂

为解决北湖片区生活污水直排问题，新建城北生活污水处理厂，处理北湖片区生活污水，设计规模为2.0万m³/d。从北湖片区污水总排口至城北污水处理厂，建设污水主干管1.2km，消除了北湖片区生活污水总排口。

2．扩建及提标改造经开区污水处理厂

建设经开区污水处理厂三期，规模为2.0万m³/d，一级A排放标准，尾水排入雷河。

新建经开区污水处理厂一期一体化滤布滤池，强化出水水质，增加除磷加药系统，提标改造为一级A标准。

11.4.2 污水直排分类治理

在污水处理设施完善的基础上，根据分流制区域、合流制区域、污水散排区不同区域的特点，因地制宜，采取多元处理模式，全面消除流域内32个污水直排口，保证旱天污水不入河。

1．分流制区域污水直排治理

（1）打通市政污水断头管网

打通朝霞路、锦绣大道等4条道路污水管道，新建管道5.2km，新建污水提升泵站1座，完善污水收集输送系统。

（2）雨污混接改造

通过新建、改造局部管网的形式，将混错接管道进行正确接驳，综合整改排水管道错接、漏接、混接点82处，新建管道5.2km。

（3）管网修复、清淤

修复流域内3、4级结构性缺陷排水管道849处，更新破损管道，其中，开挖修复4.7km，非开挖修复2.58km（图11-19）；清淤、疏通3、4级功能性缺陷排水管道12.84km，维护管道畅通，保障排水功能。

图11-19 非开挖原位固化（CIPP）整体修复施工

2．合流制区域污水直排治理

对雷河流域范围内市政道路合流制管道全部进行分流制改造，现状合流管改造为雨水管，新

建污水管接纳沿途污水排放。共改造26条道路合流管，新建污水管约25km。

对刘家组、土垄组等7个合流地块全部进行雨污分流改造，包括建筑内及建筑外分流改造。建筑内新建雨水立管，将阳台污水接入污水管；建筑外将原合流管道作为雨水管，新建污水管收集建筑污水，末端接入市政污水管，共新建排水管道46.2km（图11-20）。

3. 污水散排区直排治理

加快雷河流域污水散排区排水设施建设，明确城中村、城乡接合部污水管网建设路由、用地和处理设施建设规模，共完成61个村组、10个安置地的污水治理（图11-21）。

（1）对于污水处理厂纳污范围内村组，优先开展"最后1km管线"工程，按照应接尽接的原则，将化粪池污水全部接入污水管道，输送至污水处理厂统一处理。共完成58个村组、10个安置地的污水纳管建设，实现截污面积8.2km²，新建污水管网44.02km。

（2）对于污水处理厂纳污范围外村组，此部分污水难以接入市政管网，建设集中式污水处理设施就近处理。袁州区渥江镇3个村组配套新建污水管网8.4km，新建一体化污水处理设施2套，处理规模600m³/d，均采用一级A排放标准。

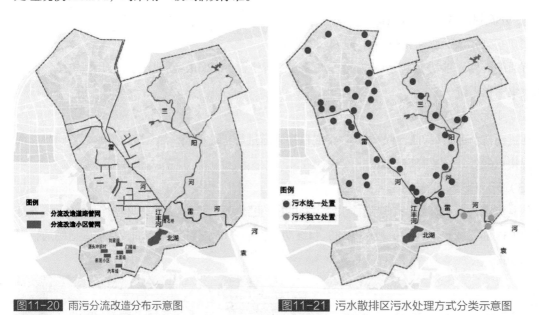

图11-20 雨污分流改造分布示意图　　图11-21 污水散排区污水处理方式分类示意图

11.4.3 雨天面源污染控制

1. 农业面源污染控制

雷河整治过程中，采用生态化措施，源头削减雷河流域农业面源污染，控制入河污染物。一是建设优质生态农业，降低农药、化肥使用；二是构建生态沟渠-湿地系统，削减农业面源污染。在雷河下游建设生态滞留沟渠1.5km，作为农田和河道之间的缓冲带（图11-22），并将一部分临近水体的自垦田地改造为湿地（图11-23），湿地面积4387m²，进一步净化处理农业面源污染。

图11-22 生态滞留设施实景

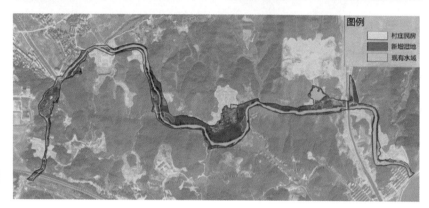

图11-23 雷河下游新增湿地位置示意图

2. 径流污染控制

宜春市出台了《关于全面推进全市海绵城市建设的实施意见》，要求至2020年，城市建成区30%以上的面积年径流总量控制率达到75%。

划定雷河流域海绵城市建设示范区，面积8.1km²，年径流总控制率目标为80%，径流污染控制率目标为40%。新建地块全过程落实海绵城市理念，改造地块结合雨污分流改造、小区景观提升等工作开展。

11.4.4 底泥垃圾污染清理

雷河流域内源污染治理措施主要包括：清理河底淤积底泥，清理沿河堆放垃圾，完善区域垃圾收集转运处理体系，明确管理责任，实现垃圾的无害化、减量化、资源化处理。

1. 河道清淤

对雷河和江丰河段进行清淤，清淤长度约6.48km，清淤厚度0.5~0.7m，清淤总量7.49万m³（表11-3）。雷河上游淤泥量少且多位于桥涵下，主要采用人工清淤的方式；雷河下游及江丰河段采用挖掘机清淤的方式。

根据河道淤泥检测结果，淤泥不属于危险废弃物，将淤泥封闭运输至污水处理厂进行脱水干化后集中处置。

雷河清淤情况统计表 表11-3

区段	河段长度（km）	淤积深度（m）	清淤量（万m³）	清淤方式
雷河上游	1.0	0.7	0.7	人工清淤
雷河下游	4.6	0.7	6.44	机械清淤
江丰	0.88	0.5	0.35	机械清淤
合计	6.48	—	7.49	

2. 垃圾清理及资源化

清理雷河、江丰河沿岸建筑垃圾及生活垃圾，雷河沿岸垃圾约12000m³，江丰河沿岸垃圾约3000m³。

为避免垃圾入河，加强雷河流域基础卫生设施建设，各村组、社区配套垃圾收集设施，并配套垃圾转运点建设，共建设2个垃圾中转站；完善卫生清理制度，落实管理责任，保证垃圾及时清理，防止在雨天漫流污染河道。

同时，根据宜春市生活垃圾分类及减量工作相关文件精神，在雷河流域内深入开展垃圾分类工作，坚持政府推动、部门联动、全面发动、全民参与的原则，实行投放、收集、转运、处理四个环节全程分类。宜春市建设了宜春绿色动力再生能源有限公司宜春市生活垃圾焚烧发电项目（图11-24），处理规模为1000m³/d，并配套建设炉渣制砖厂，年度发电能力约1.6亿kW·h，彻底解决了宜春市中心城区生活垃圾资源化利用率低的问题。

图11-24 宜春市生活垃圾焚烧发电厂中控平台

11.4.5 生态修复水土保持

通过改造生态驳岸、设置水生植物、建设湿地等措施，构建河道周边蓝绿交融空间，提升河道生态功能；在打造"绿水"的同时，建设"青山"，复绿雷河沿线裸露山体护坡，开展水土保持，实现绿水青山。

1．生态修复

结合防洪标准要求，对雷河沿线坍塌、破损、缺失等岸线进行改造，共2.8km，恢复被垦殖的生态护坡（图11-25），绿化面积约8230m²，为水体留出足够的生态空间和滨水空间。工程措施如下：

（1）补齐缺失岸线。江丰社区、渥江中学段考虑到防洪安全因素，不适用采用生态岸线，仍采用硬质岸线，采用直立护岸形式补齐缺失护岸，新建长度约950m，采用自然河底。

（2）修复破损岸线。春风路-宜工大道等段采用嵌草砖护岸形式修复坍塌护岸，修复长度约1.8km。

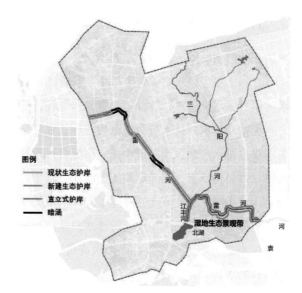

图11-25 雷河护岸类型分布图

（3）新建湿地公园。新建雷河郊野湿地公园，占地面积36.9ha，绿化面积23.3ha，在河底配置金鱼藻等水生植物，构建水下生态系统，建设5.1km"清水绿岸、鱼翔浅底"示范段，串联北湖公园-江丰河-雷河，打造滨水湿地生态景观带。

2．水土保持

对现状河道两侧裸露山坡进行生态复绿，减少水体流失，提高生态环境质量，采用山体挂网客土喷播植生（图11-26），植物搭配为狗牙根+高羊茅，复绿面积21000m²。

图11-26 雷河下游裸露山体及复绿后对比

11.5 非工程措施

宜春市立足黑臭水体治理"长制久清"，通过建立排水户全方面管理、多部门联合执法、建设全过程监督、考评全社会参与等制度，构建了工程建设有保障、管理制度高要求、监督检查全覆盖的长效机制，全面系统推进雷河黑臭水体治理。

11.5.1 排水户全方面管理

1. 生活排水户全流程制度化管理

宜春市根据供水户信息、市场监督管理局登记信息等，开展排水户普查工作，统计梳理中心城区所有排水户信息，并分门别类入册管理，建立排水户数据库。

为推动排水户排水行为规范化管理，宜春市制作了《中心城区排水设施建设规范宣传手册》，要求重点排水户建设预处理设施。市综合行政执法局将重点排水户预处理设施的维护养护工作交由第三方公司负责，由其定期维护清掏，其中，餐厨隔油池垃圾统一清掏收集运送，从源头上遏制了"地沟油"的生产链，保障了人民群众的生命健康安全。

此外，宜春市向满足要求的排水户发放排水许可证。当排水户申请工商信息变更时，以排水许可证变更为前置条件，确保排水许可证与工商登记信息一致，实现排水户全流程制度化管理（图11-27）。

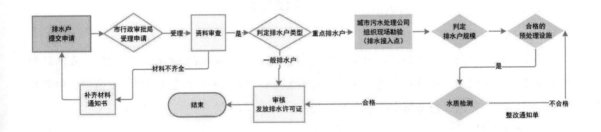

图11-27 排水户办理流程图

2. 排污户多层次管理

经济技术开发区和袁州医药工业园区分别聘请了环保管家对工业园区内市政排水管网普查、工业企业排污、环境风险控制等进行一站式管理服务。为能够掌握工业企业内源头排污情况，市生态环境局委托第三方定期开展工业企业排污普查工作，普查内容包括企业内雨污水排口水质达标情况、企业污水预处理设施建设运行情况等。

11.5.2 多部门联合执法

针对沿街经营性单位和个体工商户污水乱排直排、"小散乱"排污等非法行为，宜春市一方面制定了《中心城区排水管理办法（暂行）》，明确禁止乱排直排污水，另一方面制定了《中心城区排水联合执法行动方案》，建立了包括市行政审批局、市工业和信息化局、市商务局等多部门的排水联合执法队伍，定期开展联合执法，对违法排污问题责令限期整改，2020年，下达责令整改通知书3892份（图11-28）。

针对工业企业违法排污行为，相关环保主管部门责令工业园区及涉事工业企业进行自查自

图11-28 多部门联合执法及责令整改通知书

纠，涉事企业开展了雨污水管混错接改造、预处理设施建设、环保设施运维管理加强等工作，实现厂区内雨水、污水双达标排放。

11.5.3 建设全过程监督

排水设施建设质量直接影响运行效果，宜春市已出台多项工程质量监管机制，涉及施工、管理、信用机制等多方面，规范排水实施建设行为。宜春市综合行政执法局制定了《中心城区排水设施建设管理导则（暂行）》，对排水实施建设材料、质量、工程移交等提出了要求。宜春市人民政府办公室发布了《关于印发〈宜春市中心城区市政基础设施工程建设施工管理办法〉的通知》，明确了市行政主管部门职责，要求办理施工许可制度、安全文明施工等，加强了市政基础设施工程的建设管理。市住房和城乡建设局制定了《中心城区市政给水排水工程质量监督管理实施细则》，对市政给水排水工程质量要求及监督管理提出了明确要求（图11-29）。

图11-29 工程建设监督相关制度文件

11.5.4 考评全社会参与

为加快推进黑臭水体治理工作、改善群众居住环境，宜春市将黑臭水体整治工作列入2020年宜春市"十大民生实事"中，该项工作接受市人大、政协监督考核，考核结果纳入全市高质量发展考评体系中。同时，为提高社会公众对黑臭水体治理的参与度、加强社会监督，宜春市采取现场设立项目展示牌、发放宣传资料、制作宣传视频、定期组织新闻发布会、省市电视广播媒体宣传等多种形式，宣传介绍黑臭水体治理工作（图11-30）。中共宜春市委宣传部、宜春市综合行政执法局联合主办的关于黑臭水体治理"2021年宜春市'文明宜春·幸福家园'短视频、摄影和征文网络大赛"，在市内引起了较高的话题度及参赛热潮。

图11-30 市人大常委巡查督查及新闻发布会介绍雷河治理情况

11.6 治理成效

11.6.1 以水为魂，改善水体质量

整治后（2020年12月），雷河水质溶解氧、透明度、氨氮、氧化还原电位等主要指标数值与整治前（2019年9月）相比大幅度改善，分别由4.1mg/L、20.7cm、7.6mg/L、145mV，变化为9.0mg/L、40.4cm、0.67mg/L、243mV，整体消除了黑臭（图11-31、图11-32）。

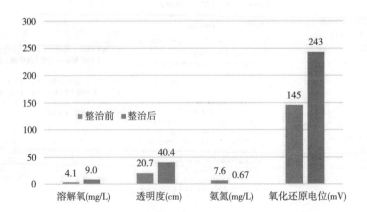

图11-31 雷河整治前后水质指标变化对比

图11-32 整治后雷河水质效果

11.6.2 以河为主，恢复生态环境

宜春市委书记在"优环境促发展"的大讨论上强调，山清水秀的自然生态环境是高质量发展的永续动力。雷河整治后，宜春市将原垃圾遍地、污水直排的脏乱差河道变成了干净整洁舒适的一泓清水，改善了生态环境，创造了"清水绿岸、鱼翔浅底"、鸟语花香的生态景观（图11-33）。

图11-33 整治后的雷河生态环境

11.6.3 以人为本，提升居民幸福感

宜春市沿雷河下游及江丰河新建了郊野湿地公园，新建公园面积约36.9ha，绿化面积约23.3ha，新建自行车道打通城市慢行系统，配套建设亲水设施等，给市民提供可嬉戏游玩、临河骑行、踏青亲水的生态产品（图11-34）。雷河郊野湿地公园成为市民深入体验自然野趣之乐、缓解城市生活压力、放松身心、嬉戏游玩的网红打卡地，促进人水和谐，提升市民获得感、幸福感。

图11-34 雷河郊野湿地公园及慢行系统

11.6.4 以城为根，带动城市品质提升

宜春市一方面建成完善的排水系统，为城市建设开发、工业园区招商引资、新型城镇化建设奠定了良好的基础；另一方面打出"组合拳"，将黑臭水体治理与海绵城市建设、老旧小区改造、背街小巷整治相结合，以雨污分流改造为核心，以人居环境改善为目标，先后启动了103个老旧小区、100余条背街小巷等综合环境整体提升改造，带动了城市品质提升（图11-35）。

图11-35 老旧小区海绵城市改造及城市品质提升

11.7 经验总结

宜春市按照系统化治理思路，深入推进排水设施补短板、工业污水全分离、排水全流程管理、全民治水齐抓共管等工作，在工程建设及长效机制的双重推动下，消除了黑臭，重建了水体生态系统，持续改善了城市水环境，使雷河呈现水清、岸绿、景美、河畅、人和的美丽意境，全面提升了群众幸福感和满意度。

11.7.1 重点补齐排水设施短板，多措并举，系统治理

宜春市以排水设施补短板为核心，按照分散与集中相结合的原则，推动农村污染防治，消除污水直排口，实现雷河流域内污水收集处理全覆盖。

一是推进农村污染治理。通过截污纳管措施，新建和改造雷河流域内61个村组、10块安置地、7个源头小区的排水设施，消除农村污水散排区，实现了城市边缘区域污水管网全覆盖。

二是补齐排水管网短板。通过开展雨污分流改造、排水断头管打通、雨污混错接管改造、缺陷管道修复疏通等工作，完善了排水管网系统，消除了沿河排污口，实现了旱天污水不入河。

三是污水处理全覆盖。通过经开区污水处理厂提标扩容、新建城北污水处理厂，将雷河流域3.0万 m³/d 的污水处理规模提升至7.0万 m³/d，按照分散与集中相结合的原则，在城市边缘区新建分散式污水处理设施，实现了雷河流域内污水收集处理全覆盖。

11.7.2 统筹分离工业生活污水，精准分析，对症下药

宜春市厘清思路，精准分析雷河流域内生活污水和工业污水混杂问题，通过新建生活污水处理厂处理生活污水，提标扩容工业污水处理厂处理工业污水，生活、工业污水处理厂各自独立运行，实现了生活污水和工业污水有效分离，保障了污水厂处理效能。

11.7.3 落实排水户制度化管理，联合执法，重点监督

宜春市建立了排水联合执法常态化机制，形成了涵盖生活排水户全流程管理、工业排污户多层次管理的排水全方面制度化管理模式。

通过比对市场监督管理局数据库，建立排水户档案数据库，实现"双库联动、拉网普查"，为排水户动态化、制度化管理建立了良好的基础。其中，排水户全方面管理包括排水户普查、查处违法排水排污行为、指导重点排水户建设预处理设施、发放排水许可证、引入第三方维护预处理设施及排水户排水性质变更的联动管理。工业排污户的多层次管理，即除了采用环保管家进行工业园区一站式服务外，还委托第三方定期开展工业排水户企业内污水、雨水排口水质监测，责令不满足排污要求的企业限期整改。

11.7.4 着力提升建设管理水平，齐抓共管，成果共享

宜春市借助创建黑臭水体治理示范城市契机，采用多维度管理、多角度监督模式，通过全社会齐抓共管，共同破解跨界河道治理难题。

一是多维度管理。通过批准《宜春市文明行为促进条例》，明确"禁止向河流、水库等水体排放污水、倾倒垃圾等损害生态环境的不文明行为"，加强刚性约束。提出打造山水林田湖草生命共同体，践行"生态+"理念，完善生态价值转换机制等内容。宜春市还配套出台了《中心城区市政基础设施工程建设施工管理办法》《中心城区排水设施建设管理导则（暂行）》等多项管理制度，规范工程建设、质量管理、信用机制等全过程行为。同时，依托管网、排水设施数字化平台，借助大数据、互联网等科技手段，实现了智慧化管理（图11-36）。

图11-36 宜春市排水系统智慧管理平台

二是多角度监督。将黑臭水体整治工作列入"十大民生实事"，接受社会监督，邀请市人大、政协监督考核，考核结果纳入全市高质量发展考评体系。同时加强舆论宣传，打通公众监督渠道，引导市民共同参与。

中国市政工程华北设计研究总院水务规划咨询研究院：李宝　孟恬园　曹玉烛　王腾旭　王梦迪

宜春市综合行政执法局：欧阳昕

V 暗涵整治

12 广州车陂涌

12.1 水体概况

12.1.1 城市基本情况

1. 城市区位

广州市地处我国南方滨海区域、广东省的中南部、珠江三角洲的北缘，接近珠江流域下游入海口，是我国重要的经济和历史文化中心城市、国家建设"一带一路"的重要枢纽、国际商贸中心、粤港澳大湾区世界级城市群的四大核心城市之一。

2. 降雨特征

广州市地处亚热带区域，背山面海，地势自北向南降低，海拔标高一般在300m以下，地形高差约250m，年平均气温为21.4~21.8℃，台风、极端暴雨较多，属洪涝灾害多发区，雨量丰沛且集中，主要集中在4~9月汛期，年均降雨量为1857.4mm，多年平均蒸发量1640mm，相对集中降水量约占全年的85%，降水量呈现山区多于平原、北部多于南部的特点。

3. 水系流域情况

市内河网水系密集，大小河流（涌）众多，集雨面积在100km²以上的河流（涌）共有22条。河宽5m以上的河流（涌）共有1368条，总长5597.36km。河道密度达到0.75km/km²，按排水特征可划分为山区型河流、潮汐型河流及上游山区、下游潮汐型河流。

12.1.2 车陂涌水体情况

车陂涌位于广州市天河区中北部，属于珠江前航道流域，上游为山区型，下游为潮汐型，是广州市一条极具代表性的河涌。河涌发源于天河区北部龙洞水库，自北向南，汇入珠江前航道，流经9个街道和城中村，共有一级支涌（暗渠）23条，主涌长度18.6km，支涌长度48km，流域面积80km²，常住人口60多万，是天河区长度最长、流域面积最大的河涌（图12-1）。

车陂涌治理前，河涌受污染严重，水体黑臭（图12-2），23条支涌和暗渠水质常年重度黑臭，

车陂涌流域线

天河区范围线

图12-1 车陂涌流域水系图

图12-2 车陂涌车陂村段和树木公园段整治前状况

主涌水质常年为劣V类（透明度31cm、溶解氧2.95mg/L、氨氮8.6mg/L）。2017年2月，在全市黑臭河涌污染量化排名中，车陂涌污染程度高居全市首位。

12.2 存在问题

在实施综合治理前，车陂涌流域内"散乱污"违法排放严重，污水收集设施不完善，污水直排问题突出，水体呈现明显黑臭。据排查，车陂涌流域内共有598个旱季污水直排口，其中，土涌有159个，流域内日污水量为18.3万t，每天约有9万t污水通过排污口以及溢流口排入河涌，远超出河涌自净能力。车陂涌沿岸排污口及分布情况如图12-3、图12-4所示。

图12-3 车陂涌沿岸排污口

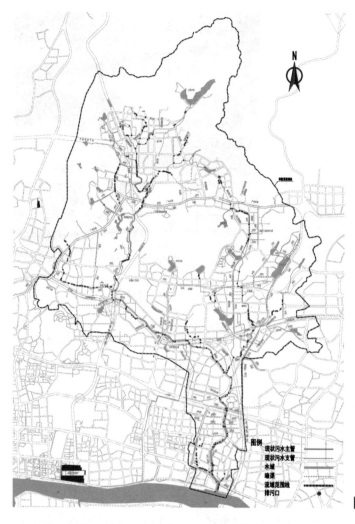

图12-4 车陂涌流域排口分布情况

12.2.1 生活污水收集处理设施存在明显短板

1. 管网收集能力不足

车陂涌流域覆盖范围较大，流域内人口密集的城中村等区域污水管网建设滞后，污水管网覆盖率低，2017年以前，每平方千米区域仅有3km管网，部分区域存在污水管网空白区，造成生活污水无法有效收集，直排河涌。

2. 雨污错混接严重

一方面，流域内排水体制以合流制为主，雨污分流制排水单元仅占10%，且现状排水管网存在较多堵塞、错混接、断头等缺陷，经排查，流域范围内排水管网结构性病害和功能性病害总数超7200个，污水溢流河涌情况普遍；另一方面，汛期时大量雨水通过雨污混接点进入污水管网系统，导致污水管网长期高水位运行，污水系统和污水处理厂运行压力较大。

3. 污水处理能力不足

车陂涌流域的污水由猎德污水处理厂处理，该厂设计污水处理规模为120万m³/d，在纳污范围内污水未实现全收集的情况下，实际运行处理量已达到120万m³/d（表12-1），现有污水处理能力无法满足生活污水全处理的要求。

猎德污水处理厂2017年10～12月日均处理水量   表12-1

日期	日均处理水量（万m³）	日期	日均处理水量（万m³）	日期	日均处理水量（万m³）
2017年10月	118.86	2017年11月	120.31	2017年12月	119.59

12.2.2 "散乱污"场所数量众多，源头污染物偷排问题突出

据统计，流域内存在不符合产业布局规划、证照不全、违法建设、违规经营企业等违法建筑共有338处，"散乱污"企业超2300多家，养殖场70多家。"散乱污"及违法企业普遍存在生产废水偷排入河涌等违法行为，对河涌水质造成严重污染（图12-5、图12-6）。

图12-5 长涪杨庄工业区洗水厂   图12-6 岑村龙船山废品收购站

12.3 治理思路

12.3.1 治理目标

广州市深入贯彻习近平总书记视察广东重要讲话精神，践行"绿水青山就是金山银山"的理念，坚决打好打赢黑臭水体剿灭战。按照《水污染防治行动计划》《城市黑臭水体治理攻坚战实施方案》等文件要求，确立阶段性整治工作目标：

（1）2017年底前，达到初见成效，完善车陂涌区域污水主干管网，提高污水收集处理能力，削减溢流污染，基本消除车陂涌黑臭。

（2）2018年底前，实现"长制久清"，完成城中村污水治理等工程建设，实现全流域截污，基本消除流域黑臭水体。

（3）2020年底前，恢复水体使用功能，完成大观净水厂等工程建设，开展排水达标单元建设、生态修复工程，实现车陂涌流域水环境根本好转。

12.3.2 技术路线

1. 反思治理存在问题

2017年以前，车陂涌曾历经多次整治，但整治成效并不明显，黑臭问题依然存在。2017年，广州市对照《城市黑臭水体整治工作指南》，认真反思，发现以往整治工作存在问题如下：

（1）缺乏系统性和整体性。对水体污染成因缺乏系统分析，未准确查摆问题，缺乏流域整体治理意识，上下游、左右岸治理不同步。

（2）整治措施末端治理，治标不治本。多采用河涌清淤、水闸截污、调水冲污等应急之策，造成河涌水质改善不明显、成效不稳定。

（3）重建设、轻管理。污水管、雨水管责任主体不清，错混接严重，养护管理不到位，排水单元（小区、事业单位等）存在监管盲区，每轮治水投入大量财政资金开展建设，但建成后的设施未能充分发挥作用，存在大量无效、低效管网。

2. 定量分析

针对过去治理的短板与不足，在本轮治理中，广州市坚持定量分析、科学研判，找准问题症结，将车陂涌流域划分为58个排水分区、872个排水单元，对流域内的污水排放来源、规模及种类进行全面系统的调查。经测算，车陂涌日均排污量为18.3万t（约9万t排入河涌），其中，工业类排水单元产生污水占2%，城中村类排水单元产生污水占44%，小区类排水单元产生污水占29%，企事业单位类排水单元产生污水占16%，商业经营排水单元产生污水占9%，流域内各类污水来源（排水单元）分布如图12-7所示。

3. 治理路线

车陂涌坚持源头治理、系统治

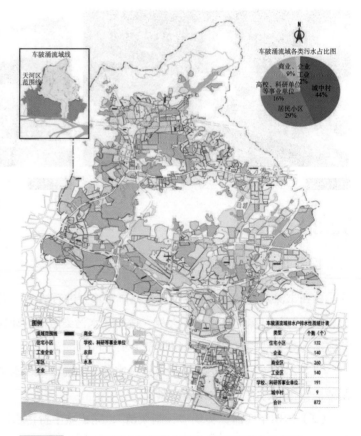

图12-7 车陂涌流域内各类污水来源（排水单元）分布图

理的原则，对照目标任务，采取分步实施的方式，重点抓好控源、截污和管理三方面工作（图12-8）。

控源：开展"洗楼"行动，对流域范围内的所有建（构）筑物逐户进行摸查，地毯式排查河涌污染源情况，查出各类污染源后，进行甄别定性、登记造册，并通过各部门联合执法，实现靶向清除。

截污：开展"洗井、洗管"行动，对检查井、排水管网的运行情况进行摸查，查找排水体制、污水管网空白区、结构性和功能性缺陷、运行水位高等问题，并对存在的问题进行整改，恢复其正常排水功能。在摸清现状管网的基础上，结合污水收集能力、问题排污口等情况，采取工程性措施，针对性建设完善截污管网，补齐污水处理设施短板。

管理：全面推行河长制，明确市、区、街道、村（居）四级河长，并设立民间河长，推进社会共治，营造全民治水氛围，定期开展"洗河"行动，实行定人、定责、定时、定标准的"四定"河涌保洁模式。

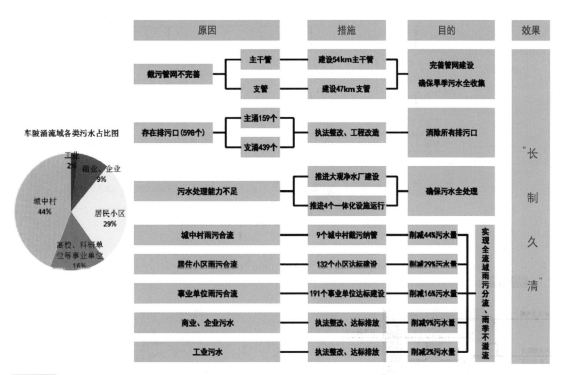

图12-8 车陂涌流域污水治理因果关系图

12.4 整治措施

12.4.1 全流域推进"四洗"，摸清底数，精准施策

广州市以流域为体系，以网格为单元，将车陂涌全流域划分为58个排水分区、872个排水单元，在全市率先开展"洗楼、洗管、洗井、洗河"行动。

1. 开展"洗楼"行动，查找源头排水户"病症"

落实基层责任，组织街道、村（居）力量开展"洗楼"行动，查清污染来源，查找病症（图12-9）。以每栋建（构）筑物为单位，重点登记建筑物的雨水立管、污水立管以及混合水立管，并核实化粪池、隔油池等预处理设施，核查排水、排污许可，查清排水行为，挨家挨户查清建（构）筑物底数，准确记录并签名确认摸查信息，全面掌握底数（图12-10）。共完成"洗楼"28373栋，对调查成果统一进行数字化和矢量化，汇总后形成统一电子成果。属于生活污水问题的，完善收集管网，通过工程措施解决；属于"散乱污"场所、禽畜养殖等污染问题的，落实执法主体责任，通过执法手段解决。

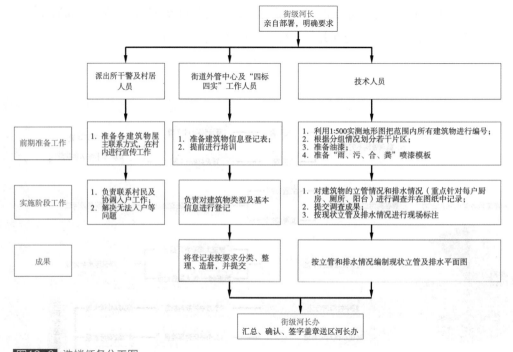

图12-9 洗楼任务分工图

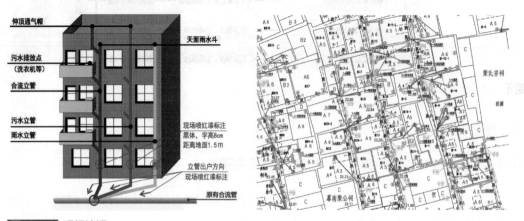

图12-10 现场注记

2. 开展"洗井、洗管"行动,查找排水系统"病症"

组织流域内的相关排水设施管护人员,全覆盖实施"洗井、洗管"行动。

开展"洗井"行动,对排水单元内及市政道路上的所有雨污水检查井进行调查摸底,查清井的属性及附属设施(雨水口、排放口等),整治错接乱排现象。

开展"洗管"行动,对排水管网的数量、属性、运行情况(结构性和功能性缺陷、运行水位等)进行调查及隐患排查,对运行工况不合理、存在结构性和功能性缺陷的管网进行整改。

车陂涌流域内共完成1.1万座检查井和348km管道的"洗井、洗管"工作,共发现流域内污水管道结构性缺陷1278处,其中1级、2级居多,3级、4级次之,占比依次为52.27%、30.67%、10.17%、6.89%(图12-11)。通过委托新成立的市排水公司开展排水管线隐患排查修复工程,对管线缺陷进行修改,恢复管道功能。

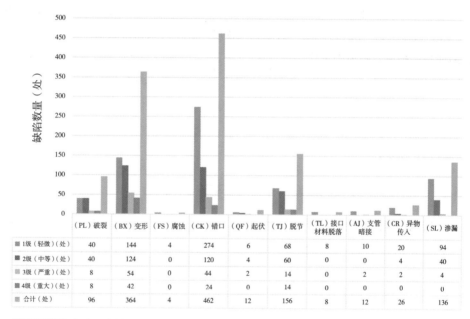

	(PL)破裂	(BX)变形	(FS)腐蚀	(CK)错口	(QF)起伏	(TJ)脱节	(TL)接口材料脱落	(AJ)支管暗接	(CR)异物传入	(SL)渗漏
■ 1级(轻微)(处)	40	144	4	274	6	68	8	10	20	94
■ 2级(中等)(处)	40	124	0	120	4	60	0	0	4	40
■ 3级(严重)(处)	8	54	0	44	2	14	0	2	2	4
■ 4级(重大)(处)	8	42	0	24	0	14	0	0	0	0
■ 合计(处)	96	364	4	462	12	156	8	12	26	136

图12-11 车陂涌流域污水管道各类型缺陷不同等级数量分布图

3. 开展"洗河"行动,保证河道干净有序

开展"洗河"行动,采用人工、机械等措施,集中清理河岸、河面、河底以及河道附属设施的垃圾和其他附着物。车陂涌流域内每日出动保洁船只24艘、保洁人员200余人,日均清捞水面及两岸垃圾6.5t,投入漂浮物自动清捞船3艘,保持水面无大面积漂浮物、两岸无垃圾、河道整洁有序。

12.4.2 全力推进污染源专项整治,靶向清源,减污控污

1. 铁腕推进河涌违法建设治理

坚持违建不拆、劣水难治的治理思路,将涉河违法建设拆除由干流、主涌向边沟边渠、合流

渠箱延伸，实行"一条河涌、一名领导、一支队伍"，对河涌两岸的违法建设坚决予以拆除（图12-12），实现巡河通道贯通，消除违法建设直排污水污染水质、影响河道截污工程推进、骑压河道影响行洪排洪的"顽疾"，车陂涌流域共拆除河湖违法建设20万㎡。

图12-12 拆除涉河违法建设

2. 加大"散乱污"工业场所整治

坚持上下联动、分工负责、精准治理"散乱污"场所，组建"前台、后台"工作队伍，建立排查结果上报–任务措施下达–处置情况上报–督导验收下沉的"两上、两下"工作闭环机制。通过用水电大数据精准排查、锁定目标、多部门联合执法，强力清除污染源，车陂涌流域内共清理整治"散乱污"场所2348处，从源头大幅度减少了污染物排放量。

3. 清理整治畜禽养殖污染工作

推进《广州市新一轮畜禽养殖污染整治行动方案》，将流域内畜禽养殖污染防控作为水污染防治重点工作之一，加快推进畜禽、池塘养殖治理工作，彻底关闭或搬迁禽畜养殖场，完成对农业面源污染源摸查的整改工作，共整治家禽散养点71个，涉及建设面积14328㎡。目前，车陂涌流域内已全面实现禁养。

12.4.3 加快推进污水设施建设，补齐污水基础设施短板

1. 完善污水管网，消除污水管网空白区

针对污水管网不完善这一突出短板，按照先主涌后支涌、先城中村后小区企事业单位的原则，分步组织实施截污工程。

实施主涌截污工程，完善流域污水主干管网54km；实施支涌截污工程，完善支涌支流污水次干管网47km。同时，为解决车陂涌流域内污水量占比最大的城中村污水收集问题和截流溢流问题，实施流域内9个城中村（天河区渔沙坦村、龙洞村、岑村、沐陂村、车陂村、柯木塱村、凌塘村、新塘村、棠下村）的截污纳管工程，敷设埋地污水收集支管622km，安装立管987km，流域内9个城中村全面实现了雨污分流（图12-13）。

2. 建设污水处理设施，提升区域污水处理能力

在猎德污水处理系统中，新建一座大观净水厂，近期建成规模为20万㎥/d，远期规划总处理规模控制在40万㎥/d，主要收集车陂涌北部区域的污水，提升区域污水处理能力，减轻猎德污水处理厂的运行压力。同时，为解决流域内生活污水处理能力不足问题，按临时措施和永久措施相结合的思路，在大观净水厂建设期内，共设置了4座污水一体化处理设施（合计污水处理能力15万㎥/d）。在大观净水厂建成后，原4座污水一体化处理设施已清退。

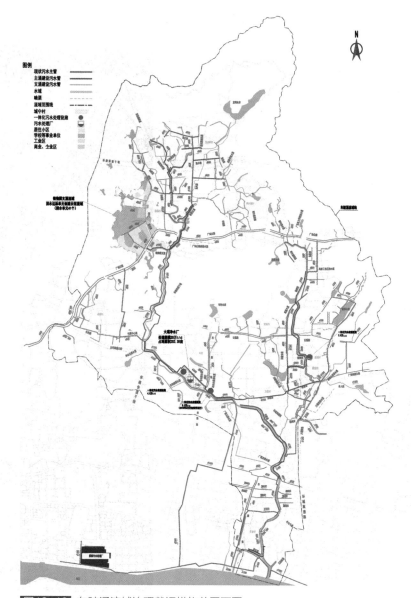

图12-13 车陂涌流域治理截污措施总平面图

3. 推进排水单元达标，加强源头污水管控

印发实施《广州市全面攻坚排水单元达标工作方案》，按照雨污分流原则，统筹、协调、监督属地内机关事业单位（含学校）、商业企业、住宅小区、部队、各类园区按时保质完成排水单元达标建设；明确内部排水设施的产权、管理权，落实好养护人、监管人，确保内部排水设施养护专业化、规范化；同步实施排水单元涉及的公共排水管网建设，雨水污水各行其道，基本实现雨污分流、源头治水，从根本上解决污水入河问题，减少雨天合流污水溢流入河，确保黑臭治理成效。至2020年底，车陂涌流域内已完成60%以上的排水单元建设。

4.推进合流渠箱清污分流，提高污水收集效能

开展清污分流工程，改变在出口处设截污堰/闸的方式，杜绝山泉水进入、河湖水倒灌，实现源头污水减量、河道减污。上游6条支涌实现了清污分流，还引入山水4.6万m³/d，恢复车陂涌的生态基流，实现了污水入厂、清水入河。至2020年底，完成11条合流渠箱的雨污分流，计划在2023年全面完成。车陂涌沿线支涌原治理方案设置11座总口截污闸，已拆除（打开）6座，取消建设4座，仍在使用1座，进一步实现了"长制久清"的目标。

12.4.4 多形式推进河道生态修复，巩固深化治理成效

1.减少清淤，原位修复

结合广州地区多雨高温、光照充足的特点，为避免对河床的干扰，从2017年开始，天河区水务局在车陂涌流域试点开展减少清淤，原位修复。试验表明，在没有污水直排的情况下，广州市山区型河涌底泥基本在2个月内实现由黑转黄，内源污染物会逐步减少。根据试验结果，广州市取消了原计划实施的清淤工程，节约了上亿元财政资金。

图12-14 低水位运行水生态自净恢复

2.低水位运行，促进水生态系统恢复

在完成控源截污后，全面取消珠江调水，保持河涌在自然水位（0.3~0.5m）运行，使阳光能透进河床，促进河体生态恢复。利用自然生态的力量，车陂涌河床水草生长茂盛，水质改善明显，鱼群嬉戏，形成了环境宜人的亲水空间，水生态得到了有效恢复（图12-14、图12-15）。

图12-15 车陂涌水生态环境

12.5 治理成效

车陂涌治理历经多年攻坚克难，不仅实现了水体消除黑臭的目标，水环境质量明显改善，还获得了国家、省以及广大市民的认可。2017~2019年，车陂涌水质持续改善、稳定达标，水环境质量实现历史性、根本性、整体性好转，治理成效荣登生态环境部首批"十大光荣榜"。

12.5.1 水环境改善

通过本轮集中治理,流域内实现了污水全收集的目标,车陂涌治理成效达到"长制久清"标准(图12-16)。

图12-16 车陂涌整治后实景

12.5.2 水生态恢复

车陂涌治理按照尊重自然、顺应自然的理念,通过合流渠箱清污分流、低水位运行、停止清淤、原位修复等生态手段,恢复了河道生态系统,实现了"清水绿岸、鱼翔浅底"的生态景象。

12.5.3 增添人民福祉

广州市积极推进碧道建设,结合当地特色,以水为主线,统筹山水林田湖海草系统治理,优化生产、生活、生态格局,既能提升河涌两岸的水安全,又能营造良好的水环境,对改善城市环境起到了关键作用,有利于周边招商引资,促进了经济发展、文化传承,释放了综合效益(图12-17)。

图12-17 车陂涌龙舟节"扒龙舟"活动

12.6 经验总结

广州市坚持以习近平生态文明思想为指导,认真践行新发展理念,深入坚持精准治污、科学治污、依法治污,通过综合治理、科学治理,实现了车陂涌水质的大提升、生态环境的大改善。主要经验总结有如下4点:

12.6.1 坚持"四洗"行动,摸清家底再精准施策

广州市创造性地开展"洗楼、洗井、洗管、洗河"行动,动员沿线干部群众、设施运行养护

人员等，共同参与，全流域摸清污染源底数，大力开展污染源治理工作。通过"四洗"摸查，查清了污染底数，摸清了污水收集处理运行情况，为针对性措施的制定提供了有力依据。同时，全面修复污水管网缺陷，使流域内存量的无效、低效管网变成有效、高效管网，避免大量重复建设，节约了财政资金。

12.6.2　减少人为干预，倡导自然修复

本轮车陂涌治理不再抽调珠江水补水，而是在完成截污后维持河涌自然水位运行，不仅有效避免河水倒灌排水口，及时发现河涌沿线污水直排问题并及时整改，同时，原位修复、减少清淤，大部分河段都可尽量保留原有底泥，利用底泥培育喜水植物，丰富河体生态系统物种，提升河床自净能力，增大车陂涌环境容量。既使得河涌保持自然水位运行，也提升了雨水调蓄能力，对内涝防治起到了积极作用。

12.6.3　排水监管进小区，全面加强源头管控

开展排水单元达标，推动排水管网专业化管理向排水单元内部延伸，实现排水源头管控，建立完善排水单元设施养护"四人"（权属人、管理人、养护人、监管人）到位机制，鼓励各权属人通过市场化行为，委托专业队伍对其内部排水管网实施养护，逐步对单元内部完成雨污分流改造。借助排水单元达标创建，将海绵城市理念深入单元红线内部，从源头完善雨水蓄排系统，有效削减了径流污染；同时，把规范排水的理念传导到源头，促进绿色文明的生产生活方式转变。

12.6.4　推进合流渠箱清污分流，实现污水入厂、清水入河

在本轮治水中，车陂涌流域率先开展合流渠箱清污分流，入箱进涵，查清合流渠箱污水来源，制定"一渠一策"整治方案，对合流渠箱内的污水直排口进行截污全收集，对渠箱内部积存多年的污染物进行清理，恢复渠箱雨水通道的功能，实现"上游清水河中淌、两岸污水管中流"。通过实施合流渠箱清污分流，提升了污水处理厂的进水浓度，提高了污水系统运行效率，也增加了入河的清水量。

广州市水务局：李明　曾进群　辛文克　郑江禹　龙侠义

天河区水务局：许文进　罗谦　蒋郅才　吕文丽　李淳钊

中恩工程技术有限公司：马兰　陈松锦

13 南宁朝阳溪

13.1 水体概况

13.1.1 城市基本情况

1. 地理区位

南宁市是广西壮族自治区首府，地处我国西南边陲、广西南部，地理位置优越，是中国华南、西南和东南亚经济圈的结合部，也是中国面向东盟的枢纽门户、中国-东盟自贸区的核心区。

2. 气候水文

南宁市属南亚热带气候，太阳终年辐射强，雨量充沛，气温高，多年平均降雨量达1298mm，平均降雨天数122天，25mm以下降雨占比90%。降雨季节分配不均匀，4~9月的降雨量达1032mm，占全年降水总量的79.5%；10月~次年3月的降雨量仅266mm，占全年降水总量的20.5%（图13-1、图13-2）。

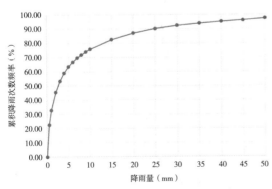

图13-1 南宁市不同降雨量对应的降雨次数频率曲线

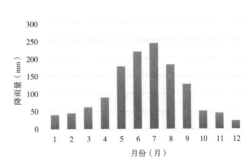

图13-2 南宁市多年平均逐月降雨量

13.1.2 水体情况

南宁市地形呈周边高中间低，邕江自西向东穿越城区，将城区分为南北两岸，朝阳溪位于邕

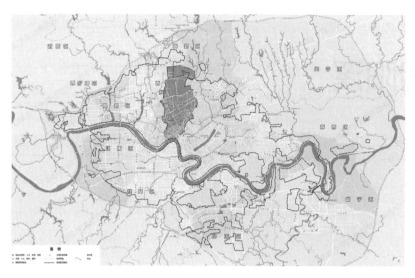

图13-3 朝阳溪流域分布图

江北岸，北起罗伞岭，自北向南穿过南宁市老城区，于大坑口处汇入邕江，是邕江的一级支流，也是南宁市中心城区的一条天然洪雨河流。流域总面积为25.25km²，河道全长14.28km（图13-3）。

随着城市建设的发展，朝阳溪流域开发强度加大，城市排水基础设施建设相对滞后，大量污水直排河道，同时，上游来水逐年减少，水体环境质量日益恶化，朝阳溪成了名副其实的纳污沟。

南宁市从1996年开始，对朝阳溪进行全面综合整治，两岸的景观环境得到了明显提升，但河道水质并未得到有效改善。截至2015年，朝阳溪水体水质仍有3段属于黑臭水体，其中，朝阳溪a段位于原规划整治的三期工程段，全长5.8km，起点为北湖园艺路，终点为南宁市二十八中，2018年6月，其透明度、溶解氧、氧化还原电位和氨氮4项指标全部不达标，其中，氨氮、氧化还原电位指标为重度黑臭，其余两项为轻度黑臭；朝阳溪b段位于已整治的一期工程段，全长1.5km，起点为十三中，终点为镇北桥，2018年6月，其透明度、氧化还原电位指标不达标，为轻度黑臭；朝阳溪c段位于已整治的一期工程段，全长1.5km，起点为镇北桥，终点为入邕江口处，2018年6月，其溶解氧、氧化还原电位指标不达标，为轻度黑臭（图13-4）。

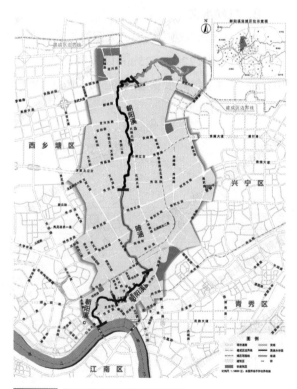

图13-4 朝阳溪流域黑臭段示意图

13.2 存在问题

南宁古称"邕城"，经济文化最初便是在邕江及其支流朝阳溪周边展开。自唐宋时期起，南宁成为省级治所，政治地位提升，以朝阳溪为中心，周边民生、商业快速发展。20世纪50年代初期，朝阳溪尚是清水潺潺，鱼翔水底，两岸柳树成荫，是群众工余休息的地方。时至今日，朝阳溪一带仍然是南宁最热闹的地方，它见证着南宁城市化进程的发展变迁，同时更承担着城市水安全及水环境功能。

随着城市建设的发展和人口的快速增长，以及硬化铺装面积的扩大，河道行洪断面经常被侵占，污水常年直排，排洪防涝风险和水质污染风险加大，曾经清澈见底的朝阳溪渐渐变得浑浊发黑，成了南宁市典型的"臭水沟"。据不完全统计，历年来，市民对朝阳溪黑臭水体问题的投诉率高达31%，占据涉水投诉问题榜首。2018年，南宁市对朝阳溪上游河道段部分排口位置河道水质进行实测，化学需氧量为208.6mg/L，氨氮为45.4mg/L，水体严重黑臭，已严重影响了周边居民区的日常生活，影响了南宁市的整体水环境。

近年来，南宁市深入对朝阳溪的黑臭成因进行系统化分析研究，具体得出以下成因：

13.2.1 河道被严重侵占，行洪排涝能力不足

朝阳溪上游部分河道穿越中心城区较大的城中村，由于在城市建设过程中缺乏合理管控，早期上游沿河两岸任意搭盖民房，甚至利用建筑垃圾填河围地、搭棚建舍，一些高大建筑也将墙基置于河内，严重侵占河道断面，使调洪库容减小（1992年的实测水位在69~72m之间，库容仅为1973年同水位库容的44.8%），加上朝阳溪整治二期工程中修建的暗涵影响及河道污染物淤积严重，致使朝阳溪部分地区排涝不畅，河道行洪能力不足20年一遇（图13-5）。

图13-5 朝阳溪上游河道被民房或菜地侵占

13.2.2 污水处理能力不足，造成污水溢流入河

朝阳溪流域属于江南污水处理厂服务范围内。江南污水处理厂服务范围包含邕江以北的相思湖、北湖、可利江心圩江、朝阳溪二坑溪片区和邕江以南的沙井、江南片区，约占南宁市中心城

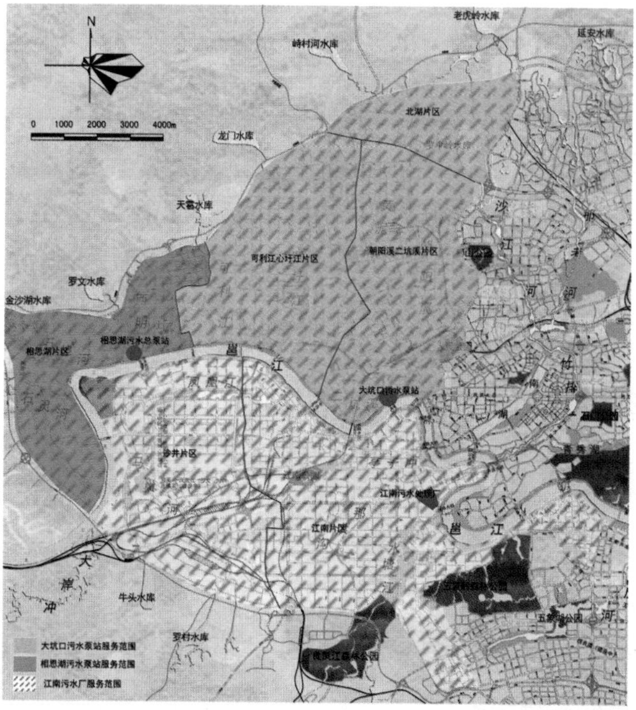

图13-6 江南污水处理厂服务范围图

区的60%（图13-6）。

根据南宁市供水企业2019年供水情况，江南污水处理厂服务范围相关片区污水量如表13-1所示。

江南污水处理厂服务范围供水、污水量表

表13-1

区域	流域范围（km²）	供水（万m³/d）	污水量（万m³/d）
北湖片区	13.4	0.37	0.39
朝阳溪二坑溪片区	40.67	22.94	23.74
可利江心圩江片区	40.45	12.54	12.98
江南片区	66.86	18.70	19.36
沙井片区	46.1	4.17	4.32
相思湖片区	30.04	3.75	3.89
合计	237.52	62.48	64.67

注：污水排放系数取0.90，未预见水量按5%计，地下水渗入系数按10%计。

江南污水处理厂处理规模为48.0万m³/d，服务范围内污水总量约为64.7万m³/d，污水处理总缺口为16.7万m³/d。

南宁市前期为了尽快消除黑臭水体，在朝阳溪上游段、心圩江、可利江等江南污水处理厂服务范围内建设了一批临时式污水处理设施，污水处理能力共计为6.9万m³/d，但仍未能补齐污水处理缺口。

13.2.3 管网系统不完善，污水收集效能低

朝阳溪流域内污水收集系统不完善，污水管网缺失、雨污水管道混错接、已建污水管道结构性和功能性缺陷等问题较为严重，服务范围大，管网流程长，管网运行水位高，致使污水管网收集和转输能力大大降低，生活污水无法得到有效收集，旱天大量污水通过混错接点流入雨水管，排入河道，影响河道水质（图13-7）。

1. 污水管网缺失

朝阳溪流域内分布着秀厢村、万秀村、虎邱村、北湖村、连畴村等大量城中村，由于征地拆迁困难等原因，安武大道、吉兴东路、连庄路等市政主干道路无法配套建设污水管，导致无法有效收集污水；同时，由于历史条件原因，衡阳东路、秀峰路污水管工

图13-7 朝阳溪沿河排口分布图

程、秀厢大道（秀园三里-朝阳溪）、秀厢大道（邕武立交-北湖立交）等市政道路配套建设有雨水管而无污水管，地块污水排放至雨水管，造成旱天污水直排；由于建设时序不合理，安武大道等现状市政道路管网也存在断头现象，下游缺失污水管网，导致上游污水无法被转输至污水厂。

经排查，朝阳溪流域市政道路缺失污水管网约21.86km，沿河截污管缺失13.8km，发现断头管9处。

2. 雨污水管道混错接

城市快速发展进程中，地下排水管网建设滞后，部分管网后期补建时，当分流至雨水管道时，常存在混错接现象，导致污水混入雨水管道，随雨水进入河道造成水体黑臭。经排查，朝阳溪流域内共有420个混错接点（图13-8）。

3. 结构性和功能性缺陷

早期各类排水口、排水管道与检查井的建设和维护不当，导致大量地下水等外来水通过排水口、管道和检查井的结构性缺陷进入埋设在地下水位以下的排水管道中，加之雨污混接和污水直排，影响了控源截污工程效果；同时，也造成污水处理厂进水浓度偏低，导致城市排水系统应有的排水和治污功能不能充分发挥。经排查，朝阳溪流域有3.3km管道存在结构性缺陷。

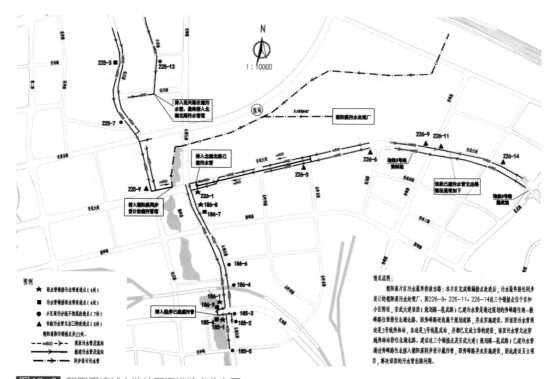

图13-8 朝阳溪流域上游片区混错接点分布图

13.2.4 合流制溢流污染控制不足，雨天污染河道

一方面，朝阳溪流域排水体制为合流制与分流制并存，且以合流制为主，合流区面积大、影响范围广；另一方面，朝阳溪下游两岸分别敷设有沿河截污管，管径均为1500mm，测算结果表明，沿河截污管截流倍数仅为1.3倍左右，截流能力明显不足。此外，由于朝阳溪流域位于南宁市老城区，管网老旧，普遍存在结构性和功能性缺陷，导致外水入渗（图13-9）。

晴天时，流域内的排水管道多处于高水位运行状态，排水管网转输空间十分有限；小雨时，排水管道极易转为满管、满井状态，并导致污水溢流；中雨或更大强度降雨时，溢流污染问题则进一步加重。此外，由于排水管网不完善，雨后地下水位升高会对流域排水管道液位产生持续性影响，排水管网在较长一段时间内仍会处于高水位运行状态，导致在雨后污水继续溢流，并对河道造成持续污染（图13-10）。

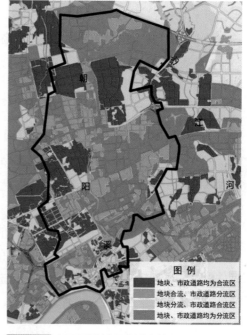

图13-9 朝阳溪流域现状排水体制

图13-10 雨后朝阳溪排口持续发生污水溢流

根据模型模拟结果，在典型年降雨条件下，朝阳溪流域全年共有16个排口会发生溢流，溢流频次介于5~74次，总溢流量达到1500万t/a，合流制溢流污染控制明显不足，对河道造成严重污染。

13.2.5 河道底泥淤积，内源污染严重

由于二期暗渠段既承担旱季的截污作用，又承担雨季的行洪排涝功能，汛期，十三中闸为了防洪排涝频繁开闸，导致暗渠段沉积的淤泥及上游泥沙排入下游河道，加上下游邕江水位的顶托，造成朝阳溪汇入邕江出水口段水体流动性差，污染物沉积，内源污染严重，进而导致水体黑臭（图13-11）。

图13-11 朝阳溪河道底泥上翻

经检测，朝阳溪底泥淤积程度不均，淤积厚度0.05~1.0m不等，淤泥表层有不同程度板结、发黑发臭。底泥的污染物及浓度分别为：总氮浓度5.4~9.9g/kg，总磷浓度7.2~16.5g/kg，有机质9.5%~9.7%，含水率57.45%~90.48%。

13.3 治理思路

13.3.1 治理目标

水安全方面，河道规划自排防洪标准为排泄50年一遇年最大24h暴雨产生的洪水，泵站抽排设计洪水标准为P=5%雨洪同期最大24h暴雨洪水。

水环境方面，2020年，消除黑臭；2035年，达到准Ⅳ类一般景观用水标准。

13.3.2 技术路线

朝阳溪治理按照全流域、全要素系统治理的思路，通过控源截污、内源治理、生态修复、活水保质等多种措施，彻底解决朝阳溪的黑臭顽疾。

水安全方面，朝阳溪上游段通过拓宽河道、设置景观和蓄洪一体的湖区及中游暗涵段增加一孔暗涵的方式，提供河道的行洪能力，确保整治河段行洪安全。

控源截污方面，建设朝阳溪流域污水处理厂，扩建江南污水处理厂，提升污水处理能力；补齐市政主要道路污水管网，修建沿河截污管道，改造混错接点，修补结构和功能缺陷的管网，完善污水收集系统；合理设置合流溢流调蓄池，解决合流制雨天溢流严重问题。

内源治理方面，通过对河道和暗涵进行清淤疏浚，提高行洪能力，改善河道水质。

生态修复方面，结合海绵城市建设、驳岸生态化改造等，使朝阳溪成为一条具有生态、景观、文化等功能的健康河道。

活水保质方面，利用江北片区河道生态基流补水工程，以及朝阳溪污水处理厂尾水，对朝阳溪进行河道补水，改善河道水动力条件，强化黑臭水体治理（图13-12）。

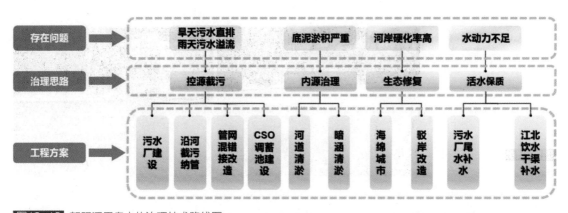

图13-12 朝阳溪黑臭水体治理技术路线图

13.4 工程措施

通过查找历史问题，分析黑臭成因，明确技术路线，朝阳溪治理工程全面铺开。水安全方面，通过河道整治工程、暗涵改造工程，构建满足50年一遇行洪标准的过洪通道。水环境方面，通过朝阳溪污水处理厂一期工程、多项管网建设及修复工程、排口截污工程、暗涵改造工程等，完善管网系统；通过建设10座调蓄池，改善雨天严重溢流情况；通过河道清淤工程、驳岸生态改造等，修复河道生态环境；通过生态基流补水工程，改善河道水动力条件。

13.4.1　河道整治工程

朝阳溪作为邕江的一条重要支流，防洪排涝是其主要功能，基于河道行洪能力不足的问题，重点开展河道扩宽、疏浚，并在原有暗涵处增加一孔箱涵，实现清污分流，减少外水经过二期暗渠进入下游截污干管，同时，提高行洪能力，满足水安全目标。

朝阳溪河道综合整治工程上游起点为城市高速环路南侧、罗伞岭水库坡脚处，下游至秀厢大道处衔接。河道中心线长度5095m，河道宽度为45～660m不等，工程占地总面积125.7ha，按照防洪标准$P=2\%$（182m³/s）进行设计，通过修建堤防护岸、跌水坎、防洪道路及河道疏浚，扩宽了河道，加固了堤岸防护。

暗涵改造工程起点为二十八中，下游至十三中，河道中心线长度3000m。该工程沿原双孔暗涵新增一孔6.0m×4.3m的箱涵，使暗涵段防洪标准由原来的$P=5\%$一遇标准提高至$P=2\%$一遇标准。

这两项工程建成后，全流域范围内将满足河道自排防洪标准为排泄50年一遇年最大24h暴雨产生的洪水（182m³/s）、泵站抽排设计洪水标准为$P=5\%$雨洪同期最大24h暴雨洪水的水安全目标。

13.4.2　控源截污

南宁市通过污水处理厂建设、排水管道完善和暗渠改造、雨污混接改造、排水管道及检查井各类缺陷修复、调蓄池建设等一整套措施，实现消除旱天污水直排，削减雨天溢流，提升污水处理效益，大大减少污染物排入河道的途径。

1．污水处理厂建设工程

为减少污水长距离跨江输送处理、腾空下游已建污水管网容纳能力及提高其截流倍数、降低江南污水处理厂处理负荷、增加系统稳定运行性、提质增效和增加河道补水等，南宁市新建心圩江上游、下游和朝阳溪三个污水处理厂，同时，对江南污水处理厂进行三期改扩建。

规划原可利江心圩江片区污水，一部分划入新建心圩江上游污水处理厂（处理规模3万m³/d）处理，另外一部分划入心圩江下游污水处理厂（处理规模6万m³/d）处理，剩余片区内污水按原有系统经大坑口污水泵站转输进入江南污水处理厂处理。原朝阳溪二坑溪片区污水、朝阳溪上游区域划入新建的朝阳溪污水处理厂（处理规模10万m³/d）处理；朝阳溪中下游区域，按原有系统经大坑口污水泵站转输进入江南污水处理厂处理（图13-13）。

根据规划，朝阳溪污水处理厂服务范围约12.59km²，按合流制考虑，现阶段污水量约为7万m³/d。根据系统设计思路，朝阳溪污水处理厂需考虑合流制污染治理，拟设置调蓄池和污水处理厂协同处理合流制溢流污染，调蓄池储存的污水需根据下游污水厂的运行工况，错峰排入污水处理厂进行处理。为避免对下游朝阳溪污水厂正常运行产生影响，保障调蓄池储存的合流水可以及时放空，考虑适当增加污水厂建设规模。因此，确定朝阳溪污水处理厂设计规模按10万m³/d考虑。同时，根据心圩江流域实际需求，确定心圩江上游污水处理厂处理规模为3万m³/d，心圩江下游污水处理厂处理规模为6万m³/d，三个污水厂共计新增19万m³/d污水处理量，补齐了江南污水处理厂的处理能力缺口。

朝阳溪污水厂试运行后，运行量约5~6万m³/d，处理中水排入朝阳溪河道，作为生态补水。

2. 管网建设工程

通过沿河新建截污管道、补建市政主要道路污水管网，最终将污水收集进入污水处理厂处理。

结合朝阳溪污水厂和现状场地、管网条件，朝阳溪沿河新建污水管道12.8km，具体分为南北两部分，北部区域通过新建污水管道、泵站转输进入朝阳溪污水处理厂；南部通过新建污水管，经下游大坑口泵站转输进入江南污水处理厂（图13-14）。

图13-13 心圩江上游、下游及朝阳溪污水处理厂服务范围图

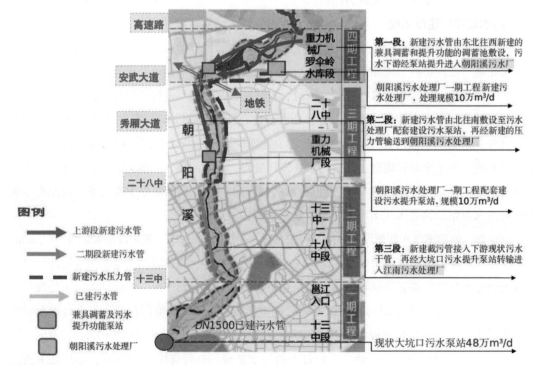

图13-14 朝阳溪沿河污水系统构建总图（罗伞岭水库-邕江入口）

同时，通过补建可利大道、吉兴东路、连庄路、衡阳东路、秀峰路、秀厢大道、安武大道等主要市政道路21.86km污水管道，修复9处断头管，增强流域内污水管网系统的收集转输能力，将污水有效收集并送入新建的污水处理厂进行处理，达标后排放，实现该流域内的污水全收集。

3. 混错接点改造、管网修复

流域治理工作开展以来，共改造雨污水管网混错接点420个，清理淤积污水管道6.18km，污水管道修复3.33km。从排水系统上打通"卡脖子"的点位，提高管网转输污水效能（图13-15）。

4. 暗涵改造工程

朝阳溪暗涵段原为双孔雨污合流箱涵，由于沿河无污水管，箱涵旱季作为污水转输至下游的通道、洪水期间作为行洪排泄的通

图13-15 朝阳溪流域治理混错接点改造工程分布示意图

道，箱涵长度约3.0km，行洪能力仅为20年一遇标准（图13-16）。为提高河道行洪能力、实现清污分流使污水处理厂提质增效，考虑新建一孔箱涵。旱季污水通过截污管道将箱涵两岸汇集的污水输送至下游沿河截污管，中间箱涵作为上游河道来水的通道，使旱季及小雨天污水与河水各行其道，实现清污分流，提高水环境抗冲击能力和河道行洪能力（图13-17）。暗涵段增加一孔箱涵后，大坑口防洪闸增加过流能力37m³/s，满足流量182m³/s的50年一遇防洪标准（图13-18）。

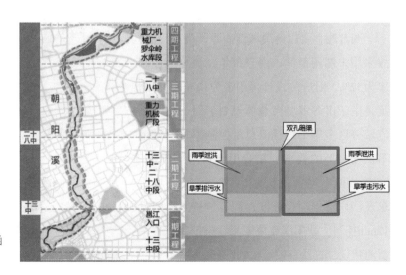

图13-16 原朝阳溪暗涵段箱涵位置及功能示意图

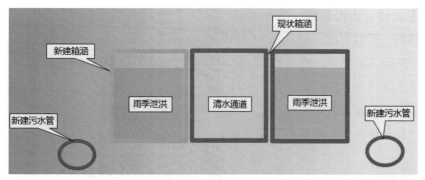

图13-17 朝阳溪暗涵段新建箱涵及污水管

图13-18 朝阳溪暗涵改造前后对比图

5. 合流制溢流污染调蓄工程

因朝阳溪a段周边城中村（北湖村、连畴村、苏卢村）、暗涵段周边老城区属合流制，且城市建设已较为成熟，短期内完成分流制改造难度较大，实施周期较长，为有效收集污水，控制污水溢流对水体的污染，考虑在朝阳溪沿线敷设截污管道的同时，针对污染较为严重的大排水口设置合流溢流调蓄池，对雨季的合流制污水进行调蓄，最终将生活污水及合流制混合污水输送至污水处理厂处理，以削减入河污染总量，进一步保障河道水质。

调蓄池主要以解决城镇面源污染为目的，故采用末端调蓄池。南宁市年径流总量控制率为52%，对应的设计降雨量为12mm，为满足《南宁市海绵城市总体规划》对于朝阳溪流域分区多年平均径流总量控制率目标设定不低于50%的要求，结合南宁市降雨频次、降雨强度等，并综合考虑工程造价、环境要求及国内常用建设标准，调蓄量按照降雨量12mm控制。朝阳溪流域溢流污染控制工程调蓄池建设位置及有效规模如图13-19所示。

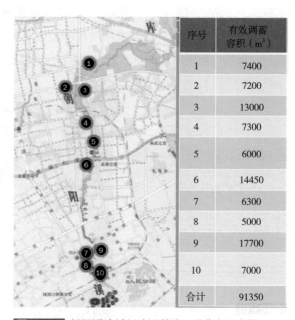

序号	有效调蓄容积（m³）
1	7400
2	7200
3	13000
4	7300
5	6000
6	14450
7	6300
8	5000
9	17700
10	7000
合计	91350

图13-19 朝阳溪流域新建调蓄池工程分布示意图

13.4.3 内源治理

朝阳溪河道上游无天然来水，河道生态基流不足。前期由于暗涵段为雨污合流区域，暗涵内存积大量合流水，雨季开闸泄洪后，合流水排放至下游河道，而下游河道过流断面大，流速过低，且外江水位高，顶托朝阳溪河道，导致污染物长期沉积，河道水质反复出现黑臭现象。因此，在完成控源截污工程后，对朝阳溪暗涵以下河道进行底泥清淤，根据河道水深、淤积程度、施工条件等综合采用了干挖清淤、绞吸船清淤等方式，清淤河道总长约6.98km，清淤总量约8095t，最终清除的淤泥全部送至南宁市平里静脉产业园生活垃圾填埋场进行填埋。

13.4.4 生态修复

朝阳溪生态修复结合海绵建设理念，在原有的地形地貌基础上，进行驳岸生态景观改造。

上游河段内分布有较多天然池塘，进行生态修复时，考虑尽可能保留原天然池塘，将其改造成为可调蓄净化雨水的湿塘及雨水湿地。同时，沿岸步道均采用透水铺装，居民活动广场内部及周边景观配置部分生物滞留设施，用于蓄滞暴雨时的广场径流。

下游河段场地地形相对平缓。河道沿线用地开阔区域优先建设湿塘与雨水湿地，用于场地内收集的雨水的调蓄净化，同时，利用雨水湿地净化处理附近排水口溢流污水。结合游人步道布局，建设植草沟，并根据地形，尽可能将植草沟收集的场地雨水导入湿塘和雨水湿地净化处理。

朝阳溪上游4400m的河道及两岸均进行了景观提升和海绵化改造，海绵设施建设工程包括下沉式绿地4161.0m²、植草沟5253.0m、雨水湿地40545.0m²、湿塘21408.5m²、净水梯田155372.48m²、透水铺装39727.8m²（图13-20）。

图13-20 朝阳溪两岸生态修复工程实景

13.4.5 活水保质

朝阳溪上游无天然来水，水流缓慢，为改善河道水动力环境，最初以江北引水干渠作为补水水源，通过新建2.31m³/s的补水泵房和补水管道，从上游对朝阳溪进行生态基流补水。根据相关研究，10%的平均流量对大多数水生生命体来说，是支撑短期生存栖息地的最小瞬时流量；而河道内流量占年平均流量的30%~60%时，鱼类仍有较为充足活动空间，无脊椎动物有所减少，但对鱼类觅食影响不大；对一般河流而言，河道内流量占年平均流量的60%~100%，河宽、水深及流速为水生生物提供优良的生长环境。

朝阳溪生态基流测算主要采用Tennant法，计算结果为0.25m³/s，并将其作为生态基流补水量。生态基流流量计算结果如表13-2所示。

Tennant法计算生态基流　　　　　　表13-2

序号	名称	年平均径流量（m³/s）	维持河流状态所需生态基流								
			最佳	极好		非常好		好		一般	
			枯水季	丰水季	枯水季	丰水季	枯水季	丰水季	枯水季	丰水季	枯水季
1	石灵河	0.49	0.49	0.20	0.34	0.15	0.25	0.10	0.20	0.05	0.15
2	石埠河	0.12	0.12	0.05	0.08	0.04	0.06	0.02	0.05	0.01	0.04
3	西明江	0.46	0.46	0.18	0.32	0.14	0.23	0.09	0.18	0.05	0.14
4	可利江	0.93	0.93	0.37	0.65	0.28	0.47	0.19	0.37	0.09	0.28
5	心圩江	1.82	1.82	0.73	1.27	0.55	0.91	0.36	0.73	0.18	0.55
6	二坑溪	0.15	0.15	0.06	0.11	0.05	0.08	0.03	0.06	0.02	0.05
7	朝阳溪	0.35	0.35	0.14	0.25	0.11	0.18	0.07	0.14	0.04	0.11
8	竹排冲	1.03	1.03	0.41	0.72	0.31	0.52	0.21	0.41	0.10	0.31
	总生态需水量	5.35	5.35	2.14	3.75	1.61	2.68	1.07	2.14	0.54	1.61

朝阳溪污水处理厂建成后，主要利用污水处理厂尾水对朝阳溪河道进行补水，规划补水量为10万m³/d，根据现阶段朝阳溪污水处理厂处理水量，现阶段补水量约为5万~6万m³/d。而江北饮水干渠补水作为备用补水方式，根据实际需求补充。

13.5 非工程措施

13.5.1 资金保障

南宁市朝阳溪暗涵（十三中-二十八中段）改造工程，项目总投资16.68亿元，目前项目仍在建设期，为确保工程顺利推进，项目采用财政资金投入和银行贷款资金补充的双渠道资金筹措方式。截至2020年12月31日，项目累计支出9.17亿元，其中，使用贷款资金约6.63亿元，财政资金投入约2.54亿元。

南宁市朝阳溪河道综合整治工程（秀厢大道-罗伞岭水库），项目总投资25.58亿元，目前项目也仍在建设期，为确保工程顺利推进，项目采用财政资金投入和银行贷款资金补充的双渠道资金筹措方式。截至2020年12月31日，项目累计支出12.29亿元，其中，使用贷款资金约7.57亿元，财政资金投入约4.72亿元。

13.5.2 用地保障

南宁市朝阳溪暗涵（十三中–二十八中段）改造工程，需征用国有土地约264.45亩，需拆除建（构）筑物约6.5万m²，征地拆迁涉及西乡塘、兴宁区和12家国有单位、114户个体户。在南宁市委、市政府及上级部门的大力支持下，工程施工用地于2020年5月底前全部交付。

南宁市朝阳溪河道综合整治工程（秀厢大道–罗伞岭水库），征用国有土地约1514亩，拆除建（构）筑物约40万m²，征地拆迁涉及西乡塘、高新区两个城区。在南宁市委、市政府及上级部门的大力支持下，工程施工用地于2020年3月底前全部交付。

13.5.3 专业队伍建设

市委、市政府以高度的政治自觉，坚决扛起黑臭水体治理的政治责任，成立由市委书记、市长担任组长的领导小组以及市长担任指挥长的指挥部，高位统筹推进黑臭水体治理工作，要求高标准高质量完成黑臭水体治理攻坚任务。从各大设计院抽调专业技术人员成立技术顾问小组，强大技术班底，充实技术力量。聘请中规院（北京）规划设计有限公司作为技术咨询顾问，召开现场分析会、技术研讨会，及时攻克技术难点。朝阳溪黑臭水体治理的参建各方，选派精兵强将组成治水"铁军"，通过"1+N"党建结对共建模式，积极开展"书记引航担使命""工地党旗红""党员突击队"项目攻坚等活动，开启了朝阳溪黑臭水体治理攻坚行动。同时，以建设业主南宁市排水有限责任公司为主体，组建专业的河道运维管理队伍，对朝阳溪两岸的截污管网、河道、绿化及景观设施等开展日常运维，为保持朝阳溪黑臭水体治理成果以及朝阳溪河道的生态环境和持续运行提供了保障。

13.5.4 运维机制建立

为实现南宁市排水设施管理体制由多头管理向一体化运营管理转变，南宁市政府通过特许经营方式实施排水设施一体化运维管理，将朝阳溪河道管理范围纳入特许经营范围。朝阳溪流域治理完成后即进入运营维护期，运营维护单位全面推行以管理养护为主的河道长效管理机制，建立河道运营管养标准体系，配备专业运维管理人员及专业技术人员，对朝阳溪河道流域范围的截污管网、河道、绿化及景观设施等开展日常运维工作。主要由巡查及安保人员负责对管养范围内24h所有公共区域的安全保卫和秩序维护服务，包括对堤防、防洪道路、护岸进行巡查，保障运维管理范围内安全稳定；由水域保洁人员及陆域保洁人员负责对河道水域保洁和陆域进行日常保洁；由绿化养护人员负责管养范围内所有绿化的日常养护；由泵站、调蓄池专业技术人员负责泵站、调蓄池巡查、值守、维护等工作，保障河道流域截污工作顺利进行，并对河道水质定期进行检测，保障水质达标。通过高品质、精细化的运维管养，使朝阳溪河道流域达到水体干净、绿化美观、安保得当、卫生整洁的效果，成为市民生活休闲的场所，为市民打造良好的亲水环境。

同时，运维管理单位通过建立南宁市城市排水设施地理信息系统（即厂网河湖一体化管控平台），已将全市排水管网普查工作按标准整理入库，建立厂网联动、管网、河湖一体化的管理系统，实现数据在各关联平台之间的共享和互连互通，系统调度全市排水设施运行，对朝阳溪流域内的污水厂、污水泵站、调蓄池、排口等排水设施进行有效动态监测调控，结合城市排水管网水力模型，提高管网及污水处理厂的运行能力，降低污染风险。

13.6 治理成效

13.6.1 水质明显提升

根据环保监测数据，朝阳溪a段2018年共有14次监测数据，除透明度基本达标，其余3项指标均不达标，氨氮指标基本为重度黑臭；2020年共有21次监测数据，除溶解氧指标有2次不达标，其余3项指标21次监测全部达标（图13-21）。朝阳溪b段2018年共有14次监测数据，透明度指标基本达标，溶解氧与氨氮指标各有4次不达标，氧化还原电位指标基本不达标；2020年共有21次监测数据，氧化还原电位指标明显好转，其余3项指标有轻微的好转趋势（图13-22）。朝阳溪c段由于底泥淤泥严重，水体一直处于黑臭状态，2020年底，实施了朝阳溪c段的清淤工程进行清淤并且补水后，c段水质监测数据有明显提升，4项指标均持续向好（图13-23）。

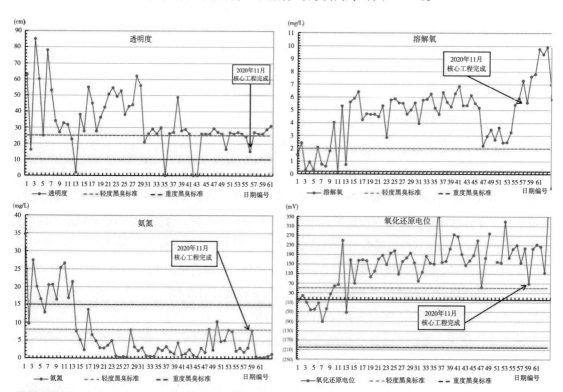

图13-21 朝阳溪a段2018~2020年水质变化趋势图

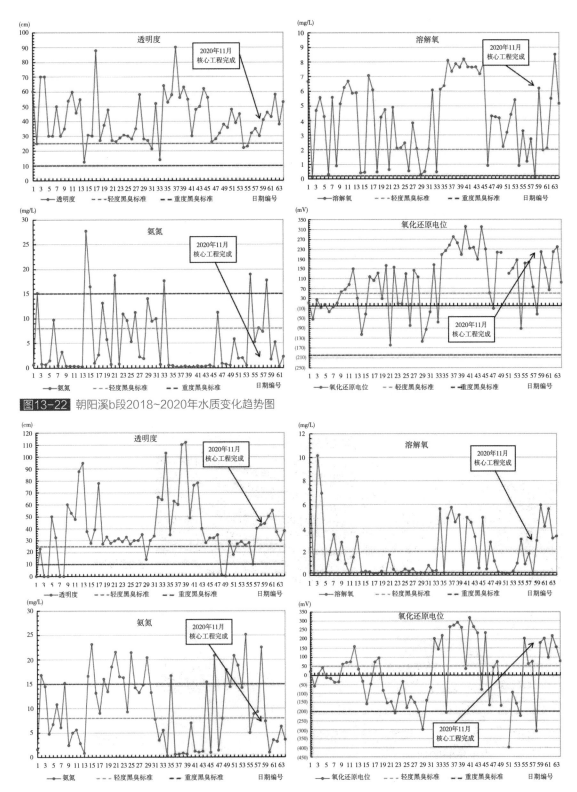

图13-22 朝阳溪b段2018~2020年水质变化趋势图

图13-23 朝阳溪c段2018~2020年水质变化趋势图

13.6.2 污水处理厂进水浓度得到逐步提升

随着流域治理工程的不断实施，流域内管网逐渐完善，混错接点、断头点改造完成，朝阳溪污水处理厂及江南污水处理厂的进水BOD浓度由早期的不足60mg/L提升至近100mg/L。按朝阳溪流域每天实际产生污水量23.74万m³/d计算，随着进厂污水浓度的提升，管网挤出的外水约17万m³/d，相当于减少了大坑口泵站17万m³/d的转输量和江南污水处理厂的处理量。

13.6.3 人居环境提升

通过系统整治，目前朝阳溪已消除黑臭水体，河道水质明显改善。在此基础上，一方面，依地形地势建设净水梯田和湿地，使得朝阳溪污水处理厂尾水通过自然生态方式进一步净化处理后还补河道，提升了水景观效果；另一方面，因地制宜建设海绵城市，将朝阳溪打造成生态、休闲、现代、文化的绿色长廊，为市民提供了休闲空间，提升了两岸人居环境。整治前，朝阳溪两岸多为乱搭乱建的违章建筑和菜地荒地，环境脏乱差；整治后，朝阳溪上游建成了面积约100ha的滨水公园（图13-24）。

如今的朝阳溪闻不到异味，居民在岸边下棋、散步、闲坐聊天，乐享幸福生活。"清水绿岸、鱼翔浅底"的人与自然和谐共生画面，悄然由蓝图逐步蜕变为实景，良好的生态环境正成为南宁市民生活质量的增长点，成为展现城市良好形象的发力点（图13-25）。

图13-24 净水梯田整治前后对比图

图13-25 水体综合整治前后对比图

13.6.4　居民满意度提升

2020年11月的南宁市建成区黑臭水体治理满意度调查结果显示，100份调查问卷中，对朝阳溪河道的满意度均为100%，居住在朝阳溪周边的市民日益感受到生态修复后带来的浓浓幸福，居民满意度得到大幅度提升。

13.6.5　带动周边产业升级

2020年，南宁市在毫不松懈抓好疫情防控的同时，积极推动地摊经济、夜间经济有序发展。依托实施综合治理后的朝阳溪，将西关路段打造成为南宁市夜间经济示范街区，设计团队以灯光设计，融合广西特色的民族文化，打造"夜食"特色餐饮、"夜购"时尚消费、"夜游"主题观光、"夜娱"文化体验。昔日市民摇头叹息、掩鼻而过的地方，如今生意兴隆，西关路夜市街区已成为夜间旅游消费打卡胜地，市民可以在这里享受到更多"夜经济"带来的消费福利。

南宁市稳消费成功按下了"重启键"，邕城消费市场恢复了"烟火气"。随着南宁市旧城改造的逐步推进，周边土地和房地产价格逐渐升值，激活周围地区房地产市场，带动朝阳溪沿线城市更新、房地产建设和商业开发的良性发展。

13.7　经验总结

13.7.1　全面理清思路，大力开展控源截污与内源治理工程

南宁市在早期水环境综合治理过程中走过弯路，所以对"问题在水里、根源在岸上"有着深刻理解，近年来，逐步调整工作重心，由水里转向岸上，由临时转向永久。朝阳溪位于城市老城区，建筑密集、作业受限、管网老旧、系统复杂。面对上述困难，南宁市下定决心，开始系统、全面、深入、踏实地开展控源截污和内源治理工程。一是通过调整污水分区、建设朝阳溪污水处理厂，将朝阳溪上游段污水就近收集和处理，缓解了下游段截污管道、泵站和江南污水处理厂的压力，有效降低了污水溢流风险。二是通过在中游新建暗涵、截污管和调蓄池，实现了暗涵段的清污分流，并减少了暗涵段的污水溢流风险。三是在上述控源截污工程完工后，对河道下游淤积段进行全面清淤，有效控制了河道底泥污染物的释放。通过上述核心工程，有效消除了朝阳溪黑臭问题，河道水质显著改善。

13.7.2　因地制宜确定排水体制，高效控制入河污染

雨污分流不是必由之路，也不是万能钥匙，尤其是对于朝阳溪这样一条穿越城市老城区的河道，"一刀切"式地开展雨污分流改造既不现实，也很难取得良好效果。

南宁市通过充分研究论证，按照"以排水分区为单元，若改尽改；结合水环境治理和水安全

保障需求，能改则改；结合实际建设条件和相关规划计划，易改则改"的原则，综合确定合流区是否进行雨污分流改造。具备改造条件的，规划改造为分流制；不具备改造条件的，规划保留合流制。规划分流区重点实施混错接改造，补建污水管网，逐步实行雨污分流；合流区结合需求建设CSO调蓄池、合流管及截污管，控制合流制溢流污染。通过明确治理目标、方向和措施，有效地控制了入河污染，经济高效地解决了河道黑臭问题。

13.7.3 高位统筹推进，建立高效协调集中攻坚工作机制

南宁市成立了以市委书记、市长为组长的市水环境综合治理工作领导小组和市长担任指挥长的市水环境综合治理工作指挥部，在全市范围抽调152名干部到指挥部集中办公，各城区、开发区参照成立本级黑臭水体治理工作指挥部，相关市直部门对应成立本部门服务黑臭水体治理工作领导小组，形成上下联动、条块结合、部门协同、高效推进的黑臭水体治理攻坚工作格局。在工作推进中，建立了分级协调会议制度，三年攻坚期间，市委书记主持召开领导小组会议，市长和常务副市长主持召开指挥部指挥长会议，市人大常委会副主任、分管副市长主持召开指挥部工作例会，确保了大问题不过周、小问题不过夜。其中，指挥长会议研究解决重大问题118个，工作例会协调解决重点问题648个。同时，全面落实河湖长制，由市委书记担任市第一总河长，市长担任市总河长，市领导分别担任18条城市内河市级河长，全市每条河流设立市、县、乡、村四级河长共3047名、湖长45名，充分调动各级各部门治水、管水合力，高效解决涉水问题。

南宁市注重推进管理体制改革，结合全市行政机关机构改革，将黑臭水体治理范围内原属于水利、环保、综合执法、自然资源等多个行业部门的全部或部分行政管理权限纳入市住房和城乡建设局统一行使，采用特许经营方式由一家国有公司负责全市排水设施的建设、运营和管理，实现"多水统管、多污同治、联调联控"。加强考核督办，将黑臭水体治理纳入全市绩效考评体系，实施项目进度"红黑榜"通报制度和考评奖惩制度，强化治理过程监管，建立健全长效机制。

13.7.4 攻坚克难，打好黑臭水体治理"组合拳"

朝阳溪地处老城区，基础设施短板明显，历史欠账多，协调难度大，处理技术复杂，交叉施工多，管线迁改难度大，加上周边市民对上游污水厂、中游污水泵站及调蓄池的建设有邻避效应，给治理工作也增加了一定的难度。为确保朝阳溪综合治理落地见效，南宁市通过实施朝阳溪河道综合整治工程（秀厢大道–罗伞岭水库）、朝阳溪暗涵改造工程（十三中–二十八中）、朝阳溪污水处理厂建设工程等，重新构建完善朝阳溪两岸污水收集处理系统，控制雨天溢流污染河道，并对暗涵进行清污分流改造，恢复河道50年一遇行洪标准，建设城市湿地，恢复河流生态系统等。通过上述一系列治水"组合拳"，实施朝阳溪流域治理大攻坚。

13.7.5 坚持"治水建城为民"，使绿水青山变成金山银山

南宁市坚持"治水建城为民"，以真情治水普惠民生。在朝阳溪沿线，按照清水岸绿、循环畅通、生态健康、人水和谐的理念重塑河道多元生态环境，"清水绿岸、鱼翔浅底"的人与自然和谐共生画面，悄然由蓝图逐步蜕变为实景。伴随着流域水环境与水景观的改善，南宁市注重在沿线建设商品餐饮美食最美夜市，打造网红夜经济，带动了周边服务业的快速发展，激活了沿线城市更新、房地产建设和商业开发的良性互动，使良好的生态环境成为落实强首府战略、带动全市经济社会高质量发展的新动能，使市民既享受到"绿水青山"，又能捧起"金山银山"。

南宁市水环境综合治理工作指挥部：吴智　韦永平　全修道　鲁萌　陈燕　黄珺雯　梁升榜
南宁市排水有限责任公司：程乐　梁泓　梁志史　周俊
北京市市政工程设计研究总院有限公司：莫银锦　王敏吉
华蓝设计（集团）有限公司：黄文献
南宁市勘察测绘地理信息院有限公司：黄俊豪

14 福州三捷河

14.1 水体概况

14.1.1 城市基本情况

福州市位于我国东南沿海、福建省东部、闽江下游,是福建省省会,市区位于东经119° 17′ 18″、北纬2° 04′ 08″。总面积1.2万km²,人口766万,城市建成区面积200km²,城区常住人口400万。福州市水资源十分丰富。闽江是全省最大的水系,发源于武夷山脉,在水口镇流入福州境内;自西北向东南流经闽清、闽侯、市区、长乐,分别从长门水道和梅花港水道注入东海。闽江全长530km,在福州境内150km;流域面积60992km²,在福州境内8011.27km²。境内主要支流有安仁溪、梅溪、大樟溪、大目溪、新店溪、营前溪等。福州市区水道密布、沟汉纵横,全市有内河107条,总长度244km,主要有晋安河、白马河、光明港、安泰河等30多条,水质良好。

14.1.2 水体情况

三捷河位于鼓台中心城区打铁港-达道河-三捷河水系下游,其北接达道河,南至闽江,河道长983m,河道汇水面积为26.40ha,河道现状宽度为7~13m,规划河道宽度为16m,河底现状标高为3.20~3.60m,现状水深约为0.5m,现状驳岸顶标高为6.97 ~ 7.5m,规划河底标高为2.50m,五年一遇洪水位标高为5.21m,三捷河由东向西最终通过三捷水闸汇入闽江(图14-1)。

历史上,达道河与三捷河相通,涨潮时,河道纳潮,形成"圣君殿水两头涨,涌出黄

图14-1 三捷河区位图

金滚滚来"的胜景。然而，随着城市开发建设，两条河交界处721m长的河道"由明变暗"，还建起暗坝，阻断了互通，三捷河变成了断头河。河道上游无补水来源，仅依靠潮汐进行水体置换，河道流速缓慢，水体水动力不足，自净能力差，污泥淤积，两岸排水系统不健全，部分污水直排入河，河道黑臭严重，与两岸风光格格不入。

根据三捷河断面水质本底值表（表14-1），可判断各个检测断面均达到黑臭级别。

三捷河断面水质本底值表　　　　　　　　　　　　表14-1

河道名称	检测断面		水质				
	编号	检测具体位置	化学需氧量（mg/L）	透明度（cm）	溶解氧（mg/L）	氨氮（mg/L）	氧化还原电位（mV）
三捷河	1	隆平路	106	11	4.21	8.38	-185.6
	2	白马南路	62.8	13	1.56	2.86	-208.2

14.2 存在问题

14.2.1 水资源调度不平衡

由于区域地势较为平坦，上游河道缺乏水流分配控制设施，部分河道水量分配不均，生态补水无法自流至三捷河，因此，河道上游暗涵年久淤积堵塞，形成断头河。现状生态补水仅靠潮汐纳潮补水，纳潮补水存在水体双向流动反复荡漾的特点，污染物在下游段富集，水动力不足，河道自净能力较差，从而导致河道水质恶化现象较为严重（图14-2）。

图14-2 退潮后裸露的河床

14.2.2 周边管网及系统运行不畅

经现场调查，沿河小区较为老旧，雨污管道存在混接，周边道路市政污水管网不够完善，污水汇入河道两侧现状老旧截污管道，通过设置在隆平路与三捷河交叉处的提升泵站排入市政干管。现状泵站运行不畅，截污管道破损严重。污水输送至污水干管的通道——隆平路污水干管富余容量小，不足以输送全部截流污水。

14.2.3 存在直排及混流现状排口

河道沿线排口共58处，管道（涵）材质涉及PVC管、混凝土管、砌石，晴天有污水排放的排口有23处，部分大管径排污管为上游雨污混接，其中，14处为污水直排，9处为合流口（表14-2）。

三捷河排口调查表　　　　　　　　　　表14-2

序号	排口编号	排口类型	排口形式	管径或断面尺寸（宽×高）（mm）	排口材质	旱天排水量	旱天排水水质	排口管底高程（m）
1	YS284	YS	管	1400	混凝土	大水	浑浊	4.02
2	YS53	YS	管	1200	混凝土	小水	黑	3.903
3	YS136	YS	管	1000	混凝土	大水	浑浊	4.634
4	YS278	YS	管	400	PVC	小水	浑浊	4.789
5	YS77	YS	管	400	PVC	小水	浑浊	4.678
6	YS561	YS	管	400	PVC	小水	浑浊	6.198
7	YS170	YS	渠	400×400	石	中水	浑浊	4.7
8	YS168	YS	渠	400×300	石	小水	浑浊	4.55
9	YS176	YS	渠	400×800	石	小水	浑浊	3.6
10	YS118	YS	渠	600×600	石	大水	浑浊	4.184
11	YS149	YS	渠	400×500	石	小水	浑浊	5.275
12	YS85	YS	渠	500×1100	石	中水	浑浊	3.75
13	YS194	YS	渠	500×400	石	小水	浑浊	4.6
14	YS187	YS	渠	500×400	石	小水	浑浊	4.38
15	YS160	YS	渠	600×500	石	中水	浑浊	4.2
16	YS164	YS	渠	600×1000	石	大水	浑浊	4.55
17	YS3	YS	管	1000	混凝土	大水	浑浊	3.653
18	YS6	YS	管	800	混凝土	大水	浑浊	4.063
19	YS282	YS	管	800	混凝土	大水	浑浊	4.253
20	YS12	YS	管	1000	混凝土	中水	浑浊	4.428
21	YS218	YS	管	800	混凝土	小水	浑浊	4.45
22	YS272	YS	管	600	混凝土	小水	浑浊	4.808
23	YS243	YS	管	1200	混凝土	大水	黑	3.522

经排查，暗涵内共有68个排污口，8个排烟口往河道直排（表14-3）。

暗涵排口统计表　　　　　　　　　　表14-3

排污口型号（mm）	DN1000	DN600	DN300	DN200	DN100	排烟口（400mm×400mm）
排污口数量（个）	3	1	16	21	27	8

14.2.4 内源污染严重

河道多年未清淤，底泥淤积较严重，淤积高度在0.3~1m之间，暗涵内更是淤积严重，淤泥深度达2m。根据调查，三捷河底泥主要来自污水中的悬浮物、水土流失及垃圾等，表层一般为厚度不等的流动浮泥层或淤泥层，呈絮凝状，含水量高，粒径较细，有机质及氮磷等污染物含量高，以粉砂和黏土为主，置于水中搅动就能产生再悬浮，使清水变黑，是河道底泥中最易污染上覆水体的部分。

污染底泥自身耗氧、再悬浮及污染物释放是导致水体变黑的重要因素之一，已成为水质恶化的一个重要内污染源。据相关文献分析，受污染底泥再悬浮、污染物释放影响，上覆水化学需氧量浓度可以增加32%~64%，可见，污染底泥对水质的影响明显，对污染底泥进行清淤，能有效降低水体污染物浓度（表14-4）。

河道底泥检测表

表14-4

名称	pH	含水率（%）	有机质（mg/kg）	总磷（mg/kg）	总氮（mg/kg）
数值	8.40	95.4	18.9	482	714

14.2.5 水生态功能缺失

1. 硬质铺砌河底，溶氧条件差，底泥上翻

现状部分河道河底采用条石干砌，污染通过条石缝隙深入底泥，由于地下为淤泥质，溶氧不易投入，长期积累，底泥处于厌氧环境，容易上翻，导致局部水质长期恶劣，河道自净能力下降。

2. 河道水生态失衡

河道内基本无水生植物，鱼类单一，沿岸陆生植物以乔草为主，缺少群落层次，耐污植物大量繁殖，河道富营养化严重。

3. 水体透明度较低，不利于沉水植物生长

河道水体透明度较低，光照条件不佳，直接影响到沉水植物的生长存活。

14.2.6 设备设施管理水平不足

福州市近些年曾对三捷河进行过治理，但设施设备运行管理力量不足，破损严重，修复不及时。如三通桥至隆平路段曾进行过街区整体改造，以实现雨污分流的系统建设，但存在化粪池维护及清掏不及时，导致污水渗漏。隆平桥至江滨路段现状建设有截污系统，但设备缺乏维护，管网破损，同时，提升泵站运行不顺畅，导致污水外溢。

管养信息化程度不足。智慧水务调度是运行调度、抢修调度、作业调度、资源调度等全业务调度，涉及多个部门联合，而各部门单位均有自身的行业标准与特点，高效协同的联合调度成为智慧水务调度的重难点问题之一。

14.3 治理思路

14.3.1 治理目标

按照习近平总书记"节水优先、空间均衡、系统治理、两手发力"的治水方针，结合国家"水十条"和《福州市水污染防治行动计划工作方案》的总体要求，针对福州鼓台中心区水系面临的突出水问题，以治水提质为核心，统筹防洪排涝、截污控源、生态修复、景观文化、智慧管理等多重目标，采取水污染防治措施，改善河道水质，保护闽江水体；梳理水系结构和河道断面，提高区域排水能力，保障流域水安全；丰富河湖形态，保护与修复水生态系统，长期保障区域水质；整合滨河开放空间，提升河道景观，改善沿岸人居环境；结合当地文化特色，打造特色水系空间，提升城市品位，从而促进鼓台中心区城市内河及滨水空间环境资源的保护与利用，推动福州海峡西岸中心城市、生态城市、环保城市、山水园林城市和文明城市建设，打造具有生态人文特质、示范引领作用以及辐射价值的生态海绵型流域综合治理典范，促进社会、经济和生态效益的协调发展。

三捷河治理，基于控源截污、内源治理、清水补给、活水循环、水质净化、生态修复、分步实施、阶段见效的基本思路，实现阶段性目标：

2017年12月31日前，河道水质指标达到《城市黑臭水体整治工作指南》中的无黑臭（消除黑臭）标准（表14-5）。

消除黑臭水质指标　　　　　　　　　　　　　　　表14-5

特征指标	指标限值
透明度（cm）	>25
溶解氧（mg/L）	>2
氨氮（mg/L）	<8
氧化还原电位（mV）	>50

2018年，水质主要指标接近V类标准。

14.3.2 技术路线

本项目为河道黑臭水体治理项目，不是单一的水质提升项目，需要在区域和流域的角度综合考虑。在污染源的诊断上，以流域为单元，进行水污染问题诊断，识别点源、面源、内源、外源，评估河道环境承载能力，确定水污染排放控制总量，将排污总量层层分解，确定各个区域和每条河道允许排放的入河污染物量，最大限度地减少对区域水环境的干扰。

本项目整治总体思路是：控源截污、内源削减、清水补给、活水循环、水质净化、生态修复、分步实施、阶段见效，从环境效果出发，以水质目标为导向，通过工程措施和非工程措施的实施，统筹流域控制、水陆一体、协同治理，打造水环境、水安全、水资源、水生态、水文化、水智慧六位一体水生态文明格局，达到城市内河的"长制久清"，实现治理区河畅、水清、岸绿、景美的总体目标（图14-3）。

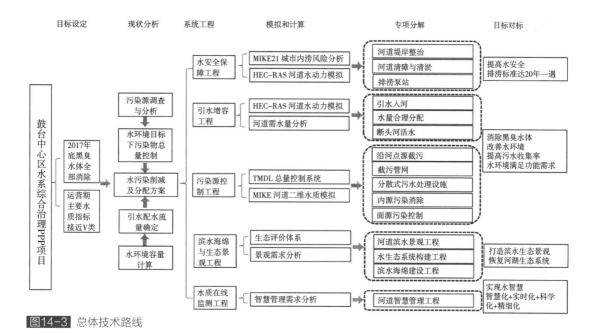

图14-3 总体技术路线

1. 排涝提升

福州江北城区内涝点多，内涝严重，为治涝重点区域。解决内河淤积、堤岸破损、排水防涝设施不完善问题，能够有效提升排涝能力。城区排水主要通过河道整治，提高整个河道的排涝蓄水能力，满足排涝标准达20年一遇。主要着手点包括蓄滞并举、分流畅排、泵站抽排、水系连通、水土保持、科学调度、建章立制等。

2. 截污治污

针对内河污水直排、周边管网及系统运行不畅问题，采取沿河截污方式，实现流域内截污最大化、雨季初期混合污水收集处理最大化、底泥疏浚重点化，最大程度降低入河污染物总量，减少河道污染负荷。主要着手点包括控源治污、沿河截污、内河清淤、管网清疏、清水补给、完善制度等。

3．引水增容

福州地势平缓，内河坡降小，河道水动力不足，通过建设液压钢板坝和泵闸，联合调度，合理分配引水流量，调活水体，以实现断头河活水自循环，提高水体转换速度，增强水体自净能力。主要着手点包括水量分配、水质保障、水体循环、再生水利用、引水路线、经济优化、运行合理等。

4．生态景观

因城市扩建带来的建筑临河而建、跨河而建的问题较为严重，内河两岸步道不同，两岸景观杂乱无章。通过拆除违建，打通步道，进行滨水海绵、河道景观和生态建设，提升河道景观，涵养水生生物，构建河道水下森林系统，增强河道水体自净能力。主要着手点包括生态适宜、集约开发、景观提升、开放空间、亲水近水等。

5．智慧管理

针对河道治理设备设施管理水平不足问题，充分运用物联网和云计算技术，构建立体感控体系，开发统一数据体系，开发智能应用体系，建立支撑保障体系，实现水务工作由粗放管理向精细化管理、定性管理向定量管理，被动式管理向主动化服务、静态管理向动态管理、条块管理向协同管理、传统管理向现代管理的转变。主要着手点包括监测点设置、管理平台建设、公众参与等。

14.4 工程措施

14.4.1 河道连通工程

三捷河与达道河交界处暗涵721m，已30多年未清，河道淤堵严重，导致三捷河成为断头河。本次整治对暗涵进行彻底清淤，实现达道河与三捷河再次"握手"。

暗涵内施工空间狭小，机械设备无法进入，只能通过人力转输进行作业。因暗涵多年未清，内部存在大量有毒有害气体，勘察人员须背氧气瓶由三通桥桥下洞口进入暗涵进行摸排。根据摸排结果，现场施工前，采取开天窗及高压鼓风机强力置换暗涵内有毒气体等措施，保证作业人员人身安全。暗涵采用半干式清淤法进行河道清淤（图14-4）。上游进行围堰，同时进行排水，将清淤河道积水基本排干，然后采用搅吸设备进行搅拌，同时由工人使用高压水枪在搅吸设备旁予

图14-4 三捷河暗涵清淤作业现场

以辅助,将底泥扰动成泥浆,由泥泵吸取、管道输送至罐车,运送至淤泥固化场,经固化脱水后,外运至指定消纳场。暗涵内合计清淤约14400m³。

14.4.2 控源截污

截污纳管是黑臭水体整治最直接有效的工程措施,也是采取其他技术措施的前提。污水系统较为完善河段,针对部分污水管道错接及化粪池局部漏损问题,通过溯源整改及清掏修复化粪池等措施进行整治;无新建管道空间段,对现状截污管进行清疏修复后利用;未截流的合流口处,新建截流井,截流污水就近收集排入现状截污管;排口截流后污水无法重力流时,经提升泵站排入现状截污管。三捷河三通桥以下段共建设9个截流井,形成4处截污单元,这些截污单元分别排入隆平路、台江路道路污水系统及上下杭景区污水系统(图14-5)。

图14-5 三捷河截污平面图

针对合流排口特点,采用下开式(图14-6)或旋转堰式(图14-7)智能截流井。

沿暗涵两侧新建截污管道,68处纯污水排口直接接入截污管,6个合流排口新建截流井截流后汇入截污干管,截污干管收集后排入江滨路污水干管(图14-8)。确保排口不漏接,保障上游生态补水水质。

图14-6 下开式智能截流井

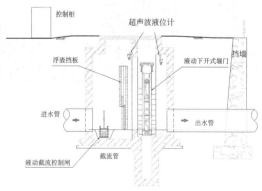

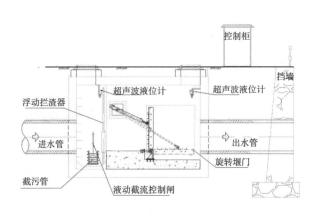

控制柜

挡墙

超声波液位计　超声波液位计

浮动拦渣器

进水管　　　　　　　　　　出水管

截污管

液动截流控制闸　　　旋转堰门

图14-7 旋转堰式智能截流井

图14-8 三捷河暗涵截污作业

14.4.3　内源治理

三捷河内源污染主要为河道沉积的底泥污染，需要清除的受污染底泥约0.8~1.6m，清淤总量约9100m^3。采用半干式清淤法进行河道清淤（图14-9）。淤泥经固化脱水后，外运至指定消纳场。

图14-9 三捷河河道清
淤作业

14.4.4 活水提质

为解决生态补水问题，在上游暗涵清淤
后，与达道河实现连通，实现了补水通道畅
通，同时，通过修建水量调配设施完成生态
补水任务。

三捷河补水主要来自打铁港-达道河-
三捷河水系。通过打铁港泵站引水于晋安
河（取水口位于琼东河与晋安河交汇处上游
75m，引水管$DN2200$），经泵站（最大引水能
力$Q_{max}=8.1m^3/s$）补水至打铁港河分流至达道
河与新港河，分别经三捷河、瀛洲河汇入闽
江（图14-10）。

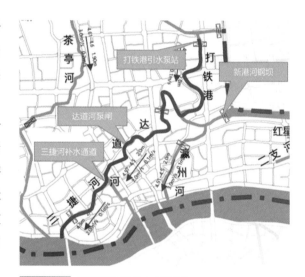

图14-10 三捷河生态补水系统图

打铁港至三捷河地势平坦，河道自然水
力坡度小，无法通过自然坡度将活水送至三捷河。通过水动力模拟，考虑周边地块的防涝标高，
在打铁港及新港河修建钢坝，提高上游水头至5.0m（罗零高程），形成较大的水力坡度，同时，
在达道河中下游设置一体化泵闸，增加水流推动力，引水至三捷河，最终汇入闽江，形成单向水
动力流动，减少污染物沉积，极大改善了三捷河的水动力条件。

14.4.5 生态修复

现状河道下垫面为条石铺底，河岸为石砌驳岸，无生物栖息地，水生植物也无法生长。本次
整治对河底及河面的生态系统分别采用不同措施以恢复生态。

河底部分，破除现状条石铺底下垫面，并对下垫面进行清淤，然后，采用块石打底、卵石铺
面的生态铺砌方式，构筑可呼吸的河底，利于溶氧下渗，不易产生厌氧环境，同时，增加河底动
植物栖息空间（图14-11）。

图14-11 三捷河河底生态铺砌施工

河面部分，在河道内布置高分子纤维浮动湿地，利用土壤–微生物–植物生态系统有效去除水体中的有机物、氮、磷等污染物，综合考虑水质净化、景观提升与植物的气候适应性，采用净化效果好的本地物种，如风车草、美人蕉等，促进污染物的分解，改善环境，控制水流流速，通过微生物、鱼类、底栖动物及浮岛上鸟类等，促进食物链结构与稳定的水生态系统的形成，增强水体自净能力。

14.4.6 智慧水务

沿河设置水质在线监测设施，实时监测河道化学需氧量及氨氮指标。河道沿线所有截流井、钢坝提升泵站等设备均远程接入中控系统，同时，沿河所有设备及河道重点位置均设有视频监控系统，实时监控河道水位、水量及水质等各项运行数据以及各项设备运行状态，及时掌握设备故障，马上处理，避免水质污染。同时，依托中控系统大数据的收集、整理及计算，进行科学调度，全面提升河道运行质量（图14-12）。

图14-12 分控中心指挥调度系统

14.5 非工程措施

14.5.1 立章建制，明确责任，保驾护航

福州市为内河治理建立了长效机制。2019年，颁布新的《福州市城市内河管理办法》《福州市城市内河管理办法实施细则》，为实现城市内河水清、河畅、安全、生态的目标提供有力保障，内河管理工作进入法制化、规范化轨道。城区所有建成河道都纳入正常管养，并在城区全面推行"政府+企业"双河长制。通过双河长的紧密协作，确保城市内河排水通畅，沿河污水不进入河道，水质保持稳定良好，沿河环境卫生整洁、景观良好。

14.5.2 奖惩分明

福州市制定了详细的考核内容及明确的考核机制，从配套设施运营维护保养、河道水质检测、投诉与曝光及公众问卷调查、临时检查等方面对企业运维绩效进行考核。同时，企业的运维费及可用性服务费与服务水平及水质考核挂钩，督促企业做好运营维护工作，保持并不断提升河道治理效果。

对于政府河长的考核，同样建立了奖惩分明的考评机制，制定了河长年度考核考评和奖惩办法，逐级开展年度考核，并纳入政府绩效考评和领导干部自然资源资产离任审计的内容。对不履行或履行职责不到位造成环境污染和生态环境破坏，以及无故未能完成年度工作任务的，依据有关规定进行问责。

14.5.3 创新模式，专业人做专业事

福州市采取集设计、施工、运营管理于一体的建设模式，通过公开招标，选择国内顶尖的水环境治理和管理团队共同治理内河，基本实现治理工作全覆盖，有效解决了传统模式存在的财政一次性投入大、技术薄弱及建管脱节等问题，政府与社会资本共同参与，满足了庞大的资金需求。让专业的人做专业的事，政府来当裁判员，评判治理效果。将项目"打包"给专业团队，全生命周期达15年，实现设计、施工、运营一体化运作，有效保障治理效果。

14.5.4 建设质量监管

在福州市委、市政府的统一部署下，福州水系综合治理着眼全局，在水系治理过程中，组建了一支150人的专项督察组，坚持"一线工作法"和"脚步丈量法"。同时，在建设、验收过程中，成立由各职能分管部门组织的检查小组。坚持关口前移、全过程质量管控。在内业方面，制定9个标准化管理手册和一系列设计导则，确保技术路线不偏离轨道；同时，在现场派驻设计、质量监督专项小组跟踪指导，确保工程建设质量。

14.5.5　运行维护机制

制定精准一河一策调度方案，严格执行，同时，规范现场巡检制度（图14-13）。

借助外部软件使巡检人员按照现场巡检流程进行现场巡检，按照流程要求把所有现场情况登记造册，如此可以保证现场巡检的准确性、高效性。运维负责人或区域负责人根据日常巡检记录表和现场实际情况对巡检人员进行周、月考核评分，以监督形式加强现场巡检的规范性。

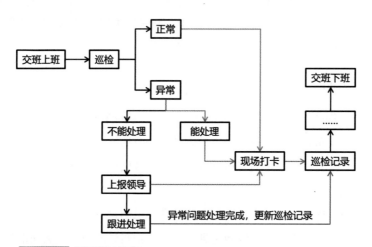

图14-13　现场巡检流程

14.5.6　资金保障

2016年，福州市政府引入PPP模式，整合形成7个水系治理PPP项目包，涵盖全市范围内107条内河的新建、改造和运营维护。根据PPP原则，建设和运营的资金，设计、施工和管养等都由项目中标方负责；政府制定标准和考核指标，根据治理效果付费。福州市通过委托第三方对PPP项目进行考核，达到年度指标后给企业付费。如治理效果达不到投标时的要求，就会扣除相应的项目建设资金及年度运营费，甚至直接和企业解除合同，不再给企业付费，企业建设费用就会"打水漂"，由此倒逼企业规范建设和运营。

福州市以服务项目建设进程为出发点，依据本地财政评审要求，严格把控过程付款，梳理项目关键节点资金投入使用计划，复盘实际投入情况，保证资金完全用于项目过程建设。

14.5.7　组建信息化管理平台

福州市成立城区水系联排联调中心，构建智慧水务平台。鼓台中心区水系治理项目通过建设二级调度管理平台、水质在线监测站、视频监控探头、远程操控单元，与福州市联排联调中心连接，实现统筹调度，对排水管网、截污系统、内河设施等进行动态管理，形成厂网河一体化的管理体系。

14.6 治理成效

14.6.1 水质指标全面提升

三捷河治理前，沿河污水多年直排入河，河道水动力不足，自洁能力差，三捷河被戏称为"三截河"，经过控源截污、全面清淤治理内源污染、全面对上游暗涵整治，打通断头河实现活水补水；通过生态修复、景观绿化等多个步骤的治理，已取得阶段性的成果。三捷河水质明显提升（表14-6）。

治理前后入河污染物量对比表　　　　　　　　表14-6

检测位置	治理前				治理后			
	检测时间	化学需氧量（mg/L）	氧化还原电位（mV）	氨氮（mg/L）	检测时间	化学需氧量（mg/L）	氧化还原电位（mV）	氨氮（mg/L）
上游	2017.10.1	1.64	67.6	11	2020.10.23	5.16	197.8	1.236
中游	2017.10.1	1.82	71.2	6	2020.10.23	4.32	180.6	1.494
下游	2017.10.1	1.97	82.5	4	2020.10.23	4.28	166.6	1.526

14.6.2 人居环境全面提升

经过本轮整治，水清、岸绿，人居环境得到全面提升。河道两岸滨水步道全线贯通，同时，增加景观绿化面积4500m²，建成一座串珠公园，增加周边群众休闲去处（图14-14）。

图14-14 三捷河整治前后对比图（苍霞新村）

14.6.3 社会效益明显

周边群众对本轮河道整治效果十分满意，纷纷表示"河道已经几十年没有看到河水流动了"，在历次的满意度调查中，均达到90%以上（图14-15）。

图14-15 市民在河边广场锻炼

14.6.4 带动周边产业全面升级

三捷河整治前，上下杭景区不温不火，商业价值比不上三坊七巷，商家入驻率不高，也未形成规模。

2018年，三捷河治理完成，瞬间提升了上下杭景区的形象，游人蜂拥而至，入驻商家爆棚且质量显著上升，晋升为福州网红打卡地，直追甚至超过老牌滨水景区三坊七巷的知名度。目前，台江区政府进一步依托三捷河带来的效益，扩大开发面积，辐射至附近商圈，实现产业全面升级，带来极大的经济利益及社会效益。

14.7 经验总结

14.7.1 充分调研，一河一策

黑臭水体的成因复杂，地域特征及水体的环境条件都会直接影响黑臭水体治理的难度和工程量，黑臭水体治理是系统工程，需要根据水体的污染原因、污染历史、污染程度和治理阶段以及环境、气候和水力条件，有针对性地选择适用技术和确定组合模式。

黑臭水体的治理应按照外源减排、内源控制、水质净化、补水活水、生态恢复的技术路线，科学制定治理方案和遴选适用技术。外源减排和内源控制是基础与前提，水质净化是阶段性措施，采取工程手段，借鉴污水处理技术，对已污染水体进行处理；补水活水和生态恢复是长效保障措施，可以调节水体水力停留时间，改善水动力条件，提高水体自净能力。

14.7.2 理论联系实际，构建水环境模型

本项目在充分调研福州鼓台项目水系特点的前提下，有针对性地选择合适的水环境模型——Mike11河流模型系统，建立鼓台区一维河网，以枯水期平均流量为上边界条件，分析不同情景下鼓台片区水系水质情况。根据不同阶段的水质达标需求以及未来的污染源预测，计算污染物排放量、入河量、削减量等指标，按照目标倒逼机制，提出中心区水系水污染指标分配方案。对水环境模型的深入研究，可以在一定程度上分析和了解污染物在水体中的迁移和运动机理，从而为水体的污染控制和水质管理提供科学的依据。

14.7.3 严格规划管理机制

让水成为城市的灵魂，不仅需要政府担起应尽的责任，更要靠企业自觉和公众努力。除了加快污水管网建设外，更应树立"生态+"理念。尤其是面对长期以来粗放发展模式累积下来的生态欠债，在破除"乱扔乱倒乱排"等陈规陋习的基础上，必须把握好科学治水的"衣领子"，通过打好转型升级系列"组合拳"，大力发展绿色经济、低碳经济、循环经济，彻底淘汰落后产能，消除污染源头。不断完善"源头严防、过程严管、后果严惩"的生态文明体制机制和"谁造成污染谁赔偿，谁没有达标谁担责"的体系，实现经济效益、生态效益和社会效益的最大化。

14.7.4 创新按效付费治理模式

为避免黑臭水体治理陷入重治理、轻保持、轻长效的误区，形成"整治→污染→再整治→再污染"的恶性循环，创新性采用PPP模式，付费方式由工程付费转为按效付费，治理达到初见成效后，分年度按维护效果支付费用。增强了治理单位责任心，避免了短期行为，提高了整治效果的稳定性和持久性。

14.7.5 重视运维，构建智慧水务

智慧水务是目前水务工作的发展方向。为做好排水管网和设施的运行管理，实现排水设施的全监控，应实施智慧水务，建立排水管网及设施的地理信息系统，集中管理水务信息化资源，从而实现在线动态全流程监控、分析和模拟。通过对全流程供水量、排水量、水质、水位、排水管口等的实时监控，掌握排水管网及设施的运行状态，实施有效调度，达到控制污水溢流的目的，实现控源截污。

14.7.6 合理利用、综合统筹，实现保护与开发的有机统一

注重城市建设与名城保护的关系，将水系综合治理与历史文化保护工作统筹考虑。因地制宜组织设计施工，根据河道的地理条件、文化背景，采取分类设计与施工，使之较好地与周围区域

特色进行契合，精细作业，减少甚至避免对历史建筑的破坏。三捷河位于福州市上下杭历史文化街区，治理过程中，结合上下杭历史文化街区的保护，对三捷河两岸的陈文龙尚书庙、张真君祖殿、永德会馆、法师亭等文物点进行恢复整治，再现福州闽商文化的繁华景象。

福州市城乡建设局：朱宸熠　蔡文云
福州市规划设计研究院集团有限公司：高学珑　高小平
福州北控鼓台水环境有限公司：余杨钦

参考文献

［1］ 吴阿娜，车越，张宏伟，等．国内外城市河道整治的历史、现状及趋势［J］．中国给水排水，2008，24（4）：13-17.

［2］ 李允鉌．华夏意匠：中国古典建筑设计原理分析［M］．天津：天津大学出版社，2014.

［3］ 住房和城乡建设部．中国城市建设统计年鉴（2015）［M］．北京：中国计划出版社，2016.

［4］ 住房和城乡建设部．中国城市建设统计年鉴（2016）［M］．北京：中国计划出版社，2017.

［5］ 闵继胜，孔祥智．我国农业面源污染问题的研究进展［J］．华中农业大学学报（社会科学版），2015，122：59-66.

［6］ 金书秦，沈贵银，魏珣，等．论农业面源污染的产生和应对［J］．农业经济问题，2013，34（11）：97-102.

［7］ 陈莹，赵剑强，胡博．西安市城市主干道路面径流污染及沉淀特性研究［J］．环境工程学报，2011，05（2）：331-336.

［8］ 李畅．南宁市初期雨水径流污染特征研究［D］．南宁：广西大学，2016.

［9］ 柳惠青．湖泊污染内源治理中的环保疏浚［J］．水运工程，2000，（11）：21-27.

［10］ 唐建国．工欲解黑臭　必先治管道［J］．给水排水，2016，42（12）：1-3.

［11］ 李怀恩，岳思羽．河道生态基流的功能及价值研究——以渭河宝鸡段为例［J］．水力发电学报，2016，35（11）：64-73.

［12］ 牛璋彬．新时代、新要求推进城市水系统建设．2019年11月海绵城市建设、黑臭水体治理、城市排水防涝培训班讲话整理.

［13］ Prominiski M．著，王秀蘅等译．河流空间设计：城市河流规划策略、方法与案例（原著第二版增补版）［M］．北京：中国建筑工业出版社，2019.